"十四五"新工科应用型教材建设项目成果

21世纪技能创新型人才培养系列教材
机械设计制造系列

3D打印机组装与调试

主　编◎陈金英　郭　勇
副主编◎丁　宾　燕　毅　杨兵兵　马丹丹

中国人民大学出版社
·北京·

图书在版编目（CIP）数据

3D 打印机组装与调试 / 陈金英，郭勇主编. -- 北京：中国人民大学出版社，2022.3
21 世纪技能创新型人才培养系列教材. 机械设计制造系列
ISBN 978-7-300-30143-3

Ⅰ. ① 3… Ⅱ. ①陈… ②郭… Ⅲ. ①快速成型技术－机械设备－组装 ②快速成型技术－机械设备－调试方法 Ⅳ. ① TB4

中国版本图书馆 CIP 数据核字（2022）第 010471 号

“十四五”新工科应用型教材建设项目成果
21 世纪技能创新型人才培养系列教材·机械设计制造系列
3D 打印机组装与调试
主　编　陈金英　郭　勇
副主编　丁　宾　燕　毅　杨兵兵　马丹丹
3D Dayinji Zuzhuang yu Tiaoshi

出版发行	中国人民大学出版社		
社　　址	北京中关村大街 31 号	**邮政编码**	100080
电　　话	010－62511242（总编室）		010－62511770（质管部）
	010－82501766（邮购部）		010－62514148（门市部）
	010－62515195（发行公司）		010－62515275（盗版举报）
网　　址	http://www.crup.com.cn		
经　　销	新华书店		
印　　刷	北京昌联印刷有限公司		
规　　格	185 mm×260 mm　16 开本	**版　　次**	2022 年 3 月第 1 版
印　　张	11.75	**印　　次**	2025 年 1 月第 2 次印刷
字　　数	276 000	**定　　价**	42.00 元

P R E F A C E

前言

2018年人社部在全国技工院校专业目录新增专业第一大类——机械类中纳入“3D打印技术应用”，2019年“增材制造（3D打印）技术应用”专业被教育部列入中等职业学校专业目录，2021年2月10日“增材制造工程”被教育部列入普通高等学校本科专业目录。随着国家对新技术越来越高的重视，学校、社会等涌现出众多3D打印技术的爱好者和研究者，结合近年来专业改革的实践经验，我们组织在教学一线中经验丰富的教师编写了本教材。

本教材特色如下：

（1）紧密结合3D打印机的相关理论和实践知识，注重工程素质培养，提高学生解决实际问题的能力。在介绍3D打印机组装的硬件和软件知识的基础上，更深层次地培养学生固件编辑与调试能力，使学生能够解决联机调试出现的故障问题。同时培养学生的科学思维方法，提高阅读固件代码、组装与调试机器的能力。

（2）结合3D打印技术的理论和实践知识，注重设计与建模能力的培养，提高学生的机械创新与设计能力。将机械设计思想融入实践项目中，以解决3D打印机的实际问题为主线，对创新设计的部件进行建模与打印，再到安装与调试。通过实践项目，进一步培养学生的设计思想与创新能力。

（3）教材中配有相应的授课视频，尤其是深受大家喜爱的固件讲解部分，同时也开通了“3D打印机组装与调试”公众号，建立了相应的学习群，为广大3D打印技术爱好者提供了学习和交流的平台。

（4）各单元后面配有一定数量的思考题，以引导学生独立思考，培养学生分析、解决问题的能力。

由于时间仓促，加之编者水平有限，书中疏漏之处在所难免，恳请广大师生批评指正。

编者

CONTENTS 目录

单元 1

3D 打印技术概述

单元导读

本单元主要讲述 3D 打印技术的概念、基本原理及打印过程。

首先，对 3D 打印技术的概念和基本原理进行了深入的讲解，让大家学习与了解其所包含的主要内容和打印的整个过程。然后，重点介绍了 3D 打印技术的发展阶段与历程，让大家了解目前国内外的研究状况及其在各个行业的应用和发展前景，熟悉 3D 打印技术发展的制约因素。最后，对 4D 打印技术的概念、发展情况及应用领域进行了简要介绍。

学习目标

- 掌握 3D 打印技术的概念，了解 3D 打印技术的具体内容、基本原理、打印过程。
- 了解 3D 打印技术的发展阶段，掌握国内外的研究情况及 3D 打印技术发展的制约因素。
- 了解 3D 打印技术在各个行业的应用及其发展前景。
- 了解 4D 打印技术的概念、发展情况及应用领域。

难点与重点

- 难点：3D 打印技术的概念、基本原理及打印过程。
- 重点：3D 打印技术发展的应用行业与制约因素。

1.1 3D 打印技术的概念

3D 打印技术是快速成型技术（Rapid Prototyping，RP）的一种，学术上又称为增材制造，也可称为添加制造（Additive Manufacturing，AM）。

1.1.1　3D 打印技术的定义

美国材料与试验协会将增材制造技术定义为，基于3D 模型数据，采用与减式制造技术相反的逐层叠加的方式生产物品的过程。这种技术通常通过计算机控制将材料逐层叠加，最终将计算机上的三维模型变为立体实物，它是大批量制造模式向个性化制造模式发展的引领技术。

它的基本原理是以数字化模型为基础，运用粉末状金属或塑料等可黏合材料，通过增加材料逐层打印的方式构造物体。简而言之，3D 打印就是先把一件物品剖成极多的薄层，然后一层一层地把薄层打印出来，上一层覆盖在下一层上，并与之结合在一起，直到物品打印成型，如图 1－1 所示。

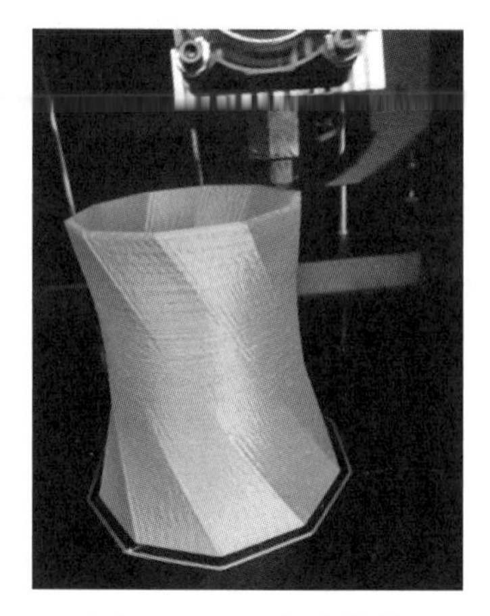

图 1－1　3D 打印物品

1.1.2　3D 打印过程

3D 打印过程有以下几个方面，如图 1－2 所示。

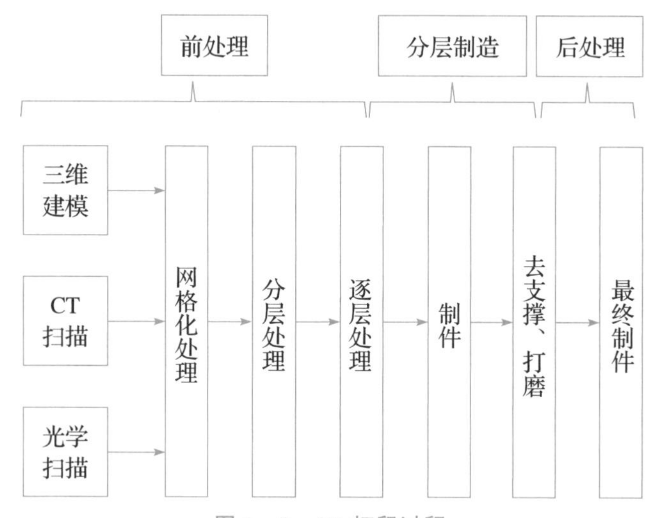

图 1－2　3D 打印过程

1. 前处理

前处理包括三维模型的构建，可通过计算机建模、CT 扫描、光学扫描等方式；三维模型的网格化处理，即网格化处理中往往会有不规则的曲面出现，需要对模型进行近似处理；最后可以将模型保存为 .stl 格式，为分层制造做准备。

2. 分层制造

将模型导入切片软件中，对处理好的三维模型进行分层制造。在切片软件中可以进一步检查模型质量，并观察模型的大小是否合适等，检查无误后可以进行切片并保存为打印机需要的文件格式，如 .gcode 格式等。采用联机打印或者脱机打印的方式进行打印，最后三维模型的质量好坏与 3D 打印机的制造精度有很大的关系。

3. 后处理

打印完成的模型会有许多支撑，模型表面相对比较粗糙，带有许多毛刺或是多余熔料，甚至会出现模型部分结构的打印发生偏差。此时，要对模型进行适当的修整，清除打印支撑、修剪突出的毛刺、打磨粗糙表面以及固化处理增强强度等，最终获得所需制件。

1.2 3D 打印技术的发展

1.2.1 3D 打印技术发展概述

18 世纪 60 年代，蒸汽机的广泛使用引发了第一次工业革命。20 世纪 80 年代后期 3D 打印机问世。3D 打印技术的迅速发展已经引起全球范围内各行各业的广泛关注，被誉为新时代的工业革命。

3D 打印技术在三十多年的研发过程中取得了巨大的突破，从一开始打印简单的塑料模型到今天能够打印人体器官等，并且在一定程度上取代了传统加工工艺中的机械加工及开模制造等工序，解决了传统工艺无法处理的技术难题，大大缩减了加工时间及加工成本，已成为各国重点发展的领域之一。

3D 打印技术采用逐层累加式的加工原理，使用建模软件设计零件的三维模型，经 3D 打印设备进行产品的加工制造。其不但可以评估产品的可成型性与质量，而且对三维模型可以进行修改与再设计，从而提高了产品的开发效率和成型质量，降低了新产品的研发成本和失败率。

当然，3D 打印技术在打印材料、打印精度、打印速度、支撑的去除等方面仍有待完善。但是这种新兴技术相对于传统生产制造技术来说是巨大的变革，世界各国对此投入大量人力、物力进行研发。3D 打印技术的发展及应用市场有巨大的潜力，将在建筑、食品、工业、医学、艺术、军事、教育、珠宝、考古等领域得到广泛的应用。

1.2.2 3D 打印技术发展的制约因素

尽管 3D 打印技术将对传统制造业产生翻天覆地的影响，但是目前其发展仍受到许多因素的制约，主要有以下几点：

1. 打印材料的限制

3D 打印技术产品，一方面需要高效的生产方式，促进打印效率的提高；另一方面对生产材料有着较高的要求，3D 打印使用的材料不仅要能够被“打印”，而且“打印”出的产品必须满足技术要求。因此，3D 打印技术的材料选择，成为制约该项技术发展的主要原因。

目前，3D 打印使用的材料主要为工程塑料、部分金属材料等，这些材料都是专门为 3D 打印技术研发的，与传统工业的生产材料有着较大差距。

2. 支撑技术的限制

3D 打印缺乏支撑性技术是制约其发展的另一个重要原因，如打印产品速度过慢、打印出的产品精度无法满足要求等。因此，进一步提高打印产品精度和质量，是国内外众多学者的研究重点。

3. 缺乏严格的技术规范

由于 3D 打印技术起步时间晚，行业内部缺乏明确的、可执行的、有效的条款，造成 3D 打印技术在打印材料的选择上缺乏统一规范，阻碍了其进一步发展。

4. 短时间内难以取代传统制造业

虽然与传统制造业相比 3D 打印技术具有一定的优势，但是该项技术在某些方面还是存在一定的限制，因此在大规模批量制造及成本控制方面难以与传统制造业匹敌。

5. 国内 3D 打印材料不足

目前 3D 打印技术在我国还未形成完善的产业链，仅有少数企业提供高质量的 3D 打印材料，无法满足当前国内 3D 打印技术发展的需要。大量的原料需要依靠进口，导致我国 3D 打印技术的推广和应用受到一定的限制。

1.2.3 3D 打印技术的发展前景

3D 打印技术的前景非常广阔，可以渗透到产品制造的各个领域和行业。随着技术的进步，3D 打印机的成本进一步下降，逐渐在各个领域内普及。在工业 4.0 的大背景以及各国政府的大力支持下，预计未来几年，全球 3D 打印产业将仍处于高速增长期。我国作为全球 3D 打印产业的大力推动者，将在 3D 打印专业人才培养、行业标准制定、前沿技术研发等方面投入更多的精力。

展望未来，大到飞机、汽车，小到玩具、义齿，3D 打印的产品类型将越来越多样。尤其在个性化定制方面，这些产品将以精美的外观设计和较为齐全的功能，给人们带来更多惊喜。

3D 打印技术与传统的工业制造业相比，有着无可替代的优势，主要有以下几点：

1. 生产效率极高

3D 打印技术通过材料的层层推挤与叠加，在电脑数据的操控下堆砌成需要生产的物品，这与传统工业对原材料的剪裁制造完全不同，省去了繁重的修整零部件工序，大大增加了原材料的利用率，可大幅降低生产成本，提高生产效率。

2. 复杂零件可一次成型

传统工业在生产的过程中，需要经过模具设计、生产、修整等阶段，并在制作过程中对原材料进行锻造、打磨等加工，最终制作成复杂的产品。其生产周期长，生产工序烦琐，人力资源消耗大。而 3D 打印技术缩短了所有中间过程，它通过电脑制作模具，其产品则根据电脑生成的设计图纸直接一次性打印完成，能够更加便捷、准确地制作出复杂产品，极大缩短了设计和生产周期。

3. 可以满足不同消费者的需要

传统工业注重批量化生产，3D 打印技术则更能激发人的想象力，满足产品设计者和消费者的个性化需求，3D 打印技术生产的产品不再千篇一律。

1.3 3D 打印技术的应用

3D 打印技术不仅在医学、建筑、汽车、航空航天、工业设计等工业生产领域得到了发展，而且在珠宝、教育和医疗等领域也得到了推广，越来越多的领域开始使用 3D 打印技术，为科技创新添加了新的活力。

从市场份额来看，3D 打印技术应用在汽车及零配件领域占 37%，在消费品领域占 18.2%，应用于航空航天和国防军工占 13.7%，在商业机器领域占 11.2%，在医疗领域占 8.8%，在科研方面占 8.6%，如图 1－3 所示。

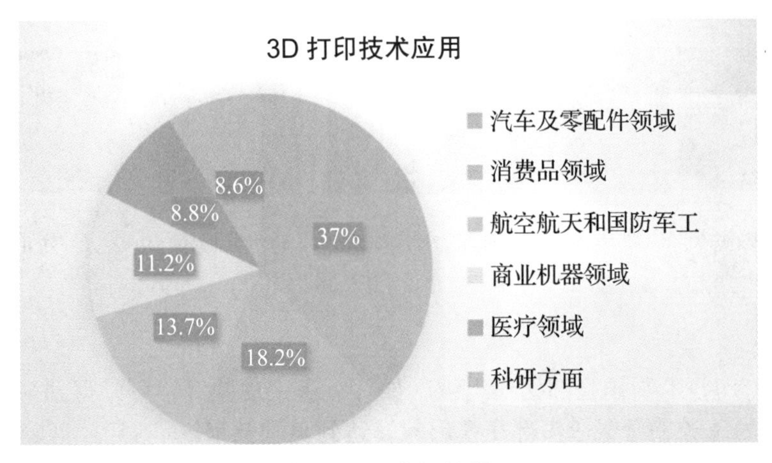

图 1－3　市场份额

1.3.1　医学方面的应用

1. 医学模型快速建造

医学道具、模型、用品等材料可通过 3D 打印获得。利用 3D 打印技术，可将计算机影像数据信息形成实体结构，用于医学教学和手术模拟。传统医学教学模型制作时间长且在搬运过程容易损坏，使用 3D 打印技术可有效减少制作时间，根据需要制作并降低搬运损坏的风险。

目前，3D 打印医学模型已获得较好的技术支持，具备一定的打印速度，能使用多种材质进行打印，应用程度高，有很好的应用前景。

2. 组织器官制作

人体组织器官代替物的材料要求很高，实现难度大，目前已有一些成功案例。

3D 打印技术可复制人体骨骼，制作义肢，同时也应用于牙种植、骨骼移植等方面。人体某块骨骼缺失或损坏需要置换，可通过扫描对称的骨骼，形成计算机图形并做对称变换，再打印制作出相应骨骼。与传统制作方法相比，该技术不需要预先制作模具，可直接打印，建造速度较快。

3D 打印技术在身体软组织器官制作上亦取得进展。例如，美国某大学已利用该技术成功制作人造耳、微型人体肝脏。德国研究人员利用 3D 打印机等相关技术，制作出柔韧的人造血管，使血管与人体融合，并同时解决了人造血管遭人体排斥的问题。该项技术不断进步和深入的应用，将有助于解决当前和今后人造器官短缺所面临的困难。

另外，3D 打印技术在人体牙齿矫正方面也有大量的应用，如图 1－4 所示。

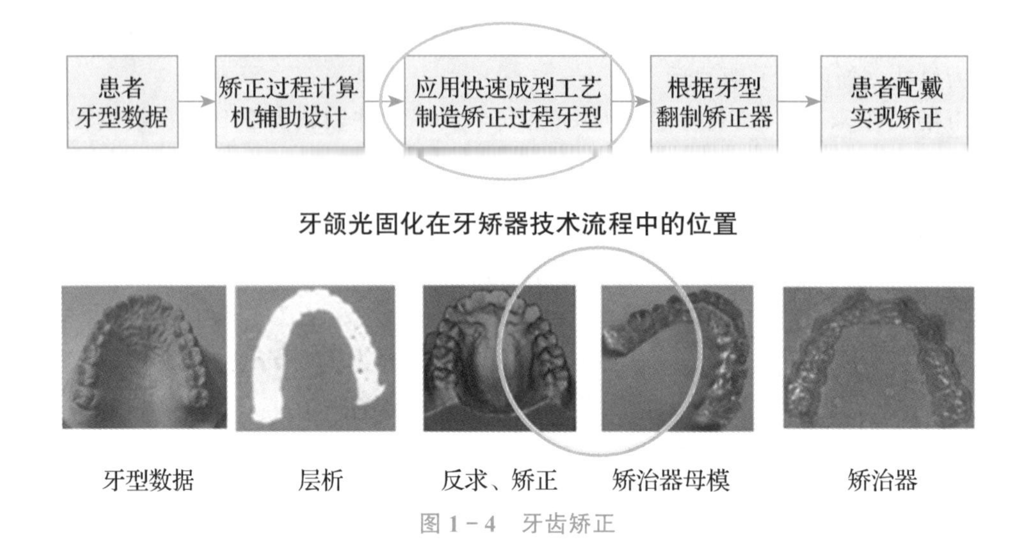

图 1-4　牙齿矫正

3. 脸部修饰与美容

利用 3D 打印技术制作脸部损伤组织，如耳、鼻、皮肤等，可以得到与患者精确匹配的相应组织，为患者重新塑造头部完整形象，达到美观效果。

3D 打印技术首先扫描脸部建立起 3D 计算机数据，医生可以制作出患者所缺少的部位，重现原来面貌，如图 1-5 所示。比起传统技术，该方法更精确，材质选择更加多样化。随着 3D 打印技术所支持材质的增多，打印质量的精细化，以及美容市场的壮大，3D 打印在脸部修饰与美容应用上将有更加广阔的天地，应用水平亦将得到进一步提高。

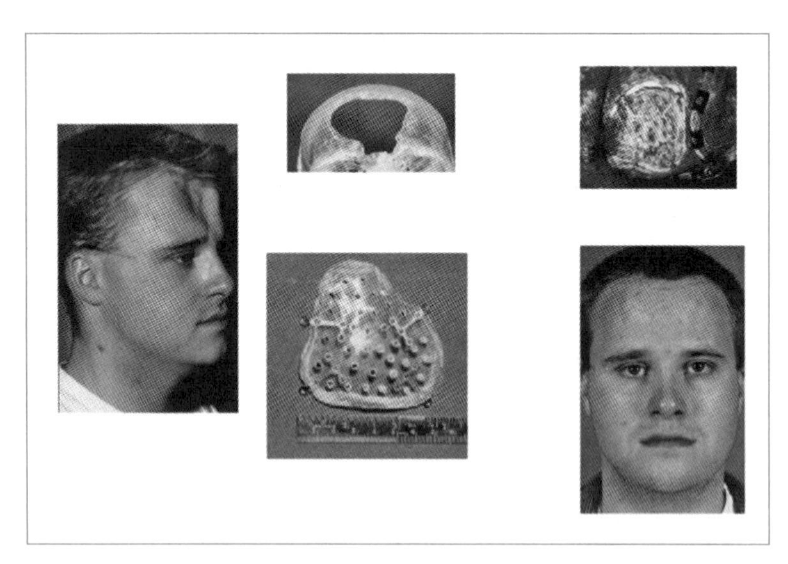

图 1-5　脸部修饰

1.3.2　工业方面的应用

制造业需要很多 3D 打印产品，无论是在成本、速度还是精确度上都要比传统制造有优势。3D 打印技术本身也适合大规模生产，如在大型的工业企业中使用金属粉末、激光成型等完成产品的生产制造。

目前在电子产品外壳的设计中，大量使用 3D 打印技术，如图 1－6 所示。

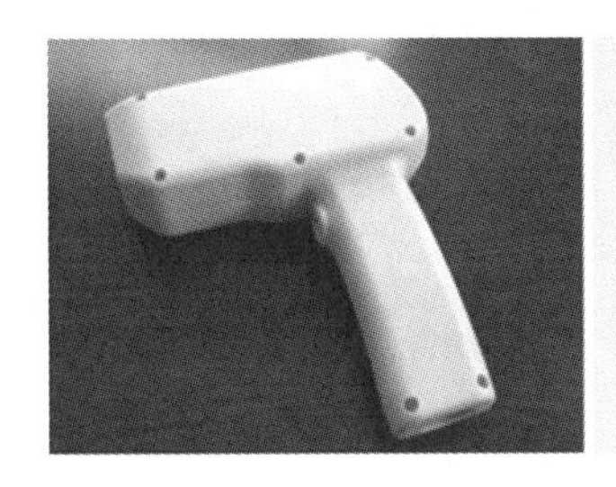
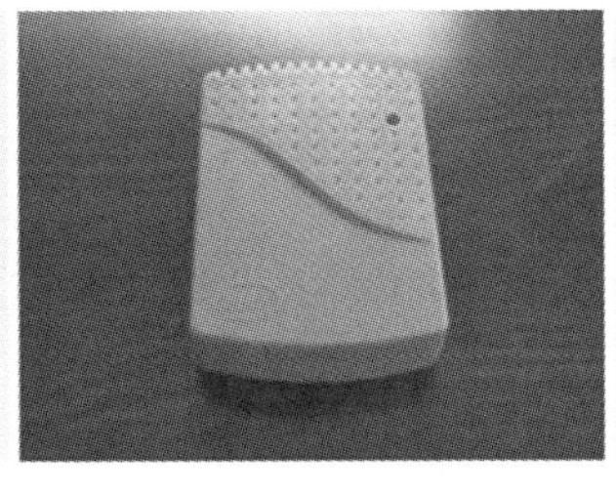
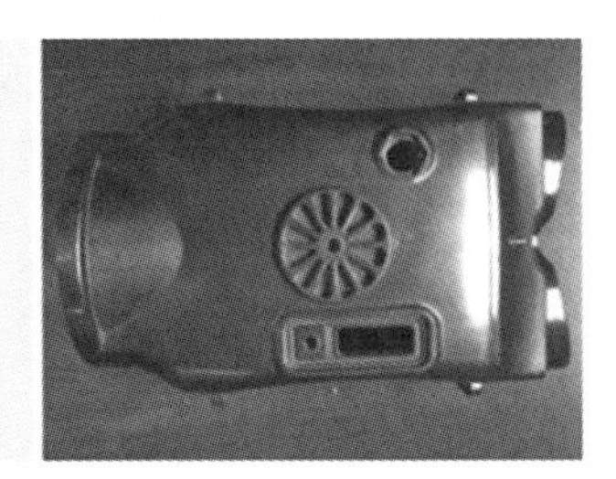

图 1－6　电子产品外壳

3D 打印技术在汽车的设计方面也有非常广泛的应用，如图 1－7 所示。汽车厂商通过 3D 打印技术完成汽车研发阶段的原型开发与设计验证，或用 3D 打印来制造各种模具、夹具等用于组装和制造过程。

图 1－7　3D 打印汽车

1.3.3　建筑设计与房产销售方面的应用

在建筑行业，工程师和设计师们设计建筑模型，使用 3D 打印技术进行打印，可以进行个性化家装设计及建筑户型模型打印，使其完全合乎设计者的要求，同时又节省大量材料，如图 1－8 所示。这种方法快速、成本低、环保，同时制作精美。

图 1－8　建筑外观模型打印

1.3.4 食品产业中的应用

自 2011 年英国埃克塞特大学研究人员推出世界首台 3D 巧克力打印机后，3D 巧克力打印技术迅速发展进步，3D 打印出的巧克力等（见图 1－9）食品也受到人们的喜爱。

不同于普通打印机，3D 食品打印机中装入的不是油墨，而是可食用的巧克力、肉馅等材料，在电脑操控下将原料一层层叠加，从而实现将电子蓝图变为实物的过程。

图 1－9 3D 巧克力

1.3.5 珠宝业中的应用

目前，3D 打印技术已经应用于珠宝业，可以制造各种样式的珠宝，如图 1－10 所示。珠宝领域中应用最广的 3D 打印技术是多喷嘴成型技术（MJP）和数字光线成型技术（DLP）。

图 1－10 3D 打印珠宝

1.4 4D 打印技术简述

所谓的“4D 打印技术”，是指把一种可自动变形的材料放入水中，它就能按照产品的设计自动折叠成相应的形状。

这项技术由麻省理工学院的自组装实验室和明尼苏达州以及以色列合资的一家 3D 打印机制造商斯特塔西有限公司合作开发。4D 打印不但能够创造出有智慧、有适应能力的新事物，还可以彻底改变传统的工业打印甚至建筑行业。

1.4.1 4D 打印技术的定义

4D 打印是指利用“可编程物质”和 3D 打印技术，制造出在预定的刺激下（如放入水中，或者加热、加压、通电、光照等）可自我变换物理属性（包括形态、密度、颜色、弹性、导电性、光学特性、电磁特性等）的三维物体。其中，“可编程物质”是指能够以编程方式改变外形、密度、导电性、颜色、光学特性、电磁特性等属性的物质。4D 打印的第四维是指物体在制造出来以后，其形状或性能可以自我变换。

4D 打印制造的物体至少有两种形式：一种是物体的各部分连接在一起，可自我变换成另一种形态或性能；另一种是该物体由可分离的三维像素（一种基于体积的像素，与平面像素类似，它是“可编程物质”的基本单元，不同的“可编程物质”具有不同的三维像素）组成，三维像素可聚集形成更大的可编程部件，该部件也可分解成三维像素。

1.4.2　4D 打印的构成要素

4D 打印的主要构成要素可以分为四个部分：智能或刺激反馈材料、4D 打印设备、刺激因子、智能化设计过程。

1. 智能或刺激反馈材料

4D 打印产物能够根据应用场景的特定需求、刺激因子的特定作用条件的自发变化，展现出“智能”特性。研究者将构成这类特殊物质的基本材料称为“智能材料”（Smart Material），这种命名方式是以产物实际应用所表现出的自发行为作参考的。“刺激反馈”是构成 4D 打印体材料的基本属性之一，该命名方式侧重于材料能够接受预设刺激，并产生一定反馈结果的能力。前者从 4D 打印产物效能的角度对材料进行命名，而后者侧重于材料本身所具有的属性。

麻省理工学院研发的自动变形材料更加高科技，它就像是拥有自我意识的机器人，科学家通过软件完成建模和设定时间后，变形材料会在指定时间自动变形成所需要的形状。

3D 打印机的特点是其对于光敏树脂的处理，使得 3D 打印机能在 14 种不同材料的单一打印部件上打印。而 4D 打印中复合材料通过 Autodesk 新研发的软件 Cyborg，对材料进行编程模拟，使得材料按照预先设定好的时间和形状变形。

2. 4D 打印设备

在通常情况下，4D 打印结构是通过打印设备将不同材料合理分布并一次成型的结构体。不同的材料属性，例如，熔胀比、热膨胀系数，可以使结构按特定方式变化成为可能。近年来，Stratasys 公司所研发的聚合物喷射（Poly Jet Technology）3D 打印技术，在处理复合材料打印方面取得了较大进展；选择性激光熔化技术（Selective Laser Melting）则可以实现使用具有高能量密度的激光，熔化金属粉末层以创造均匀的 3D 金属结构，而不需要任何黏合剂和额外的支持，这些进步都推动了 4D 打印技术的发展。

3. 刺激因子

刺激因子是用来改变 4D 打印结构体形状、属性和功能变化的触发器。研究者在 4D 打印领域中已经运用的刺激因子包括：水、温度、紫外线、光与热的组合以及水与热的组合。刺激因子的选择取决于特定的应用领域，这同样也决定了 4D 打印结构体中智能材料的选择。

4. 智能化设计过程

尽管智能材料自身在打印对象形态变化中扮演着至关重要的角色，但是，基于对交互机制、可预测行为和需求参数充分考虑的复杂的设计过程，也是保证达到可控结果的环节之一。4D 打印技术的优势在于其能在空间合理分布不同材料，以创造复杂的 3D 形态的能力。通过设计智能材料分布的方向、位置，可以使结构体受刺激因子的刺激后，产生形态上的变化。

1.4.3　4D 打印流程

由于 4D 打印结构体具有基于时间变化的特性，因此设计和制作流程中存在一个或多个中间形态。

1. 数字化设计过程

传统的 3D 打印技术，可以通过专业扫描仪或者 DIY 扫描设备获取对象的 3D 数据，也可以使用 3D 制作软件从零开始建立三维数字化模型。

不同于 3D 打印先建模、后生产的制造流程，4D 打印由于其能够变化的特性，在数字化建模之初，就将材料的触发介质、时间等变形因素，以及其他相关数字化参数预先植入打印材料中。

2. 中间件成型过程

中间件成型过程，即从打印设备开始工作到结构体离开工作台的过程。此过程需要全新的打印设施的工作。

4D 打印过程中需要适当的数学模型的支持。在该过程中存在的数学问题包括：如何预测结构体基于时间的形态变化过程，包括变化后的形态；如何提供避免自组装行为过程中组件发生碰撞的理论模型；如何减少自组装过程中的试错行为。这些需要考虑的数学问题，必须通过智能化的计算芯片加以判断、解决。值得注意的是，未来人工智能芯片可植入到 3D 打印设备之中，即 3D 打印设备也将具有“智慧性”。通过对数字化设计完成之后，传输到打印设备上进行数据分析，可以对材料进行合理安排，以保证最后的打印效果。可以预测，未来 4D 打印设备会朝标准化、模块化的方向发展。不同模块的可替换性，能够基本保证针对不同材料、不同平台的支持。

1.4.4　4D 打印技术的主要优势

（1）实物可从一种形态转换成另一种形态，提供了最大限度的产品设计自由度。

（2）可在打印部件中嵌入驱动、逻辑及感知等能力，且无须额外的时间和成本。

（3）可在同一批次产品中定制生产。

（4）生产个性化产品是 4D 打印的独特优势。

（5）可先打印极其简单的结构，然后通过外部刺激转变成具有复杂功能的结构和系统。

（6）一旦制造出 4D 打印材料并嵌入动态功能，生产成品的功能将超过预期。

（7）可从根本上消除供应链和组装线。

（8）利用设计和编程实现物质世界的数字化。

（9）数字文件可发送到世界任何地点，并收集合适的三维像素，制造所需产品。

（10）三维像素的设计和制造将成为新兴行业，所带来的影响将非常深远。

（11）将激发科学家和工程师想象各种多功能动态物体，之后进行物质编程，并利用 4D 打印实现，“物质程序化”这一新领域可能将兴起。

1.4.5 4D 打印技术的应用领域

1. 生物、医疗领域

（1）人体组织器官。

4D 打印血管的材料不一定需要患者本人身上的细胞组织，只需在材料内部通过软件设计编程置入实践、触发介质等参数，就可解决材料的唯一性难题。4D 打印产品自我调整的特性，使制作取用的即时性也成为可能。在应用的适应性方面，4D 打印的血管具有自我调节和自我修复，这使得其在生物、医疗领域的应用有着其他技术无法企及的效果。

（2）医疗器械。

4D 打印的主要应用构想，集中在人体植入物方面的医疗器械，如纳米机器人、器官支架等。

2. 军事工业领域

4D 打印的结构体具备自组装、多功能和自我修复能力，可以使未来军工设备能根据部署现场环境和作战目标的不同，灵活调整以自适应实时战况，提高作战效能。

结合 4D 打印技术的伪装服，可在兼顾轻便性的同时，根据季节、周围环境重塑成需要的形态，为侦查人员执行任务提供便利性。

4D 打印还可以将大型军用设备，在未布置前以远比实际形状小得多的样子呈现，再将通过 4D 打印而成的结构放在特定的位置，然后自动变形、自动组装，在使用后还能回收带走。

3. 产品设计领域

与 3D 打印不同的是，4D 打印将不再需要通过“定制”这一套程序来实现个性化产品制作，而是完全能即时地表达自己的想法并制作出来，且能随时更新自己的创意，从而用个性化元素构建自己的个性化生活，使得私人订制转向私人工厂，加快产品创新速度。

在互联网 + 时代背景下，数字文件可在保证质量不受影响的情况下无限复制，而 4D 打印可以将这种数字精度扩展到实体领域，从而保证实体产品的精确批量生产，降低产品不良率，提高生产效率。

4. 交通工具

未来人们甚至可以根据所需汽车性能、外部形状、内部结构等购买汽车组件，随时随地通过组件的自组装形成个性化定制的汽车产品。

当前社会“停车难”的问题，随着资源、空间的日益消耗逐渐被放大，未来 4D 打印技术使汽车可以折叠成不占空间的形状，使停车问题不再令人头疼。

未来 4D 打印汽车通过革新的智能材料，当重大事故或者自然灾害所产生的外部触发介质作用于材料时，其设计的反馈方式可最大程度保证车内乘客的安全。未来安全气囊可能被更具创造力的保护措施所取代。

5. 建筑与航空航天领域

4D 打印在建筑领域具有无限的可能性。以地下排水系统为例，利用 4D 打印技术开发出的“自适应”水管，可以根据水管外壁受力的不同自行改变其管道直径、材料刚性。比如，遭遇洪水、地震等自然灾害时，能够扩大直径或者使材料变为柔性，以保证排水通畅。

另外，利用 4D 打印建构的房屋物理空间将被赋予可变性，根据光照变化等刺激因子的作用，房屋内部结构可以随用户需求而变化。例如会客时，4D 打印的房屋材料能通过一系列变化，将闲置卧室空间分配给会客所需的公共空间。

航空航天工业对于空间的合理分配也有极高的要求，庞大的设备需要利用航天飞机的运送才能进入太空。而 4D 打印物体的自组装行为，可将打印完成的组件以便于运输的形状送往太空，在宇宙空间中完成自动变换形状、组装等行为，这将大大降低运输成本以及困难度。对于航空事业而言，运用 4D 打印技术制造的飞机，在面临特定环境变化时可以实现自我分解，以最为理想的状态（如胶囊状安全防护罩）给乘客提供及时有效的保护。

6. 教育领域

4D 打印技术也为教育行业打开了一扇新窗口，但目前鲜有机构、学者研究、探索如何将 4D 打印技术运用在教育领域中。传统教具、模型不具备“四维”的动态性，教师若通过特定的刺激方式使模型按照预定的变化方式，与课堂内容相结合，可以调动学生的学习积极性、提高其专注度。

思考题

1. 简述 3D 打印技术的概念。
2. 3D 打印过程有哪几个方面？
3. 3D 打印技术发展的制约因素有哪些？
4. 3D 打印技术的优势有哪些？
5. 3D 打印技术的应用领域有哪些？
6. 简述 4D 打印技术的概念及构成要素。
7. 4D 打印技术的优势有哪些？
8. 4D 打印技术的应用领域有哪些？

单元 2

3D 打印技术原理

单元导读

本单元以熔融沉积工艺原理为例，介绍了 3D 打印技术的工作原理和工艺特点，要求大家掌握 3D 打印基本流程，熟悉其操作流程，为今后从事 3D 打印技术工作奠定基础。

同时重点讲述了开源 3D 打印机的几个发展历程，让大家熟悉其发展的几个阶段，了解目前主流的 3D 打印机的结构类型和各自的特点，为今后从事 3D 打印机的选型与开发打好基础。

学习目标

- 掌握 3D 打印技术的分类与工艺，了解其工作原理。
- 了解熔融沉积工艺原理的基本知识，熟悉其工艺特点。
- 掌握 3D 打印基本流程，了解其操作工序。
- 了解开源 3D 打印机的发展历程，掌握几个发展的阶段。
- 掌握主流的 3D 打印机的结构类型，了解其各自的特点。

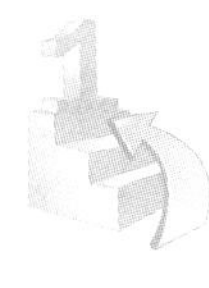

难点与重点

- 难点：3D 打印技术的分类与工艺、熔融沉积工艺原理。
- 重点：3D 打印基本流程、主流的 3D 打印机的结构类型。

2.1 3D 打印技术工艺

2.1.1 3D 打印技术的分类

（1）FDM：熔融沉积成型，主要材料为 ABS 和 PLA。
（2）SLA：光固化成型，主要材料为光敏树脂。
（3）DLP：数字光处理，主要材料为液态树脂。
（4）3DP：三维粉末黏结，主要材料为粉末，如陶瓷粉末、金属粉末、塑料粉末。
（5）SLS：选区激光烧结，主要材料为粉末。
（6）LOM：分层实体制造，主要材料为纸、金属膜、塑料薄膜。
（7）FFF：熔丝制造，主要材料为 PLA 和 ABS。
（8）EMB：电子束熔化成型，主要材料为钛合金。

2.1.2 3D 打印技术工艺简介

用于工业生产的 3D 打印技术主要包括 FDM 熔融沉积成型技术、SLA/DLP 技术、3DP 技术、SLS 选区激光烧结等，下面分别介绍其打印原理及特点。

1. FDM 熔融沉积成型技术

FDM 即 Fused Deposition Modeling，工艺的材料是热塑性材料，如 PLA、ABS、PC、尼龙等，以丝状供料。材料经过挤出机，在喷头内被加热熔化。喷头沿零件截面轮廓和填充轨迹运动，同时将熔化的材料挤出，材料迅速固化并与周围的材料黏结，如图 2－1 所示。

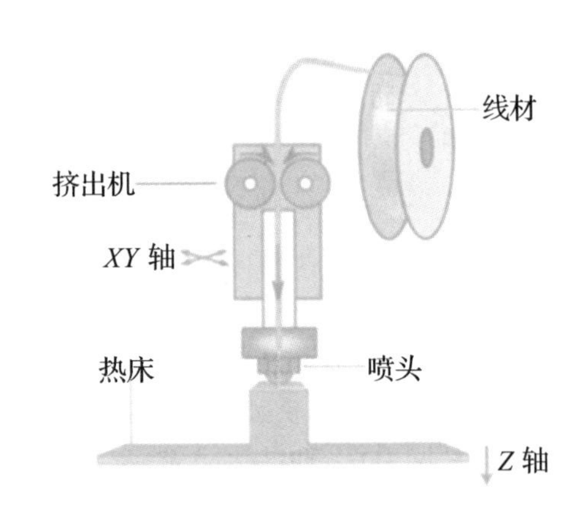

图 2－1 FDM 熔融沉积成型原理

每一个层片都是在上一层上堆积而成，上一层对当前层起到定位和支撑的作用。随着高度的增加，层片轮廓的面积和形状都会发生变化。当形状发生较大的变化时，上层轮廓就不能给当前层提供充分的定位和支撑作用，此时需要设计辅助结构——“支撑”，对后续层提供定位和支撑，以保证成型过程的顺利实现。

这种工艺不用激光，使用、维护简单，成本较低。用 ABS 制造的原型具有较高强度，在产品设计、测试与评估等方面得到广泛应用。近年来，又研发出 PC、PC/ABS、PPSF 等更高强度的成型材料，使得 FDM 工艺有可能直接制造功能性零件。由于该工艺具有一些显著优点，因此其发展极为迅速，目前 FDM 系统在全球已安装的快速成型系统中的份额最大。

FDM 同其他的成型技术相比，成型精度高、打印模型硬度好、颜色多样，但是出料结构简单，难以精确地控制出料形态与成型效果，温度对 FDM 成型效果影响非常大，所以导致打印精度差，成型物体表面粗糙。

FDM 常用的材料 ABS 和 PLA，其中 PLA 为聚乳酸的简称，是新型的生物降解材料，使用玉米或木薯淀粉原料制成。其淀粉原料经由糖化得到葡萄糖，然后由葡萄糖及一定的菌种发酵制成高纯度的乳酸，再通过化学合成方法，合成一定分子量的聚乳酸，具有良好的生物可降解性。使用后能被自然界中微生物在特定条件下完全降解，最终生成二氧化碳和水，不污染环境，这对保护环境非常有利，是公认的环境友好的材料。

2. SLA/DLP 技术

SLA/DLP 技术中的 SLA 是“ Stereo Lithography Appearance”的缩写，即立体光固化成型法。用特定波长与强度的激光聚焦到光固化材料表面，使之由点到线、由线到面顺序凝固，完成一个层面的绘图作业，然后升降台在垂直方向移动一个层片的高度，再固化另一个层面。这样层层叠加构成一个三维实体。

（1）SLA 技术。

SLA 是最早实用化的快速成型技术，采用液态光敏树脂原料，如图 2 - 2 所示。其工艺过程是通过 CAD 设计出三维实体模型，利用离散程序将模型进行切片处理，设计扫描路径，产生的数据将精确控制激光扫描器和升降台的运动；激光光束通过数控装置控制的扫描器，按设计的扫描路径照射到液态光敏树脂表面，使表面特定区域内的一层树脂固化；当一层加工完毕后，生成零件的一个截面；然后升降台下降一定距离，固化层上覆盖另一层液态树脂，再进行第二层扫描，第二固化层牢固地黏结在前一固化层上，一层层叠加而成三维工件原型。将原型从树脂中取出后，进行最终固化，再经打光、电镀、喷漆或着色处理即得到要求的产品。

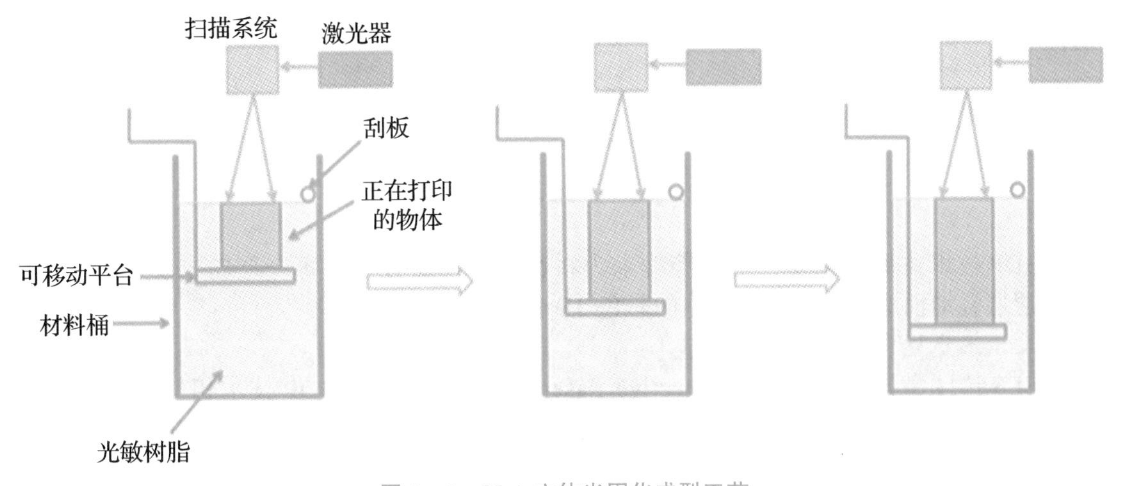

图 2 - 2　SLA 立体光固化成型工艺

SLA 技术主要用于制造多种模具、模型等，还可以通过在原料中加入其他成分，用原型模代替熔模精密铸造中的蜡模。

该工艺的优点是成型速度较快、精度较高、零件强度和硬度好，可制作出形状特别复杂的空心零件，生产的模型柔性化好，可随意拆装，是间接制模的理想方法。其缺点是需要支撑，树脂固化过程中产生收缩，不可避免地会产生应力或引起形变，导致精度下降。另外，光固化树脂有一定的毒性，不符合绿色制造发展趋势。研发收缩小、固化快、强度高的光敏材料是其发展趋势。

（2）DLP 技术。

DLP（Digital Light Processing）即为数字光处理技术，以该技术核心开发出的 3D 打印技术称为 DLP 光固化 3D 打印。这是近年出现的 3D 打印技术，与 SLA 成型技术有着异曲同工之妙，它是 SLA 的变种形式。在加工产品时，利用数字微镜元件将产品截面图形投影到液体光明树脂表面，使照射的树脂逐层进行光固化。DLP 3D 打印由于每层固化时通过幻灯片似的片状固化，速度比同类型的 SLA 速度更快，并且具有精度更高、简单易用、打印表面效果好等特点，已在珠宝及牙科领域得到了广泛应用。

3. 3DP 技术

3DP 即 3D Printing，采用 3DP 的 3D 打印机使用标准喷墨打印技术，通过将液态黏结体铺放在粉末薄层上，以打印横截面数据的方式逐层创建各部件，创建三维实体模型，如图 2－3 所示。采用这种技术打印成型的样品模型与实际产品具有同样的色彩，还可以将彩色分析结果直接描绘在模型上，模型样品所传递的信息较大。

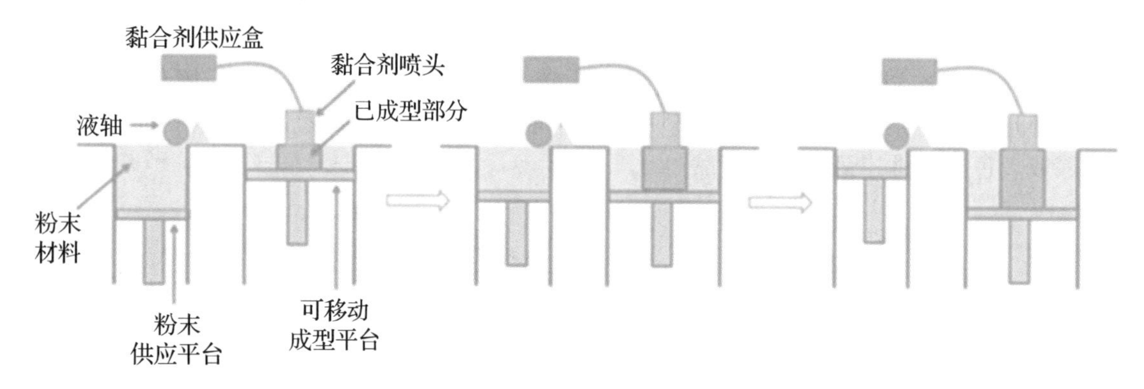

图 2－3　3DP 粉末黏合成型工艺

3DP 技术主要以陶瓷、金属等粉末为材料，通过黏合剂将每一层粉末黏合到一起，通过层层叠加而成型，是比较成熟的彩色 3D 打印技术。

4. SLS 选区激光烧结技术

SLS 选区激光烧结技术即 Selective Laser Sintering，它与 3DP 技术相似，同样采用粉末为材料。所不同的是，这种粉末在激光照射高温条件下才能融化。喷粉装置先铺一层粉末材料，将材料预热到接近熔化点。再采用激光照射，将需要成型模型的截面形状扫描，使粉末融化被烧结部分黏合到一起。通过这种过程的不断循环，粉末层层堆积，直到最后成型，如图 2－4 所示。

激光烧结技术是成型原理最复杂、成型条件最高、设备及材料成本最高的 3D 打印技术。

其工艺特点是材料适应面广，不仅能制造塑料零件，还能制造陶瓷、金属、蜡等材料的零件，造型精度高、原型强度高，所以可用样件进行功能试验或装配模拟。

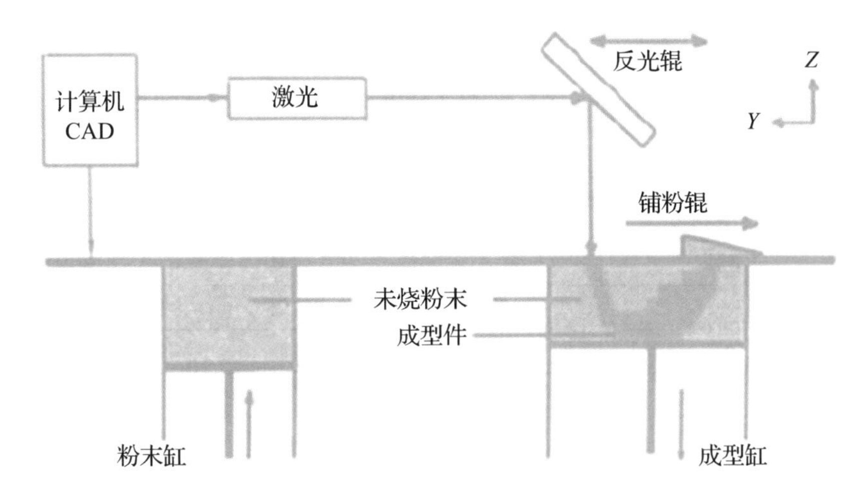

图 2-4　SLS 技术原理

5. LOM 技术

LOM 技术是分层实体制造法（LOM-Laminated Object Manufacturing），又称层叠法成型。它以片材（如纸片、塑料薄膜或复合材料）为原材料，其成型原理如图 2-5 所示。激光切割系统按照计算机提取的横截面轮廓线数据，将背面涂有热熔胶的纸用激光切割出工件的内外轮廓。切割完一层后，送料机构将新的一层纸叠加上去，利用热粘压装置将已切割层黏合在一起，然后再进行切割，一层一层地切割、黏合，最终成为三维工件。

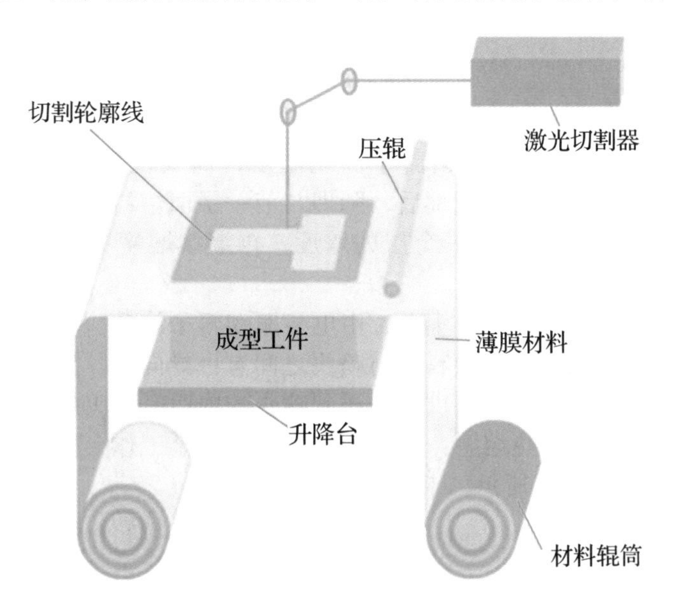

图 2-5　LOM 分层实体成型工艺

LOM 常用材料是纸、金属箔、塑料膜、陶瓷膜等，除了可以快速制造新产品样件、模型或铸造用木模外，还可以直接制造构件或功能件。

该技术的优点是工作可靠、模型支撑性好、成本低、效率高。其缺点是前、后处理费力，且不能制造中空结构件。其成型材料是涂敷有热敏胶的纤维纸，制件性能相当于高级木材。

2.1.3 3D 打印技术指标

SLA、LOM、SLS、FDM 技术有各自的特点，其性能指标总结见表 2－1。

表 2－1 SLA、LOM、SLS、FDM 技术性能指标

指标	SLA	LOM	SLS	FDM
成型速度	较快	快	较慢	较慢
原型精度	高	较高	较低	较低
制造成本	较高	低	较低	较低
复杂程度	复杂	简单	复杂	中等
零件大小	中小件	中大件	中小件	中小件
常用材料	热固性光敏树脂等	纸、金属箔、塑料薄膜等	石蜡、塑料、金属、陶瓷等粉末	石蜡、尼龙、ABS、低熔点金属等

2.2 熔融沉积工艺

熔融沉积快速成型是继光固化快速成型和叠层实体快速成型工艺后的另一种应用比较广泛的快速成型工艺方法。该工艺方法以美国 Stratasys 公司开发的 FDM 制造系统的应用最为广泛。

2.2.1 熔融沉积工艺原理

熔融沉积是将丝状的热熔性材料加热熔化，通过带有一个微细喷嘴的喷头挤喷出来，如果热熔性材料的温度始终稍高于固化温度，而成型部分的温度稍低于固化温度，就能保证热熔性材料挤喷出喷嘴后，随即与前一层面熔结在一起。一个层面沉积完成后，工作台按预定的增量下降一个层的厚度，再继续熔喷沉积，直至完成整个实体造型。

将实芯丝材原材料缠绕在供料辊上，由电机驱动辊子旋转，辊子和丝材之间的摩擦力使丝材向喷头的出口送进。在供料辊与喷头之间有一导向套，导向套采用低摩擦材料制成，以便丝材能顺利、准确地由供料辊送到喷头的内腔。喷头的前端有电阻丝式加热器，在其作用下，丝材被加热熔融，然后通过出口涂覆至工作台上，并在冷却后形成制件当前截面轮廓，如图 2－6 所示。

2.2.2 双喷头熔融沉积工艺的基本原理

熔融沉积工艺在原型制作时需要同时制作支撑，为了节省材料成本和提高沉积效率，新型 FDM 设备采用了双喷头，如图 2－7 所示，一个喷头用于沉积模型材料，另一个喷头用于沉积支撑材料。

双喷头的优点是在沉积过程中具有较高的沉积效率，能降低模型制作成本，而且还可以灵活地选择具有特殊性能的支撑材料，以便于后处理过程中支撑材料的去除，如水溶材料、低于模型材料熔点的热熔材料等。

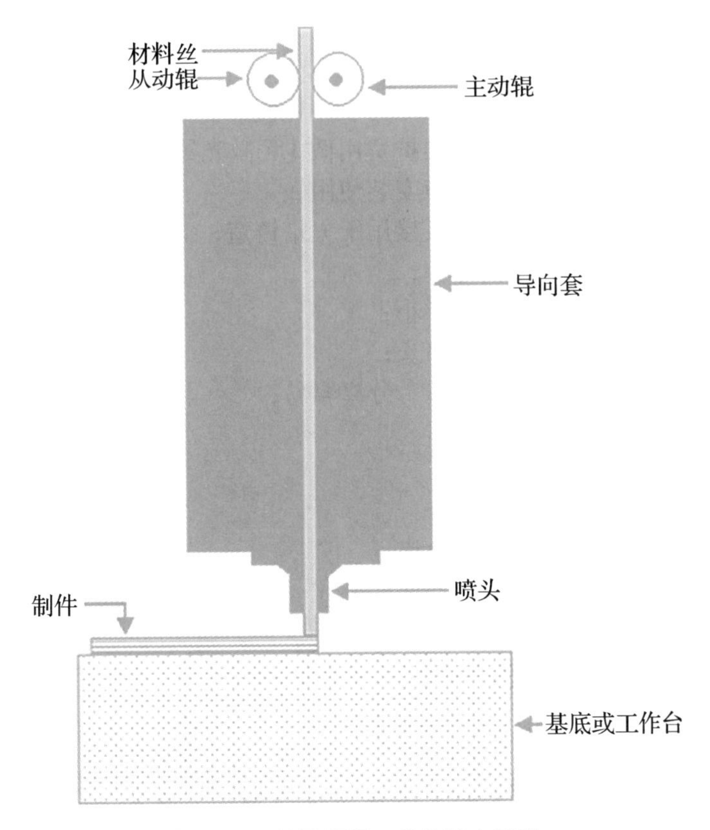

图 2－6　熔融沉积工艺的基本原理

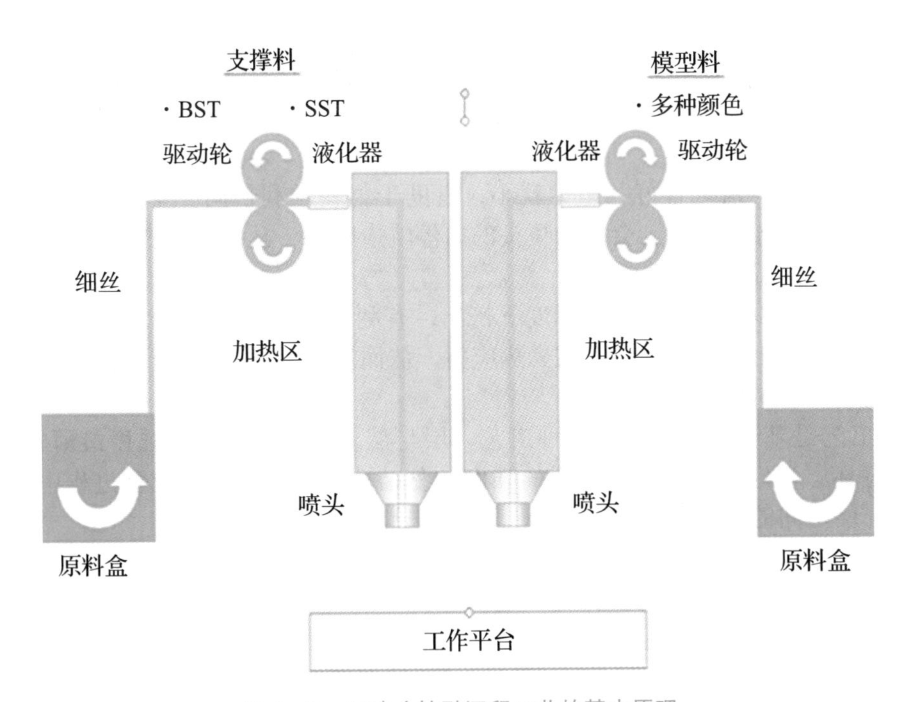

图 2－7　双喷头熔融沉积工艺的基本原理

2.2.3 熔融沉积工艺的特点

1. 熔融沉积工艺的优点

（1）系统构造和原理简单，运行维护费用低（无激光器）；
（2）原材料无毒，适宜在办公环境安装使用；
（3）用蜡成型的零件原型，可以直接用于失蜡铸造；
（4）可以成型任意复杂程度的零件；
（5）无化学变化，制件的翘曲变形小；
（6）原材料利用率高，且材料寿命长；
（7）支撑去除简单，无须化学清洗，分离容易；
（8）可直接制作彩色原型。

2. 熔融沉积工艺的缺点

（1）成型件表面有较明显条纹；
（2）沿成型轴垂直方向的强度比较弱；
（3）需要设计与制作支撑结构；
（4）原材料价格昂贵；
（5）需要对整个截面进行扫描涂覆，成型时间较长。

2.2.4 熔融沉积快速成型的材料

熔融沉积快速成型制造技术的关键在于热融喷头，喷头温度的控制要求使材料挤出时既保持一定的形状又有良好的黏结性能。除了热熔喷头以外，成型材料的相关特性，如材料的黏度、熔融温度、黏结性以及收缩率等，是该工艺应用过程中的关键。

熔融沉积工艺使用的材料分为两类：一类是成型材料；另一类是支撑材料。

1. 熔融沉积快速成型工艺对成型材料的要求

（1）材料的黏度。

材料的黏度低、流动性好，阻力就小，有助于材料顺利挤出。材料的流动性差，需要很大的送丝压力才能挤出，会增加喷头的启停响应时间，从而影响成型精度。

（2）材料熔融温度。

熔融温度低可以使材料在较低温度下挤出，有利于提高喷头和整个机械系统的寿命，可以减少材料在挤出前后的温差，减少热应力，从而提高原型的精度。

（3）材料的黏结性。

FDM 工艺是基于分层制造的一种工艺，层与层之间往往是零件强度最薄弱的地方，黏结性的好坏，决定了零件成型以后的强度。黏结性过低，有时在成型过程中因热应力会造成层与层之间的开裂。

（4）材料的收缩率。

由于挤出时，喷头内部需要保持一定的压力才能将材料顺利挤出，挤出材料丝一般会发生一定程度的膨胀。如果材料收缩率对压力比较敏感，会造成喷头挤出的材料丝直径与喷嘴的名义直径相差太大，影响材料的成型精度。FDM 成型材料的收缩率对温度不能太敏感，否则会产生零件翘曲、开裂。

由以上材料特性对 FDM 工艺实施的影响来看，FDM 工艺对成型材料的要求是熔融温度低、黏度低、黏结性好、收缩率小。

2. 熔融沉积快速成型工艺对支撑材料的要求

（1）能承受一定高温度。

由于支撑材料要与成型材料在支撑面上接触，因此支撑材料必须能够承受成型材料的高温，在此温度下不产生分解与融化。

（2）与成型材料不浸润。

支撑材料是加工中采取的辅助手段，在加工完毕后必须去除，所以支撑材料与成型材料的亲和性不应太好。

（3）具有水溶性或者酸溶性。

对于具有很复杂的内腔、孔等的原型，为了便于后处理，可通过支撑材料在某种液体里溶解而去支撑。因为现在 FDM 使用的成型材料大多是 ABS 工程塑料，该材料一般可以溶解在有机溶剂中，所以不能使用有机溶剂。目前已开发出水溶性支撑材料。

（4）具有较低的熔融温度。

具有较低的熔融温度可以使材料在较低的温度挤出，提高喷头的使用寿命。

（5）流动性要好。

由于支撑材料的成型精度要求不高，为了提高机器的扫描速度，要求支撑材料具有很好的流动性，相对而言，对于黏性的要求可以低一些。

2.2.5 成型材料的特性指标

常用的 FDM 工艺成型材料的基本信息及特性指标，见表 2－2 和表 2－3。

表 2－2 FDM 工艺成型材料的基本信息

材料	适用的设备系统	可供选择的颜色	备注
ABS 丙烯腈丁二烯苯乙烯	FDM1650 FDM2000 FDM8000 FDMQuantum	白、黑、红、绿、蓝	耐用的无毒塑料
ABSi 医学专用 ABS	FDM1650 FDM2000	黑、白	被食品及药品管理部门认可的、耐用的且无毒的塑料
E20	FDM1650 FDM2000	所有颜色	人造橡胶材料，与封铅、轴衬、水龙带和软管等使用的材料相似
ICW06 熔模铸造用蜡	FDM1650 FDM2000	N/A	N/A
可机加工蜡	FDM1650 FDM2000	N/A	N/A
造型材料	Genisys Modeler	N/A	高强度聚酯化合物，多为磁带式而不是卷绕式

表 2－3 FDM 工艺成型材料的特性指标

材料	抗拉强度 / MPa	弯曲强度 / MPa	冲击韧性 / (kJ/m²)	延伸率 /%	肖氏硬度 /D	玻璃化温度 /℃
ABS	22	41	107	6	105	104
ABSi	37	61	101.4	3.1	108	116
ABSplus	36	52	96	4		
ABS-30	36	61	139	6	109.5	108
PC-ABS	34.8	50	123	4.3	110	125
PC	52	97	53.39	3	115	161
PC-ISO	52	82	53.39	5		161
PPSF	55	110	58.73	3	86	230
E20	6.4	5.5	347		96	
ICW06	3.5	4.3	17		13	
Genisys Modeling Material	19.3	26.9	32		62	

2.3 3D 打印基本流程

以 FDM 工艺为例简述 3D 打印基本流程。

2.3.1 建模软件

生成数字模型是 3D 打印过程的第一步。生成数字模型的最常见方法是利用计算机辅助设计软件（CAD）。有大量免费的建模设计软件与 3D 打印是兼容的，如 Proe、UG、SolidWorks 等。逆向工程也可以通过 3D 扫描生成数字模型。

2.3.2 STL 文件转换和操作

与传统制造方法不同，3D 打印过程中的关键阶段是要求将数字模型文件转换为 STL（立体光刻）文件。STL 使用三角形（多边形）来描述对象的立体参数信息，生成 STL 文件后，将文件导入到切片软件中进行处理，常用的切片软件如 Cura 等。

切片软件需要设置一些参数，包括切片厚度、打印速度和壁厚等，其中设置的层厚大小主要由打印机的打印精度决定。切片厚度越薄，则打印精度越高，同时层数越多，打印耗时也越长。

2.3.3 3D 打印机打印

在这个阶段，打印材料被加载到 3D 打印机中。开始打印后，无须监视 3D 打印机的运转。3D 打印机将遵循自动化流程，通常仅在机器用完材料或软件出现错误时才会出现报警。

2.3.4 去除支撑

某些 3D 打印技术需要去除模型支撑，这是一项特定的工作流程，涉及打印模型对象的精确性。对于支撑的使用是有一定技巧的，需要使用者熟悉切片软件的参数及模型的放置方向。如果使用双喷头独立加热的 3D 打印机，可以选择水溶性支撑材料，制作完模型后去除支撑就相对容易得多。

2.3.5 后处理

使用不同的 3D 打印技术，其后处理也不同。FDM 技术制作的零件可以直接手动处理；SLA 技术要求在模型处理之前，在紫外线下固化，金属零件需要在烤箱中消除应力。多数 3D 打印模型都需要打磨，采用一定的后处理技术，如高压空气清洁、抛光和着色等，最终完成所需模型的制作。

2.4 开源 3D 打印机

2.4.1 RepRap 3D 打印机技术概述

RepRap（Replicating Rapid Prototyper，快速复制原型机），使用一种熔融沉积建模、添加制造技术，是世界上首次出现的多功能、自我复制的机器，是能够打印塑料实物的 3D 打印机。RepRap 本身就是由许多塑料部件制成的，可以打印和生产这些零部件，实现自我复制。因此，从某种意义上说，RepRap 是一台“技术免费”的 3D 打印机。

RepRap 项目和在线社区是由英国巴斯大学的机械工程高级讲师艾德里安·鲍耶（Adrian Bowyer）博士于 2005 年创建的。其本身具有开源特性，从软件到硬件各种资料都是免费和开源的，是在自由软件协议 GNU 通用公共许可证 GPL 之下发布的，任何人都能够自由地改进和制造 RepRap。该项目包含了很多领域的知识，包括软件、电子、固件、机械、化学及其他范畴。

其硬件由简单的开放源码硬件构成，主要用 8 位 Atmel AVR 微控制器设计，现在有 32 位 Atmel ARM。软件由标准的编程语言编译器和微控制器执行的引导加载程序组成。

2.4.2 RepRap 项目的发展阶段

RepRap 项目已经发布了四个版本的 3D 打印机，开发者采用了著名生物学家们的名字来命名。

1. 2007 年 3 月发布的“达尔文”(Darwin)

达尔文机器为方盒状，Z 轴通过安装在盒子四角的螺纹杆实现上下滑动，如图 2 - 8 所示。

图 2－8　达尔文（RepRap 的第 1 代产品）

基于达尔文机型的桌面 3D 打印机的基本特征是：方盒状的外形；安装在四角的四条螺纹杆；达尔文及其后续版本，如 RepMan 的打印喷头，皆采用 X 轴和 Y 轴双向移动，而打印平台则通过 Z 轴上下移动。

2. 2009 年 10 月发布的“孟德尔”（Mendel）

孟德尔机型是三角形的，使用滚珠轴承取代了第一代达尔文机型的滑动轴承，减少了摩擦和容忍误差，如图 2－9 所示。

图 2－9　孟德尔（RepRap 的第 2 代产品）

它的基本特征是：打印平台沿 Y 轴移动，打印喷头沿 X 轴移动，通过两个螺纹杆控制 Z 轴移动，X 和 Y 轴由皮带驱动。

3. 2010 年发布的“普鲁萨 · 孟德尔”（Prusa Mendel）

艾德里安 · 鲍耶的学生普鲁萨（Prusa）在孟德尔机型的基础上，进行简化与优化，推出改进机型 Prusa Mendel。其采用套管代替轴承。现在最为通行的版本是使用 3 个 608 轴承，X 轴使用 1 个轴承，Y 轴使用 2 个轴承，如图 2－10 所示。

相比较于第二代孟德尔机型，Prusa Mendel 的优点主要是安装更容易、改进更容易、修理更容易。

4. 2010 年发布的“赫胥黎”(Huxley)

赫胥黎机型是在孟德尔的基础上进行开发的，是原版孟德尔的改装版。其在硬件基础上对某些部件做了重新设计，如对电路板、固件和主机软件做了一些改进。与孟德尔相比，赫胥黎对同一实物的打印量要小 30%，复制速度要比孟德尔快 3 倍，如图 2-11 所示。

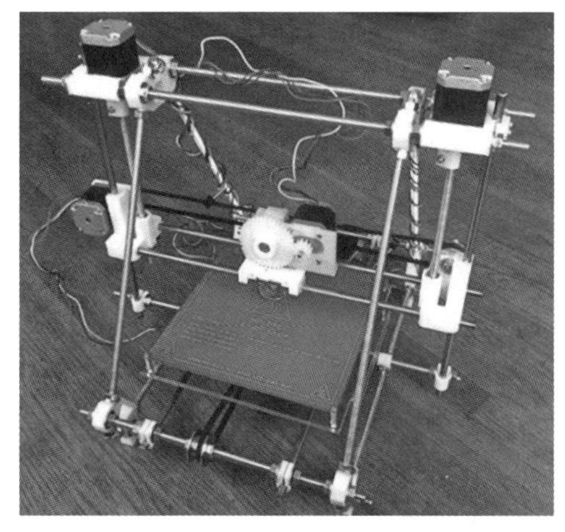

图 2-10　普鲁萨·孟德尔（RepRap 的第 3 代产品）

图 2-11　赫胥黎（RepRap 的第 4 代产品）

因此，孟德尔和赫胥黎将会平行开发，赫胥黎将走向更简化和小型化，更注重快速打印，而孟德尔则走向更多功能化和适用更多领域。

2.4.3　Ultimaker 3D 打印机简介

Ultimaker 是一家荷兰 3D 打印机制造公司。相比较 Makerbot，Ultimaker 3D 打印机具有更快的速度、更高的性价比，可打印更大的尺寸，同时还是一个开源的 3D 打印机。

Ultimaker 使用 ABS 塑料或 PLA 塑料来制作产品，属于 FDM 型打印机。其使用由植物制作成的 PLA 塑料进行打印，打印速度更快，且更加稳定，如图 2-12 所示。

Makerbot 是一家位于布鲁克林的创业公司，发明 Makerbot 的目标是家用型且简易的 FDM 型 3D 打印机，使用 ABS 或者 PLA 塑料作为材料。Makerbot 与 Ultimaker 最初都是基于 RepRap 开源项目，并且产品也是开源的。但是后来 Makerbot 公司的策略发生变化，新产品 Replicator、Replicator2 等都已经不开源了。

Ultimaker 和 Makerbot 的不同之处在于，Makerbot 是依靠平台的移动来进行打印的，而 Ultimaker 则是依靠喷头的移动。Ultimaker 的喷头更为精巧，且重量很轻。

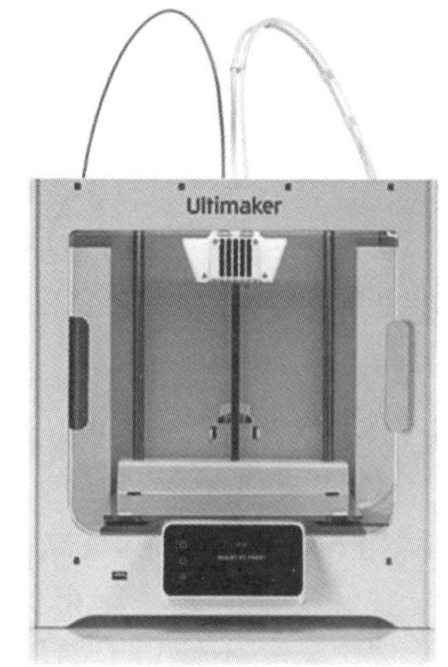

图 2-12　Ultimaker 打印机

Makerbot 的马达是安装在可动零件上的。Ultimaker 在打印机的框架之上，打印机的稳定性更好，能够打印更大的尺寸。

显而易见，Ultimaker 拥有极高的性价比和开放性，是多数人实现 3D 打印梦想的选择。

2.5 3D 打印机典型的结构类型

开源的 3D 打印机框架主要由常见的构件构成，其中螺纹丝杠标准件和 3D 打印塑料件的使用非常广泛。其主要结构类型有以下几种。

2.5.1 盒子结构框架

市面上的 Makerbot、Ultimaker 都是属于盒子结构框架的 3D 打印机，其框架由激光切割的木板或者亚克力组成，如图 2 - 13 所示。这种结构要比早期由螺纹丝杠组装的 RepRap 系列孟德尔机型的打印机更容易组装、调试，校准也更简单、准确。其缺点是振动有些过大。

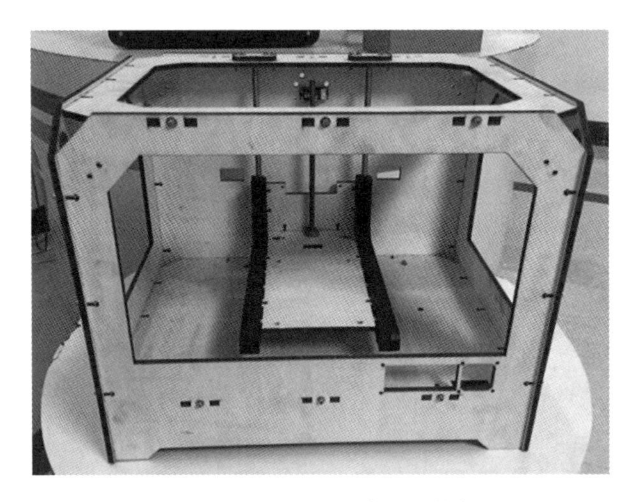

图 2 - 13 Makerbot 盒子结构框架

目前多数厂商生产这种类型的 3D 打印机时，在框架上做了改进，尽量设计成为一体成型的白钢或者铝合金框架。其优点是结构更为稳定、振动更小；缺点是价格高、结构复杂、改造困难。

2.5.2 三角结构框架

Prusa i3 属于三角结构框架，其中大部分零件可以使用五金店出售的标准件，既便宜又实用，是搭建桌面级 3D 打印机的首选，如图 2 - 14 所示。该机型除了使用标准件之外，还使用了两种定制的零件，激光切割板材和 3D 打印塑料件，主要起连接作用。

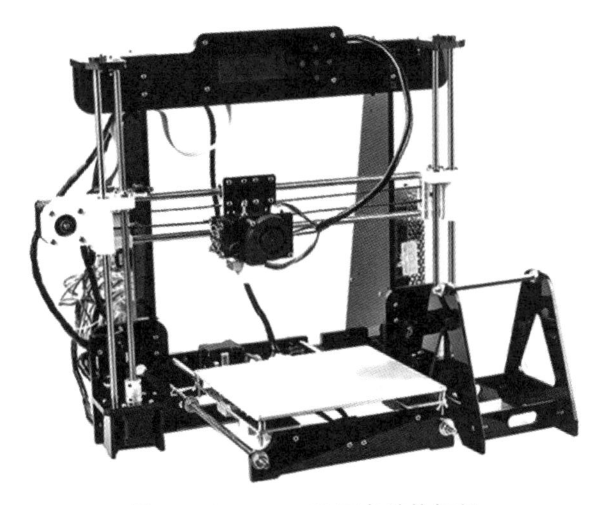

图 2 - 14 Prusa i3 三角结构框架

2.5.3 三臂并联结构框架

Kossel Mini 3D 打印机是属于三臂并联结构框架，框架由铝型材或者木板构成，连接的塑料部件可以使用 3D 打印机打印，如图 2 - 15 所示。其三角形结构增加了框架的稳定性，提高了打印速度。由于使用 3D 打印件，其结构刚性会不足，在打印的过程中机器晃动比较严重，并且导致打印头也随之晃动，影响零部件的打印精度，尤其在打印小部件时。为增加机器的稳定性，可采用铝合金连接件替代 3D 打印塑料件，但铝合金连接件需要开模定做，价格昂贵。

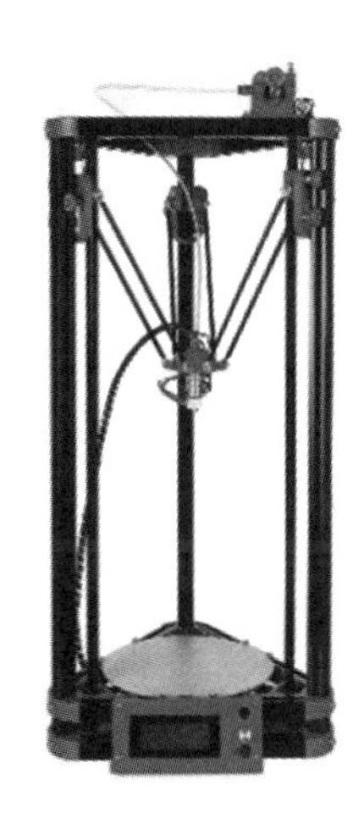

图 2 - 15 Kossel Mini 三臂并联结构框架

基于以上的特点，开源系列 3D 打印机的优点在于制作简单、材料易于获得、价格比较低廉；其大多数的缺点是结构不稳定、振动大、调试和校准复杂、精度不能保证。

思考题

1. 3D 打印技术是如何分类的？
2. 简述常用的几种 3D 打印技术工艺。
3. 简述熔融沉积工艺的原理。
4. 熔融沉积工艺的特点是什么？
5. 熔融沉积工艺使用的材料有什么要求？
6. 简述 FDM 工艺的打印流程。
7. 简述开源 3D 打印机发展的历程。
8. Ultimaker 和 Makerbot 的区别有哪些？
9. 典型的 3D 打印机结构类型有哪些，各自的特点是什么？

单元 3

3D 打印机硬件

单元导读

3D 打印机的硬件主要包含电子部分、机械部分和框架部分。电子部分由电源、系统板、主板、步进电动机驱动板、温度控制板（如果采用热敏电阻测温则一般不用温度控制板）、加热喷嘴、热电偶（或者热敏电阻）、加热床等组成；机械部分有的采用步进电动机带动同步带的方式，有的采用滑台组成 X、Y、Z 轴，同时需要步进电动机、支架、同步轮、同步带等组成部件。本单元主要讲述了 3D 打印机的硬件，并对硬件的分类选型及工作原理的相关知识进行了细致的介绍，同时对传动部件的脉冲计算等进行了深入的讲授。为了方便大家正确理解各个参数的含义，还结合实例进行了深入的分析与讲解，为从事 DIY 3D 打印的爱好者提供了有价值的参考。

学习目标

- 掌握 3D 打印机硬件的分类、选型及工作原理的相关知识，为固件配置建立基础。

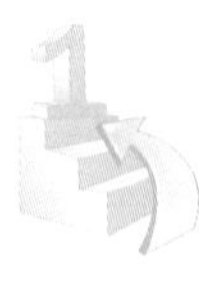

难点与重点

- 难点：步进电机的细分与接线、限位开关的选择、控制主板与传感器的选择等。
- 重点：丝杠与皮带传动的脉冲计算、挤出机齿轮的选型及参数计算。

3.1 打印机电源

大部分 3D 打印机都使用 12 V 直流电源，电流 5 ～ 30 A，如图 3－1 所示。3D 打印机的步进电动机和挤出头电流在 5 A 左右，加热床大多为 5 ～ 15 A。标准配置的 3D 打印机总电流为 18 ～ 30 A，功率大约为 360 W。

可以根据需要选择如下形式的电源进行供电。

3.1.1 计算机主机电源

国外 3D 打印机爱好者广泛使用计算机主机电源作为 3D 打印机的供电电源，如图 3－2 所示。有些 3D 打印机控制板可以直接连接计算机主机电源，有些需要把计算机主机电源接口剪断自行接线。有些 3D 打印机控制板（比如 Ramps1.4）提供 Power-On 信号去唤醒计算机主机电源。

图 3－1 3D 打印机的电源

图 3－2 计算机主机电源

目前市场上，计算机主机电源的质量参差不齐，有些可以提供过载保护功能，有些却不能，甚至很多不能给 3D 打印机提供稳定的电源供应。因为计算机主机电源不仅可以提供 12 V，还可以提供 3.3 V、5 V，所以计算机主机电源最好选择功率在 400 W 以上并检查 12 V 电压下输出电流的能力。

3.1.2 服务器电源

3D 打印机还可以使用服务器电源，如图 3－3 所示。服务器电源虽然仅提供 12 V 电压，但是却能提供非常大的电流，且二手的服务器电源价格相当低廉。服务器电源一般都是直接插到机架系统上的，需要根据不同型号自行改装接口。

3.1.3 移动电源

很多移动电源可以提供 12 V/240 W 的电力（见图 3－4），给 3D 打印机供电非常方便。DIY 爱好者经常选择 DEL 12 V 笔记本电源或者 XBOX360 电源（见图 3－5），当功率过载时这些电源还可以提供过载保护功能，自动切断电源。

图 3－3 服务器电源

图 3－4　移动电源

图 3－5　XBOX360电源

3.1.4　OEM 电源

常见的 OEM 电源有 LED 灯带电源和工业上数控机床电源，能够提供 12 V 或者 24 V 的输出电压，并且提供较大的输出功率，如图 3－6 所示。

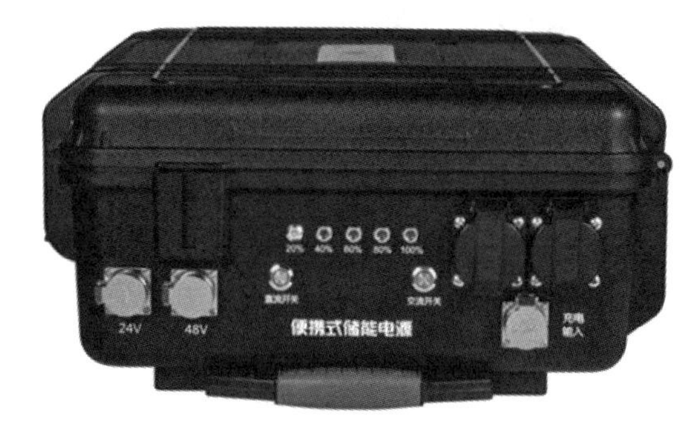

图 3－6　OEM 电源

LED 灯带电源价格低廉，被广泛应用到 3D 打印机中。普通的 LED 灯带电源虽然价格低廉、接线简单，但是不能提供可靠的保障，在质量和价格之间有很大差异性。

数控机床电源体积小巧、可靠性高、生产工艺严格，但价格却十分昂贵，普通爱好者对数控机床电源只能望而却步。

3.2　步进电机

3.2.1　步进电机的定义与结构形式

步进电机是一种将电脉冲信号转换成相应角位移或线位移的开环控制电机。每输入一个脉冲信号，转子就转动一个角度或前进一步，其输出的角位移或线位移与输入的脉冲数成正比，转速与脉冲频率成正比。因此，步进电机又称为脉冲电机，是现代数字程序控制系统中的主要执行元件。通过电流脉冲来精确控制转动量的电机，电流脉冲是由电机驱动单元供给的。

步进电机相对于其他控制用途电机的最大区别是，它接收数字控制信号（电脉冲信号）并转化成与之相对应的角位移或直线位移，它本身就是一个完成数字模式转化的执行元件。而且它可开环位置控制，输入一个脉冲信号就得到一个规定的位置增量，这样的所谓增量位置控制系统与传统的直流控制系统相比，其成本明显减低，几乎不必进行系统调整。步进电机的角位移量与输入的脉冲个数严格成正比，而且在时间上与脉冲同步。因而只要控制脉冲的数量、频率和电机绕组的相序，即可获得所需的转角、速度和方向。

步进电机从结构形式上分为反应式步进电机（Variable Reluctance，VR)、永磁式步进电机（Permanent Magnet，PM)、混合式步进电机（Hybrid Stepping，HS)、单相步进电机、平面步进电机等多种类型。我国多数采用反应式步进电机。

步进电机是整个 3D 打印机的动力来源，因此步进电机的质量，对 3D 打印机工作状态的影响是非常关键的。不同品牌的步进电机，质量差异很大。优质的步进电机，工作噪声小、发热量小、运行平滑稳定、转矩足够大。

3.2.2 步进电机的类型与主要参数

3D 打印机常用的步进电机类型为 42 型步进电机，常见的 RepRap、Prusa Mendel、Makerbot、Ultimaker、Kossel Mini 都使用的是 42 型步进电动机，有些 3D 打印机使用 37 型步进电机或其他型号的步进电机，如图 3－7 所示。

图 3－7　不同型号的步进电动机

1. 步距角

在非超载的情况下，电机的转速、停止的位置只取决于脉冲信号的频率和脉冲数，而不受负载变化的影响。当步进驱动器接收到一个脉冲信号，它就驱动步进电机按设定的方向转动一个固定的角度，称为“步距角”，它的旋转是以固定的角度一步一步运行的。可以通过控制脉冲个数来控制角位移量，从而达到准确定位的目的；同时可以通过控制脉冲频率来控制电机转动的速度和加速度，从而达到调速的目的。

最常见的步距角有三种，分别是 0.9°、1.8° 和 7.5°。这三种步距角对应步进电机每旋转一周（360°）需要的脉冲信号个数分别为 400 个、200 个、48 个。如对于步距角为 1.8° 的步进电机（小电机)，转一圈所用的脉冲数为 n=360/1.8=200 个。步距角的误差不会长期积累，只与输入脉冲信号数相对应，可以组成结构较为简单而又具有一定精度的开环控制系统，也可以在要求更高精度时组成闭环系统。

为了 3D 打印机打印得更精确，可以选用小的步距角，甚至使用 0.9° 步距角的步进电机，这样打印更平稳、转矩更大、精度更高，但缺点是最大转速降低了。

2. 极数

电机的极数确定了电机的同步转速。极的定义是发电机转子在转子线圈通入励磁电流之后形成的磁极。简单地说就是转子每转一圈在定子的线圈的一匝中能感应形成几个周期电流不同的极数，要产生 50 Hz 电动势就需要不同的转速。电机的极对数越多，电机的转速就越低，但它的扭矩就越大。

RepRap 3D 打印机单、双极都能用，使用双极步进电动机的比较多。

双极步进电动机内部有两组独立的线圈，每组线圈都需要单独的驱动电路，因此需要依靠驱动电路改变电流的方向进而改变磁极方向，驱动电路相对简单。

单极步进电动机同样也有两组线圈，而每组线圈中间多接出一根引线，可以改变每一组线圈的磁极方向。单级步进电动机只使用了一半的线圈，在同等体积的情况下没有双极步进电动机转矩大。单极步进电动机大部分有 5 根或 6 根引线，而双极步进电动机有 4 根或 8 根引线。

3. 细分

步进细分数是与脉冲信号相关的另一个参数，它取决于所使用的电机驱动板。细分是通过控制各相绕组中的电流，使它们按一定的规律上升或下降，即在零电流到最大电流之间形成多个稳定的中间电流状态，相应的合成磁场矢量的方向也将存在多个稳定的中间状态，且按细分步距旋转。其中合成磁场矢量的幅值决定了步进电机旋转力矩的大小，合成磁场矢量的方向决定了细分后步距角的大小。细分驱动技术进一步提高了步进电机转角精度和运行平稳性。

步进电动机都有固定的步距角，通过给每组线圈发送正弦波或者余弦波，增加步进电动机步数，从而使每步的步进角减小，提高了步进电动机的精度和驱动频率，降低了振动，但是却减小了电动机的转矩。当步进电动机驱动大负载、大摩擦力或者高速往复运动，细分数高于 1/2 步进角时，不能提高步进电动机的定位精度，而在小负载时却能很好地提高定位精度。

驱动电路的主芯片，通常具有驱动细分功能，常见的有 1/2、1/4、1/16 等。如果是 1/16 细分，其代表的含义是原来一个脉冲可以控制电机转动一个步距角，现在需要 16 个脉冲电机才能转动一个步距角。如果选择的步距角是 1.8°，那么电机旋转一周就需要 200 × 16（3 200）个脉冲信号。

采用 Ramps1.4 的板子，使用 A4988 电机驱动器，每个驱动板下边的 3 个跳线帽都插了，那么就是 16 细分，如图 3－8 所示，已用蓝色标出。

图 3－8　Ramps 1.4板子的跳线帽

跳线帽是主板、硬盘等硬件上的小的方形塑料帽，如图 3－9 所示。它是一个包裹着绝缘层的导线，其外层是绝缘塑料，内层是导电材料，可以插在跳线针上面，将两根跳线针连接起来。

跳线帽的作用如下：

- 主板跳线是主机板上的手动开关，通过跳线帽连接不同的跳线 PIN，可以改变主板电路；
- 主板上最常见的跳线主要有两种，一种是只有两根针，另一部分是跳线帽；
- 跳线帽是一个可以活动的部件，外层是绝缘塑料，内层是导电材料，可以插在跳线针上面，将两根跳线针连接起来；
- 当跳线帽扣在两根跳线针上时是接通状态，有电流通过，称之为 ON；
- 不扣上跳线帽时，说明是断开的，称之为 OFF。

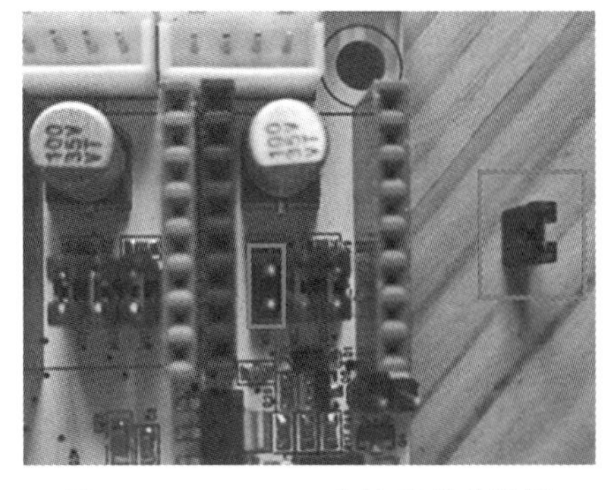

图 3－9　GT2560 主控板的跳线帽

4. 保持转矩

步进电动机不像直流减速电动机、直流伺服电动机那样可以提供大转矩和保持力矩，却可以简单精确地控制移动距离。直流减速电动机、直流伺服电动机实现精确地控制移动距离需要复杂的闭环控制系统和驱动电路。

最早设计的 Mendel 3D 打印机，需要 X、Y、Z 轴步进电动机 13.7 N.cm 的保持转矩，才能避免转矩不足产生的丢步问题。使用更小转矩的步进电动机，会使得 3D 打印机的设计更精密、摩擦力更小。

多数开源设计的 3D 打印机并不要求步进电动机的保持转矩。但是在 3D 打印机设计中，保持转矩一定是越大越可靠，不过这样就增加了 3D 打印机的重量和体积。

5. 尺寸

3D 打印机常使用的步进电机的尺寸，大多是 42 型步进电动机，其宽和高均为 42 mm，如图 3－10 所示。步进电动机的长度代表其功率和转矩大小，长度越长，其功率、转矩越大。常见的长度为 37 mm、42 mm、57 mm。

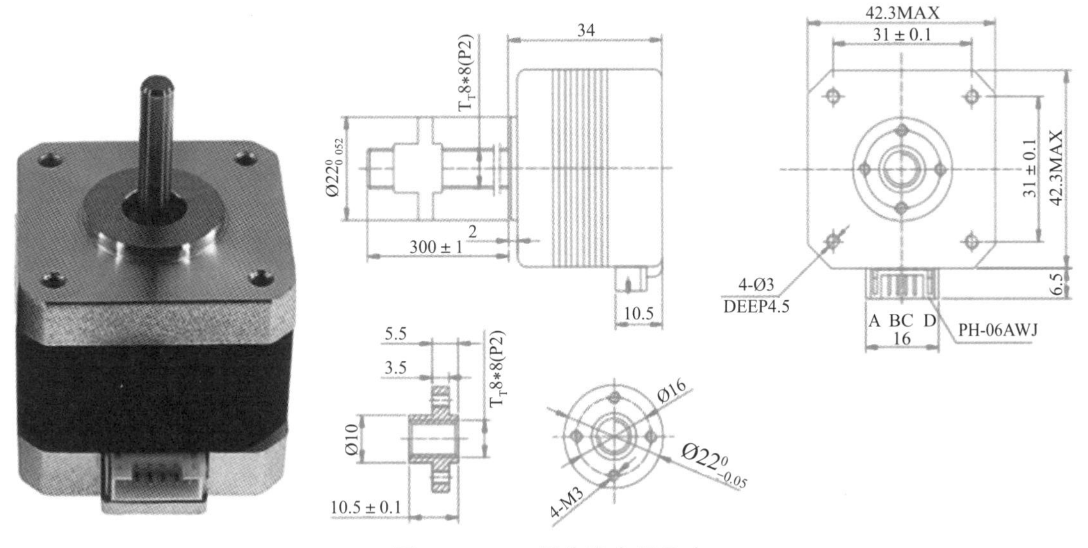

图 3－10　42 型步进电机尺寸

有些 3D 打印机使用 37 型步进电动机，其宽和高均为 37 mm，与 42 型步进电机相比更轻便、简洁。37 型步进电动机通常需要以极限转矩运行，使得步进电动机的表面温度提高，甚至发烫。

6. 接线

开源系列 3D 打印机控制板一般适用 4 线、6 线、8 线步进电动机，而 5 线步进电动机并不支持。步进电机需要按照说明书接线，也可以使用万用表进行测量。

电机线圈的检测方法如下：

4 线步进电动机有两组线圈，每组都有两根引线，如图 3-11（a）所示。一种方法是使用万用表测量任意两根引线，连通的为同一线圈，找到两组线圈接入步进电动机驱动，如果发现步进电动机行进方向相反，可以任意调换同一线圈的两根引线。另一种方法是把步进电动机任意两根引线短接，转动主轴，转动困难的两根引线即为同一线圈。

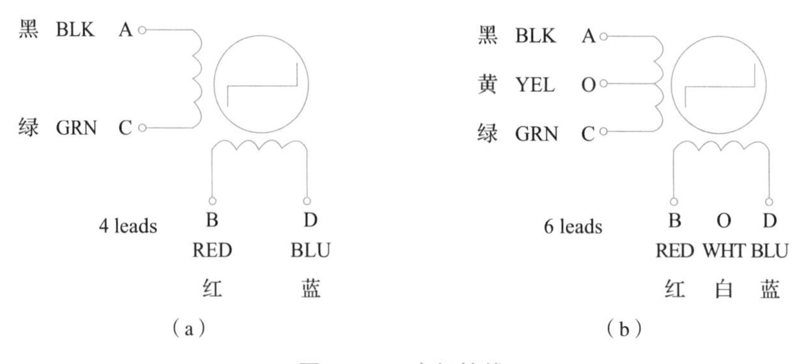

图 3-11 电机接线

6 线步进电动机同样有两组线圈，而每一组线圈中间多接一根引线，如图 3-11（b）所示。使用万用表测量任意两根线之间的电阻，找到电阻最大的两组接入步进电动机驱动。

8 线步进电动机拥有 A、B 两相，4 组线圈（A 相两组线圈，B 相两组线圈），用万用表测量 8 根引线之间的电阻找到 4 组线圈引线，任意两组线圈接入步进电动机驱动，如果步进电动机可以正常运转，代表两组线圈不在同一相上；如果步进电动机不能转动，证明这两组线圈属于同相线圈。接下来将剩下的两组线圈任意一组串联到 A 相线圈，如果步进电动机转动，证明此组为 A 相另一组线圈；如果步进电动机不转动，将这组线圈正负对调后再试一次；如果步进电动机还不转动，证明此组为 B 相另一组线圈，同样用上面的方法找到最后一组极性。

其中，6 线步进电动机也可以看作 4 组线圈，每相的两组线圈各一根引线接到一起，使用时可以单独使用不同相的两组线圈，也可以把两组线圈分别串联使用。8 线步进电动机中可以把两相四线线圈中每相任意一组线圈单独使用，也可以把每一相线圈并联或者串联使用。两相线圈分别串联时（低速接法），每相的总电阻增加、发热减小，在低速运动时，电动机转矩增大，但由于串联使得每相电感较高，转速升高时力矩下降很快，电动机高速性能不好，这种接法需要调节驱动器驱动电流为电动机相电流的 70%。两相线圈分别并联时（高速接法），每相的总电阻减少、电感减小、转速升高、力矩下降较弱、电动机高速性能好，而低速转矩却降低了很多，这种接法需要调节驱动器驱动电流为电动机相电流的 1.4 倍，因而发热较大。

7. 温度

步进电动机温度过高会使电动机的磁性材料退磁，从而导致力矩下降乃至失步。一般磁性材料退磁点都在 130℃以上，有的甚至达到 200℃以上，所以步进电动机外面温度在 80℃～ 90℃完全正常。

因为多数 3D 打印机的电动机座材料是 PLA 或者 ABS，PLA 在 60℃左右就会软化变形，ABS 在 110℃开始软化，所以使用 PLA、ABS 作为固定电动机座材料时，步进电动机的温度一定不能超过材料的软化温度。

当步进电动机温度过高时，可以在步进电动机表面增加风扇主动散热，也可以降低步进电动机的功率来降低温度。根据公式 $P = I^2$ 可以看出，只需要降低一点电流，功率就降低了很多，而保持转矩仍可以保证。比如电流降低到原来的 80%，转矩同样会降低到 80%，而功率会降低到原来的 64%（$0.8^2 = 0.64$）。

8. 功率和电流

由于 3D 打印机步进电动机采用限流驱动方式，理论上可以不考虑步进电动机的内阻，但是步进电动机的内阻和电感起作用时，电阻大，电感就大，阻碍了电流的变化，起动频率下降，电动机动态性能不好。

组装 3D 打印机时，一般选择电压在 3 ～ 5 V、电流在 1 ～ 1.5 A 的步进电动机，此区间的电动机通常可以达到最佳性能。

3.3 传动部件

组装 3D 打印机的传动部件包括同步带、同步带轮、丝杠、联轴器、齿轮和减速机，如图 3－12 所示。

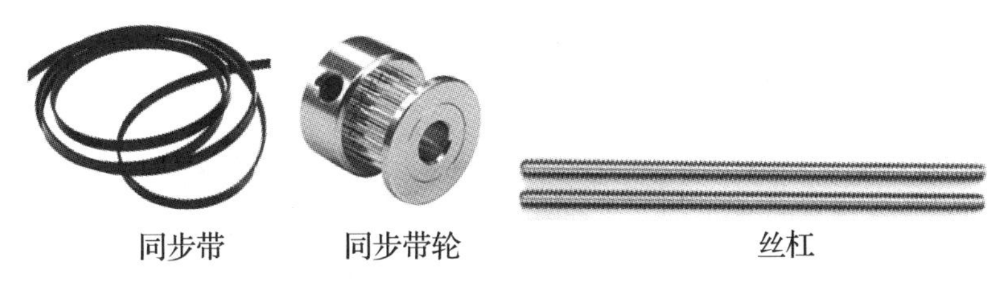

图 3－12 3D 打印机传动部件

3.3.1 同步带与同步带轮

1. 同步带与同步带轮的作用

同步带传动是由一根内周表面设有等间距齿形的环行带及具有相吻合的带轮所组成。其运行时带齿与带轮的齿槽相啮合传递运动和动力，是综合了皮带传动、链传动和齿轮传动各自特点的新型带传动。

3D 打印机中 X 轴、Y 轴都使用同步带传动。常见 3D 打印机的同步带宽度为 5 mm、6 mm，齿与齿间的距离在 2 ～ 5 mm，齿形有梯形齿和圆弧齿，如图 3－13 所示。

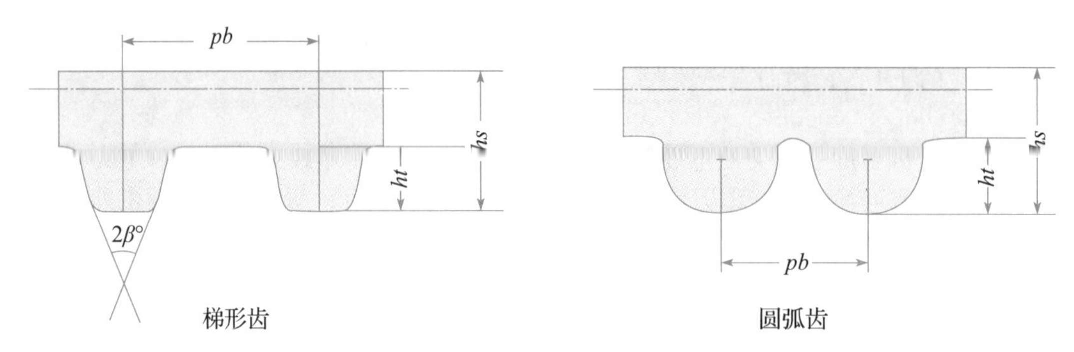

图 3－13　同步带齿型

同步带轮一般和同步带配套使用。

2. 常用的同步带与同步带轮的型号

（1）T5 同步带。

T5 同步带的齿距为 5 mm，是早期 3D 打印机常用的同步带，尤其 RepRap 3D 打印机具有自我复制的特点，同步带轮也可使用 3D 打印机打印出来。测试证明，齿距为 5 mm 的同步带轮是最容易打印的，所以 RepRap 3D 打印机大多都使用 T5 同步带。

（2）T2.5 同步带。

T2.5 同步带的齿距为 2.5 mm。随着 3D 打印技术的发展，对 3D 打印机定位精度的要求更高，逐渐开始使用 T2.5 同步带和 CNC 铝制同步带轮，相比以前的 T5 同步带精度有很大的提升。

（3）XL 和 MXL 同步带。

XL 同步带的齿距为 5.08 mm，MXL 同步带的齿距为 2.032 mm。商业型 3D 打印公司为了提升 3D 打印机的定位精度，开始使用工业级的同步带，即 XL 或者 MXL 同步带。XL、MXL 同步带齿形都为圆弧形，相比梯形齿同步带，其同步带和带轮间的间隙更小、精度更高，如图 3－14 所示。

图 3－14　XL 和 MXL 同步带轮

（4）GT2 和 HTD-3M 同步带。

GT2 同步带是专门为直线运动设计，圆弧齿形，往复运动回差很小。专用的 GT2 同步带轮成本高，只有美国盖茨（GATES）、日本优霓塔（UNITTA）两家公司生产，多数 3D 打印机爱好者使用 GT2 同步带对 3D 打印机进行升级。

另外，还有很多工业级的 3D 打印机生产商如 3Dsystem 公司使用 HTD-3M 同步带，但是 DIY 打印机中并不常使用，只有一些 3D 打印机生产商会选择这种同步带，精度非常高，如图 3－15 所示。

GT2 同步带轮

HTD-3M 同步带轮

图 3－15　GT2 和 HTD-3M 同步带轮

在选择同步带轮时需要注意同步带轮的齿数。同步带轮齿数多，步进电动机运动的分辨率高，但挤出轮直径增大、转矩下降，适合高转速运动；同步带轮齿数少，步进电动机运动的分辨率虽然低些，但挤出轮直径减小、转矩增大，适合低速运动。

注意：不同型号的同步轮和同步带是不能通用的。

3. 参数的应用

此参数是用来计算打印机运行 1 mm 时，各轴所需要的脉冲数。

如步进电机的步距角为 1.8°，其脉冲个数为 200，步进电机驱动细分为 16 细分，所使用的同步轮有 15 个齿，同步带型号是 GT2，即节距 2 mm 的同步带。

由上述条件可知，根据计算公式得：

$$\frac{\text{脉冲数}}{\text{mm}}=\frac{\text{每脉冲个数}\times\text{驱动细分数}}{\text{同步带齿间距}\times\text{齿数}}=\frac{200\times16}{2\times15}\approx106.67\text{ 个脉冲}$$

所以，同步带带动打印头或者热床前进 1 mm 时，所需要的脉冲个数为 106.67 个。

3.3.2　丝杠

对于一些类型的 3D 打印机，其 Z 轴经常使用丝杠进行传递动力。丝杠传动的优势是精度高、传动效率高；其缺点是速度慢，要频繁移动 X 和 Y 轴，Z 轴打印完一层后，才会升高一层，所以不需要很高的速度。

1. 丝杠的分类

在 3D 打印机中使用的丝杠有 T 形丝杠、滚珠丝杠和普通丝杠。

（1）T 形丝杠。

T 形丝杠在商业 3D 打印机中大量应用，其很容易结合具体的应用来进行调整，以达到预期性能，同时将成本控制在最低限度，如图 3－16 所示。它的优点是精度有保障、价格低廉、Z 轴一致性好，缺点是这种类型的丝杠避免不了左右晃动。

（2）滚珠丝杠。

滚珠丝杠被工业级的 3D 打印机大量使用，可以连续运行、承受较高的负载、达到更快的运行速度、具有良好的可预测性，因此成本也较高，如图 3－17 所示。其优点是精度高、一致性好、运动过程中不存在

图 3－16　T 形丝杠

晃动；缺点是价格昂贵。

（3）普通丝杠。

普通丝杠在 DIY 3D 打印机中经常使用，如图 3－18 所示。RepRap 3D 打印机就使用普通丝杠连接框架主体，直径为 8 mm 的不锈钢丝杠，控制 Z 轴的升降。最早的 Mendel 3D 打印机使用的也是直径为 8 mm 的不锈钢普通丝杠。新一代的 Prusa 系列的 3D 打印机，使用的是直径为 5 mm 的不锈钢普通丝杠。普通丝杠的优点是价格低，市场上容易买到，不需要专用螺母（普通 M5、M8 螺母即可），缺点是晃动较大、精度不一致。

图 3－17　滚珠丝杠

图 3－18　普通丝杠

2. 丝杠的主要参数

（1）步进电机的步距脚。

（2）步进电机驱动板细分。

（3）螺距（P）、导程（L）、头数（n）。

螺距就是相邻两个螺线的距离；导程是指丝杠旋转 360°，丝杠上的 T 形螺母移动的距离；头数是丝杠上螺线的数量，如图 3－19 所示，图中用不同的颜色表示出不同的螺线。

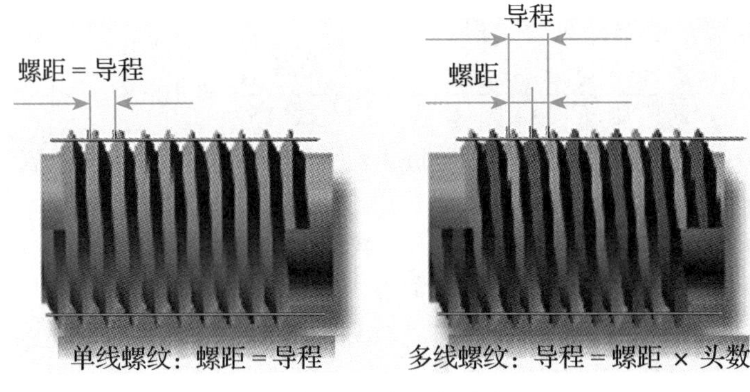

图 3－19　螺距与导程

注意：

- 查看螺线的条数时可以观察丝杠的头部，有几个丝口入点就是几头。
- 查看螺距时可以在丝杠上涂一点墨水，然后在纸上滚一下，直接测量纸上的距离即可。

3. 丝杠传动的计算

丝杠传动的计算即计算 Z 轴上升或者下降 1 mm 时，需要的脉冲信号数。

如步进电机的步距角为 1.8°，其脉冲个数为 200，步进电机驱动细分为 16 细分，所使用的步进电机驱动的丝杠是 4 头且螺距 2 mm，那么导程为 8 mm。

由上述条件可知，根据计算公式得：

$$\frac{\text{脉冲数}}{\text{mm}}=\frac{\text{每脉冲个数}\times\text{驱动细分数}}{\text{丝杠导程}}=\frac{200\times 16}{8}=400\text{ 个脉冲}$$

所以，Z 轴上升或者下降 1 mm 时，所需要的脉冲个数为 400 个。

3.3.3 行星减速机

1. 结构及工作原理

行星减速机是一种传动机构，可以降低电机的转速，同时增大输出转矩，如图 3－20 所示。

图 3－20　42 行星减速机

其结构是由一个内齿环紧密结合于齿箱壳体上，环齿中心有一个自外部动力所驱动的太阳齿轮，介于两者之间有一组由 3 颗齿轮等分组合于托盘上的行星齿轮组，该组行星齿轮依靠出力轴、内齿环及太阳齿支撑。

其工作原理是当入力侧动力驱动太阳齿时，可带动行星齿轮自转，并按着内齿环的轨迹沿着中心公转，行星旋转带动连接托盘的出力轴并输出动力。利用齿轮的速度转换器，将电动机（马达）的回转数减速到所要的回转数，并得到较大转矩。

行星减速机在 3D 打印机中主要用于增加挤出机的转矩，使 3D 打印机的挤出机可以驱动更粗、更费力的耗材。在挤出机中增加行星减速器可明显改善挤出机的驱动力。行星减速机在 Scara 类 3D 打印机中广泛应用，驱动各部分轴运动。

2. 齿轮驱动

3D打印机的送料部分是齿轮与料紧紧挤在一起，产生很大的摩擦力。通过齿轮转动推动材料向下或者向上，所以齿轮上的某一点旋转一周产生的距离就是料移动的长度，等于齿轮的周长。如 MK8 上的齿轮直径是 11 mm，所以齿轮旋转一周的周长就是 3.14 × 11=34.54 mm。

注意：测齿轮直径可以用尺子，也可以用线在齿轮上绕一周，记录下位置，然后测其长度。

黄铜和不锈钢等材料的齿轮，其齿形为直齿和凹形等，挤出齿轮的齿数有 26 齿、36 齿、40 齿等，如图 3－21 所示。

图 3－21　挤出齿轮

3. 挤出齿轮驱动的计算

这里计算挤出机材料移动 1 mm 时，需要的脉冲信号数。

如步进电机的步距角为 1.8°，其脉冲个数为 200。步进电机驱动细分为 16 细分，所使用的电机旋转一周，通过挤出齿轮推动材料移动 34.54 mm。

由上述条件可知，根据计算公式得：

$$\frac{\text{脉冲数}}{\text{mm}}=\frac{\text{每脉冲个数}\times\text{驱动细分数}\times\text{挤出齿轮传动比}}{\text{挤出齿轮周长}}=\frac{200\times16\times1}{34.54}$$

$$\approx 92.65\text{个脉冲}$$

所以，电机旋转一周，挤出齿轮推动材料移动 1 mm 时，所需要的脉冲个数为 92.65 个。

3.4 挤出部件

3.4.1 近端挤出机

早期的 RepRap 打印机最常用的是近端挤出机，采用齿轮减速，直流电机驱动一个紧压着塑料丝原料馈入的螺丝，使它经过加热熔化室，再通过一个细窄的挤压喷嘴。由于大的惯性，直流电动机无法快速起动或停止，因此很难实现精确控制。

最新的挤出机使用步进电机驱动熔丝，在样条轴或凸边轴和滚珠轴承之间夹丝。只打印一种材料时，使用近端挤出机最为合适、高效。

目前流行的韦德挤出机（Wade's Geared Extruder），如图 3-22 所示。其显著优点是价格实惠（不需要使用昂贵的齿轮件）、组装简便、挤出速度快、PTFE 管方便固定、不需要大转矩电动机。

图 3-22 韦德挤出机

其中，PTFE 管是聚四氟乙烯，具有极优的化学稳定性，能耐所有强酸、强碱、强氧化剂，与各种有机溶剂也不发生作用；适用温度范围较广，常压下可以长期应用于 -180℃～250℃，在 250℃高温下处理 1000 h 后，其力学性能变化很小。

3.4.2 远程挤出机

远程挤出机在三角洲机器中普遍使用，如图 3-23 所示。使用减速步进电动机直接驱动挤出齿轮，实现远程送料，电动机靠近料盘，送料更流畅。在结构方面减轻了打印头的质量，所以打印头运动更平稳，速度也更快。

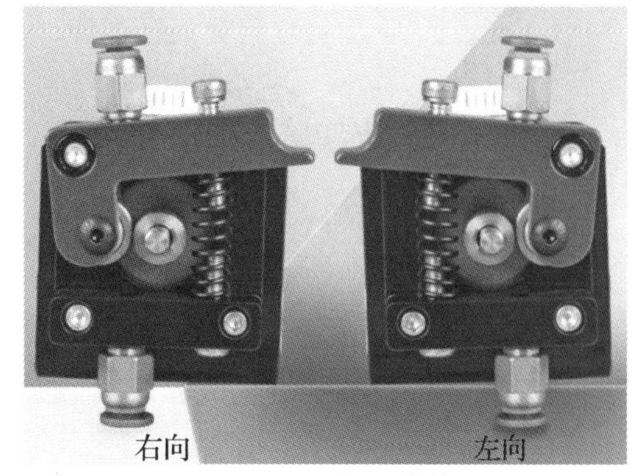

图 3－23　MK8 全金属远程挤出机

3.4.3　热熔挤出头

3D打印机中热熔挤出头是核心部件。目前挤出头使用最广泛的是分体挤出头、一体化挤出头。

1. 分体挤出头

分体挤出头的最前端可更换不同尺寸的打印喷嘴，常用喷嘴的直径尺寸为 0.3 mm、0.4 mm、0.5 mm，如不同尺寸的黄铜喷嘴。其中，Makerbot 使用的热熔挤出头是分体挤出头，喷嘴材料有铝制和黄铜之分，如图 3－24 所示。

铝制喷嘴

不同尺寸的黄铜喷嘴

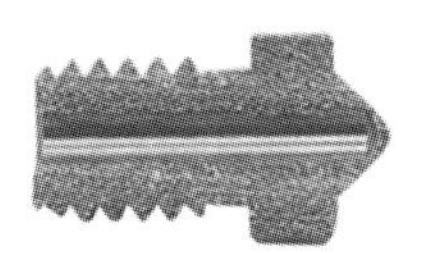
喷嘴剖面图

图 3－24　喷嘴的材料与尺寸及剖面图

2. 一体化挤出头

一体化挤出头分为 3 部分，最底端为铝制喷嘴及连接部件，其连接部件的材料为 PEEK，内部为 PTFE 管。该管贯穿喷嘴和连接部件，连接部件通常加工成孔状，更利于散热。一体化挤出头 J-Head 设计合理、安装简便、可靠性高，如图 3－25 所示。

PEEK 材料可以耐温至 340℃，拥有高强度的力学性能，隔热性能优异。纯黑色的 PEEK 中添加墨纤材料，耐温更高，隔热和力学性能更好。

PTFE 管贯通设计可防止打印材料泄漏，挤出和回退材料性能更显著。需要注意的是底端喷嘴内部大多加工成锥形结构，使用 PTFE 管时底端也需要切削成锥形，使其彼此匹配。

根据 3D 打印机打印精度的需要，选择喷嘴直径的大小。小直径喷嘴的打印精度高，大直径喷嘴的打印速度快。如果兼顾打印速度和打印质量，则需要折中选择。

一体化挤出头 E3D，经历了从第一代 E3D V1 到 E3D V6 设计上不断改进和革新，如图 3－26 所示。其利用挤出丝材料的特性，最优化的温度控制，并不断扩大挤出头内部空间。E3D 挤出量得到最大的提高，在保证打印质量的前提下最大限度地提高打印喷头的出丝速度。此挤出头加工简单，全部使用铝合金材料，散热性能更好，价格相对低廉，性能优异，使用广泛。

图 3－25　一体化挤出头 J-Head

图 3－26　一体化挤出头 E3D V6

3.5　限位开关

限位开关用于限制机械运动的位置或者行程，使运动机械按一定位置或行程自动停止、反向运动、自动往返运动等。其原理是利用机械运动部件的碰撞使其触点动作来实现接通或断开控制电路。

常见的限位开关有接触式和非接触式。接触式限位开关通常由机械式限位开关构成，运动部件碰撞到机械触点上。非接触式限位开关常见的有光电式限位开关和霍尔式限位开关。这三种类型的限位开关在 3D 打印机中应用广泛。

3.5.1　机械式限位开关

当运动部件接近机械式限位开关时，开关的连杆驱动开关的触点引起闭合的触点分断或者断开的触点闭合。机械式限位开关通常由动合触点（NO）、动断触点（NC）和公共触点（C）3 个触点组成，如图 3－27 所示。实际使用中根据需要来选择动合和动断触点。

图 3－27　机械式限位开关

3.5.2　光电式限位开关

光电式限位开关也称为光电接近开关，它是利用被检测物对光束的遮挡或反射，由同步回路选通电路，从而检测物体的有无，如图 3－28 所示。物体不限于金属，所有能反射光线的物体均可以被检测。光电式限位开关将输入电流在发射器上转换为光信号射出，接收器再根据接收到的光线的强弱或有无对目标物体进行探测。

光电式限位开关具有体积小、功能多、寿命长、精度高、响应速度快、检测距离远以及抗光、电、磁干扰能力强的优点。

图 3－28　光电式限位开关

3.5.3 霍尔式限位开关

霍尔式限位开关也称为霍尔接近开关，如图 3 – 29 所示。其原理是当一块通有电流的金属或半导体薄片垂直地放在磁场中时，薄片的两端就会产生电位差，这种现象就称为霍尔效应。当磁性物件接近霍尔开关时，开关检测面上的霍尔元件因产生霍尔效应而使开关内部电路状态发生变化，由此识别附近有磁性物体存在，进而控制开关的通或断。这种接近开关的检测对象必须是磁性物体。

图 3 – 29 M5 系列霍尔式限位开关

在 3D 打印机中通常将运动物体装强磁铁来触发霍尔开关。霍尔开关具有无触电、低功耗、长使用寿命、响应频率高等特点，内部采用环氧树脂封灌成一体化，能在各类恶劣环境下可靠工作。

3.6 加热床

3D 打印机在打印时需要加热床，如图 3 – 30 所示。打印过程中，打印件的最底层先冷却，产生微弱的收缩，导致打印件产生翘曲现象，即打印时会经常看到打印件的某边或者棱角离开打印床后翘起。而使用加热床可以延缓其收缩速度，保温打印的底层，保证打印件成品质量。

加热床通常由隔离材料、加热床电线、打印平台材料和加热材料等几个部分组成。

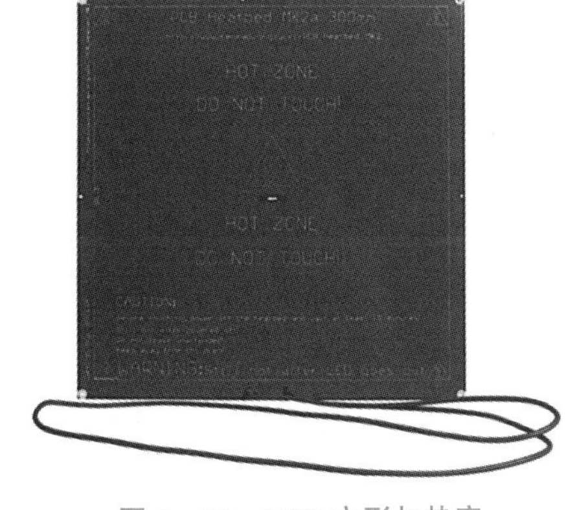

图 3 – 30 PCB 方形加热床

3.6.1 隔离材料

在加热过程中，加热床中心温度要高于四边温度，所以打印时经常出现加热床四边发生翘曲。加热床温度高也容易使底面塑料打印件软化变形。隔离加热床底部温度不仅可以使温度分布均匀（底部四边散热慢），还可以防止软化加热床底面的塑料打印件。

隔离材料一般使用硬纸板、羊毛、棉布覆盖的中密度纤维板，也可以直接使用木板或三合板。

3.6.2 加热床电线

加热床中加热原件的工作电流为 6 ～ 10 A，加热床连线需要承受 6 ～ 10 A 的电流，所以至少要选择 0.5 mm 以上的线材。加热床和电线连接部位容易融化发生短路，因此在每根电线外层使用铁氟龙管绝缘隔离。

注意：劣质电线经过大电流时非常容易发生外部线皮融化甚至燃烧。特别是一些使用 220 V 电压的加热床，劣质电线很容易发生火灾或者触电，这要格外注意。

3.6.3 打印平台材料

1. 玻璃

3D 打印机平台材料经常使用玻璃，常见的是用 3 mm 厚的普通玻璃板作为打印平台。玻璃价格便宜，不易变形弯曲，导热系数小，但其加热温度比较难预测，加热不均匀时易碎裂。普通玻璃大多配合铝板使用，可以让玻璃温度分布更均匀。使用时注意玻璃面积尽量小于或等于加热区域面积，加热温度控制在 80℃～ 100℃，避免加热玻璃温度不均匀而碎裂。使用高硼硅玻璃（见图 3－31）更安全些，加热温度可达 200℃，并且强度更高。

2. 陶瓷玻璃

国外的一些 3D 打印厂商常使用陶瓷玻璃作为打印平台材料，这种新型材料避免了加热不均匀时碎裂的问题，并且切割和钻孔更容易（不易碎）。使用时需要注意，这种新型陶瓷玻璃的比热容比玻璃低得多，导热迅速，应避免过快速的加热。

3. 金属

铝板、铜板、钢板经常作为 3D 打印机打印平台材料。铝板（见图 3－32）的优点是比热容、热传导都相对较高，温度分布更均匀；缺点是易变形，加热时膨胀系数大。而铜板、钢板比热容比铝板要高得多，加热或降温都需要更长时间，保温效果更好。

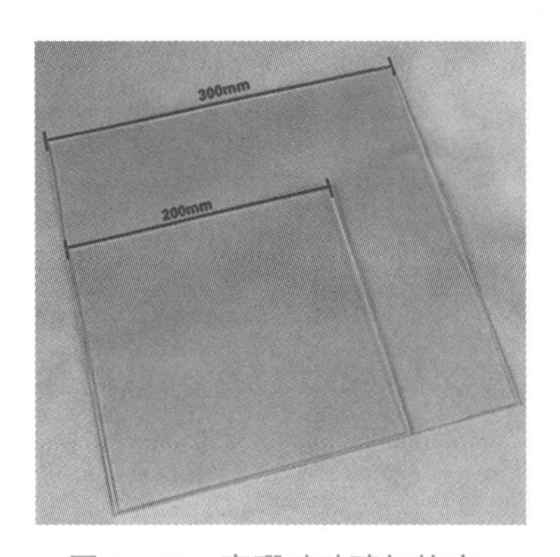

图 3－31　高硼硅玻璃加热床

图 3－32　铝基板热床

3.6.4 加热材料

1. 镍铬合金丝

在木板上固定一行行的镍铬合金丝，合金丝的外层贴上聚酰亚胺胶带，实现加热床的功能。在使用镍铬合金丝时，需要计算长度所对应的电阻，以及在电路中工作的电流。镍铬合金丝的特点是经济实惠，但操作起来需要一定的动手能力，了解欧姆定律的相关知识，加热不够均匀。

2. PCB 加热板

使用 PCB 加热板作为加热床，如图 3－33 所示。PCB 加热板价格低廉、加热均匀，最常见的型号是 MK2A 和 MK2B。Mendel 系列 3D 打印机大多使用 MK 系列 PCB 加热板。

PCB 加热板使用 102（大约 35 mm 厚度）的铜箔或者镀金铜箔，并且 PCB 加热板的铜箔薄厚应尽量均匀，才能达到最好的加热效果。使用 PCB 加热板时需要电源提供 10 A 以上的电流。

3. MK3 加热板

MK3 加热板集成了一块 3.2 mm 的铝板，可以直接打印到铝板上，相对传统 PCB 加热板和玻璃组合式的加热方式更轻，打印速度更快。

MK3 加热板采用 12 V、24 V 双电源设计，可以兼容 12 V 为主电源的 PCB 加热板，且适用于 24 V 电源。由于电压提高一倍而电流减少一半，电线发热更小，可使用更细的电线替换以往粗壮的电线，有利于加热床的高速移动。集成铝板式的加热板加热迅速，24 V 电源下温度加热到 100℃只需 2 min，加热温度变高，可达 180℃。

MK3 加热板提供了三孔和四孔的固定方式。三孔固定方式相对于四孔固定方式更容易调节打印平台水平，如图 3 - 34 所示。

图 3 - 33　PCB 圆形加热床

图 3 - 34　MK3 加热板

4. 硅胶加热垫

商业型 3D 打印机使用硅胶加热垫加热，如图 3 - 35 所示。其特点是加热迅速，可以达到很高的温度，可靠性好，易于安装，但价格相对昂贵。使用硅胶加热垫加热时，需要注意加热床温度探头不能离开加热垫，因为如果检测不到温度，热床会一直加热，造成热床温度特别高。

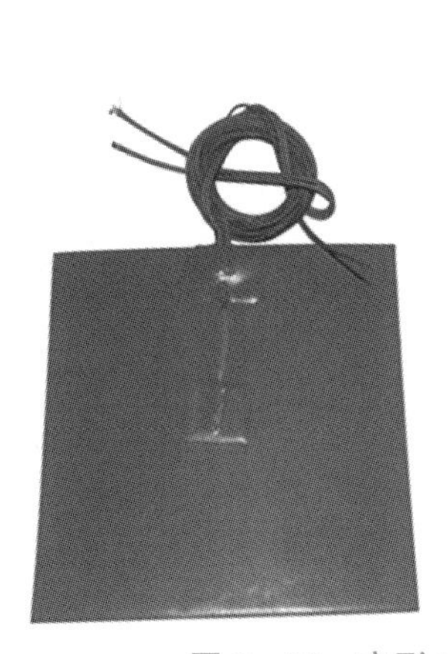

图 3 - 35　方形 3M 背胶硅胶加热垫

5. 聚酰亚胺加热薄膜

聚酰亚胺加热薄膜非常薄，性能与硅胶加热垫几乎一致，如图 3 - 36 所示。它适合轻薄设计场合，发热效率明显优于 PCB 加热板，大大缩短了加热时间，但是其价格高昂。

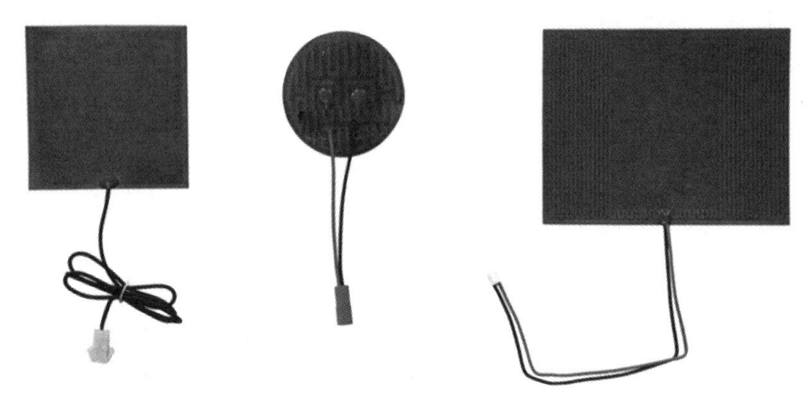

图 3 - 36　热床聚酰亚胺加热膜 12 V 和 24 V

3.6.5　加热电子电路

1. MOS 驱动电路

3D 打印机控制板大都集成了 MOS 驱动电路，可以同时加热挤出头和加热床，如图 3 - 37 所示。它通过热敏电阻检测加热头或加热床的温度，软件根据检测的温度调节通过加热床电流的大小（调节加热床的加热幅度），可自动调节加热床的加热温度，使加热床保持在一定温度范围内。MOS 驱动电路复杂，需要软件配合使用，并需要电路板输出 PWM 信号传入 MOS 驱动电路。

2. 金属温度开关

3D 打印机加热床大多需要保持在恒定的温度，如 ABS 为 110℃，PLA 为 50℃。使用金属温度开关（见图 3 - 38）可以达到规定温度时停止加热，低于规定的温度时就会触发加热开关（动断型）。金属温度开关价格便宜，温度规格可选，如生活中常用的电热水壶使用的就是这种开关。其连接电路极其简单，只需把金属温度开关和加热床串联接入电源，把金属温度开关安装到加热材料上即可。

图 3 - 37　4 路直流 MOS 管

图 3 - 38　金属温度开关

3.7 传感器

3.7.1 传感器的概念

传感器是一种检测装置，能感受到被测量的信息，并能将感受到的信息按一定规律变换成为电信号或其他所需形式的信息输出，以满足信息的传输、处理、存储、显示、记录和控制等要求。

传感器的特点包括微型化、数字化、智能化、多功能化、系统化、网络化，能够实现自动检测和自动控制。根据其基本感知功能分为热敏元件、光敏元件、气敏元件、力敏元件、磁敏元件、湿敏元件、声敏元件、放射线敏感元件、色敏元件和味敏元件等类型。

3.7.2 温度传感器

在 3D 打印机中，温度传感器用来测量挤出头和加热床的温度，有的使用热敏电阻元件，如图 3－39 所示，有的使用热电偶元件。热敏电阻可以在测量范围内精确地测量温度所对应的阻值，预测温度的变化。其阻值随着温度变化而变化，有的随着温度的升高，阻值降低；有的随着温度升高，阻值升高。但是在实际应用中这种变化并不是线性的，所以测量精准的温度需要依据厂商提供的温度和阻值对应表，而不是根据温度阻值曲线公式计算。

图 3－39　热敏电阻

1. 热敏电阻测温原理

热敏电阻测温通过模 / 数转换器（ADC）测量热敏电阻一端的电压，从而间接测量出热敏电阻的阻值，然后通过热敏电阻的阻值查表（温度和阻值对应表）找到对应的温度。在实际电路中是把热敏电阻（R_x）串联一个固定阻值的热敏电阻（R_2），两端连接 5 V 电源（U_{CC}），模 / 数转换器（ADC）测量两电阻的中间电压（U_{out}）。模 / 数转换器（ADC）把测量的电压（U_{out}）除以 5 V 参考电压（U_{ref}）乘以模 / 数转换器（ADC）的分辨率（大部分 3D 打印机模 / 数转换器都为 10 bit，0 ～ 1 023），得到模 / 数转换器（ADC）对应的数值（ADC_{count}）。

其公式：$ADC_{count} = 1\,024\,U_{out}/U_{ref} = 1\,024\,R_x/(R_2 + R_x)$

2. 常见的热敏电阻型号及封装材料

热敏电阻型号有 EPCOS100K、RF100K、Honeywell 100K、Honeywell 5500K、ATC Semitec104GT-2、PT100、PT1000。

玻封热敏电阻是指用隔热玻璃封的热敏电阻，因为玻璃隔热，所以热敏电阻不受额外的温度影响，大大提高了控制的灵敏度和精确度。玻封热敏电阻封装形式有几种不同的材料，如环氧树脂、SMD、玻璃等，如图 3－40 所示。玻封热敏电阻主要起温度补偿作用，玻封热敏电阻是 NTC（负温度系数），其主要的特点是耐高温、耐潮湿，但是相对于其他材料的封装，该封装反应速度较慢一点，约为十几秒。

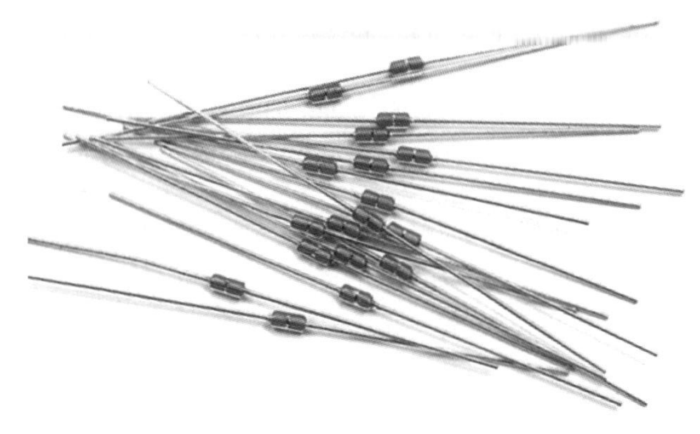

图 3－40　玻封热敏电阻

3.8　控制电路板

3D 打印机一般选择两种控制电路板：一体控制电路板和模块化控制电路板。

3.8.1　一体控制电路板

一体控制电路板使用简单、集成度高、接线方便、稳定性高，代表是 Melzi2.0 控制电路板，如图 3－41 所示。其在开源 3D 打印机中最为常见，优点是价格低廉；缺点是只支持单一挤出机，扩展性能差。

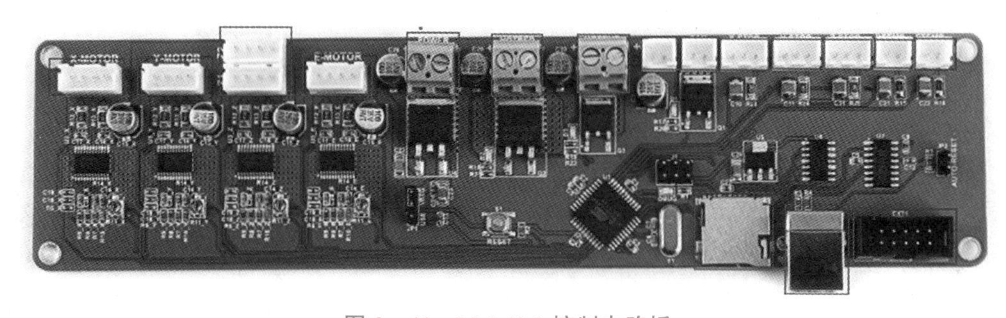

图 3－41　Melzi2.0 控制电路板

Melzi.2.0 控制电路板是开源 3D 打印机的核心部件，控制整个打印机的正常运行。通过 USB 接口可以与计算机连接，实现数据交换，通过 SD 卡可实现脱机打印。

3.8.2　模块化控制电路板

模块化控制电路板的优点是扩展性好，可以自行选择模块。最常见的选择是 Arduino Mega 2560 主控板、Ramps1.4 扩展板、A4988 驱动模块配合使用，如图 3－42 和图 3－43 所示。配合 Ramps1.4 扩展板使用的液晶屏模块非常多，支持双挤出头，主要作用是为与其他硬件进行更好的连接和控制起到过渡的作用。

图 3－42　**Arduino Mega 2560** 主控板

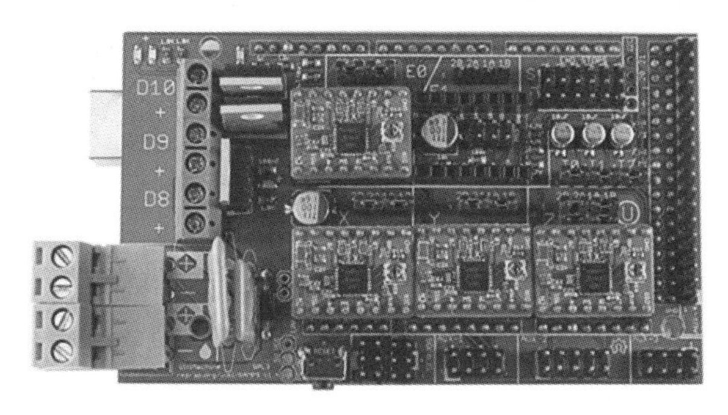

图 3－43　**Ramps1.4** 扩展板

GT2560 主板集成 Arduino Mega 2560 + Ultimaker 和 Arduino Mega 2560 Me + Ramps1.4 的所有功能，组成身形小巧、元器件排列紧凑的结构，无论是在软件或是硬件上都可以取代 Arduino Mega 2560 + Ultimaker Shield 和 Arduino Mega 2560 + Ramps1.4 组合，如图 3－44 所示。该产品重新设计了接口，完全解决了组合板接口烦琐、易出故障的问题，具有体积更小、结构紧凑、高集成度和易于安装的特点。

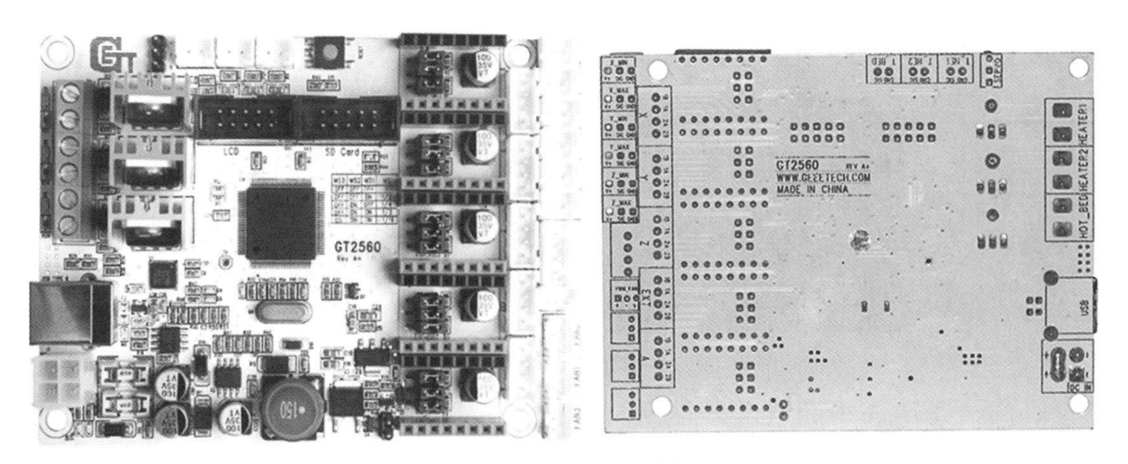

图 3－44　**GT2560** 主板

GT2560 主板支持 5 路步进电机，电机驱动部分可随意更换驱动模块，还具有强大的 AT Mega 2560 256 KB 内存处理器，运行频率为 16 MHz，可以通过高性能 USB 转串口芯片 FT232RQ 连接到电脑。主板运行电压在 12 ～ 24 V，可以在一个 MOSFET 管输出 90 W 的功率，使步进电机有更大的转矩、更高的转速。

3.9 电机驱动器

3D 打印机使用的步进电动机驱动器可以分为三种类型：独立的驱动板、插拔型驱动模块、集成式驱动模块。

3.9.1 独立的驱动板

独立的驱动板如 RepRap 主控板、Makerbot 主控板，它们需要插接单独的驱动电路板。独立驱动板的驱动芯片使用 Allegro A3982，驱动电流可以达到 2 A。早期这类驱动板使用两片 L297/L298 驱动芯片，如图 3 - 45 所示。其缺点是价格昂贵、散热性能不好。该驱动器大多不具备过电流、过温、短路保护功能，所以在使用该电路板一定注意不能把电流调得太高，尤其使用小电阻步进电动机时，可能会同时烧毁步进电动机和驱动电路板。

图 3 - 45　L297 驱动芯片

3.9.2 插拔型驱动模块

插拔型驱动模块直接插接到 Sanguinololu、Ramps、Gen7 系列的主板上，使用 Allegro A4983/A4988 QFN 封装的驱动芯片，可以提供 1 ～ 1.5 A 的驱动电流，最高支持 16 细分驱动模式。

目前使用 TDRV8825 驱动芯片的驱动模块的比较多，可提供峰值 2.5 A、持续 1.75 A 的输出电流（良好散热情况下），支持 32 细分驱动模式，采用 TSSOP 封装，散热性能更好（在电流低于 1.5 A 的情况下，不需要使用散热片），可以和 A4988 驱动模块共同使用，如图 3 - 46 所示。

图 3 - 46　A4988、TDRV8825 驱动芯片

3.9.3 集成式驱动模块

集成式驱动模块主要使用 Allegro A4988/A4982 驱动芯片，如图 3 - 47 所示。其最新

的 RepRap Melzi2.0 电路板使用了 A4982 芯片。A4982 具备低电流自动休眠功能，采用 TSSOP 封装，散热性能更好，大部分情况不需要加装散热片。

图 3－47　Allegro A4988/A4982 驱动芯片

在使用步进电动机驱动器时，需要自行调节步进电动机的驱动电流。若大于步进电动机额定驱动电流，则很容易烧毁电动机驱动芯片，甚至烧毁步进电动机。每种类型的驱动芯片一般都需要连接一个可调电位器，给驱动芯片提供一个参考电压（U_{ref}），驱动芯片还需要连接两个感应电阻 R_s（驱动芯片内部集成两组 H 桥电路）。

输出电流（$I_{Tripmax}$）就是根据参考电压和感应电阻来计算的，比如 DRV8825 驱动芯片 $I_{Tripmax}=U_{ref}/(5R_s)$。其中，$U_{ref}$ 可以用万用表测量可调电位器外壳的对地电压；R_s 电阻在驱动电路板上也非常容易找到，大多由两个挨着的阻值为 0.05 Ω、0.1 Ω 或者 0.2 Ω 的电阻组成。

注意：驱动芯片的电流计算方法可以查找芯片厂商提供的数据册。

3.10　液晶显示屏

液晶显示屏主要显示 3D 打印时的实时参数，如加热头温度、加热床温度、打印完成百分比、3 个各轴坐标的运动情况等。液晶显示屏还集成了一些脱机功能，编码器旋钮和 SD 卡插槽，不需要连接计算机就可以脱机打印。

编码器旋钮可以选择并执行打印机内部预设的各个功能，如加热床水平校准、加热头预加热、各轴移动等。

常见的 3D 打印机液晶显示屏主要有两种，屏幕型号分别是 LCD2004 和 LCD12864。

3.10.1　LCD2004 液晶模块

LCD2004 液晶模块，如图 3－48 所示，可以显示 20×4＝80 个字符，背部集成 SD 卡座，切片文件放入 SD 卡后，在 LCD 上选择对应的文件就能打印。该产品自带编码器，可以实现参数调节和文件选择打印。Ramps 上即插即用，但需要修改固件以支持。

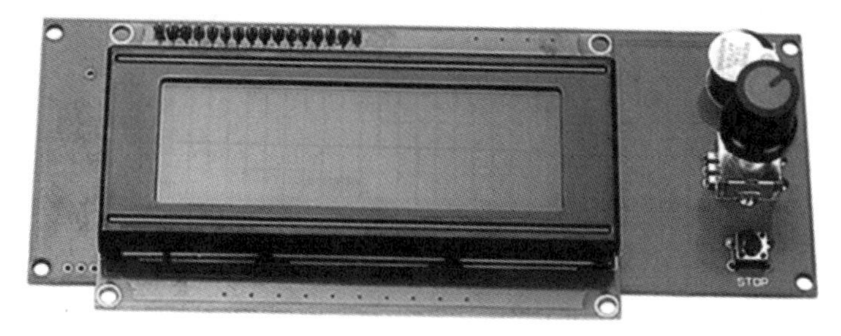

图 3－48　LCD2004 液晶模块

3.10.2　LCD12864 液晶模块

LCD12864 液晶模块，如图 3－49 所示，可以显示 128 × 64 ＝ 8 192 个字符，并且还可以显示图形和中文。

集成以上两种型号的液晶显示模块，使用最多的是 RepRap Discount Smart 液晶控制电路板和 RepRap Discount Full Graphic Smart 液晶控制电路板。两种液晶控制电路板可直接与 Ramps1.4 控制电路板连接，兼容很多型号的 3D 打印机控制电路板。

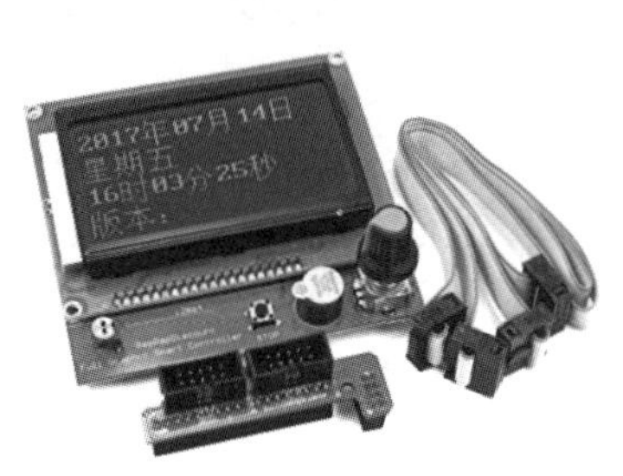

图 3－49　LCD12864 液晶模块

思考题

1. 3D 打印机的主要结构类型有哪几种？
2. 3D 打印机电源的作用及要求是什么？
3. 什么是步进电机？
4. 步进电机的结构形式有哪些？
5. 步进电机的类型有哪些？
6. 步进电机的主要参数有哪些？
7. 3D 打印机所需的传动部件有哪些？
8. 简述同步带的选型及参数计算，试举例说明。
9. 简述丝杠传动的选型及参数计算，试举例说明。
10. 简述挤出机齿轮的选型及参数计算，试举例说明。
11. 分体式挤出头与一体化挤出头的区别是什么？
12. 限位开关的作用是什么？
13. 限位开关的种类有哪些？
14. 加热床的作用是什么？
15. 加热床通常由哪几个部分组成？
16. 传感器的作用什么？
17. 常用的热敏电阻型号及封装材料是什么？
18.Melzi.2.0 控制电路板的特点是什么？
19.Arduino Mega 2560 主控板的特点是什么？
20. 步进电动机驱动器类型有哪些？
21. 液晶显示屏的作用是什么？
22. 简述常见的液晶显示屏种类及其特点。

单元 4

3D 打印机软件

单元导读

本单元主要讲述了与 3D 打印机相关的几个软件，如建模软件与控制软件等，并对常用的软件进行了深入的介绍。首先，对 Marlin 固件需要配置的内容进行了详细的解读，引导大家掌握根据自己的硬件进行正确修改与配置固件的相关内容。然后，详细地介绍了 Pronterface 软件的使用，为下一步的机器调试奠定基础。最后，对打印机的切片软件进行了详细的介绍，有助于大家调试好机器后进行打印测试。

学习目标

- 掌握 3D 打印机所需要的固件、上位机控制软件和切片软件的使用类型，为后续的固件修改建立基础。

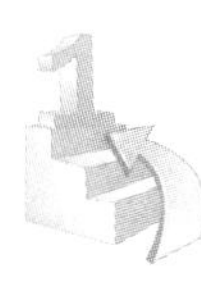

难点与重点

- 难点：Marlin 固件配置。
- 重点：Pronterface 控制软件的使用，Cura 切片软件的操作。

3D 打印需要先通过 CAD 建模软件进行 3D 模型的建模，建模软件输出为 .STL 或 .OBJ 文件格式，再进行 3D 打印机的打印操作。

3D 打印机所需要的软件分为三个部分：控制板固件、上位机控制软件和切片软件。

（1）控制板固件。固件（Firmware）就是写入 EPROM（可擦写可编程只读存储器）或 EEPROM（电可擦可编程只读存储器）中的程序。它是设备内部保存的设备“驱动程序”，通过固件，操作系统才能按照标准的设备驱动实现特定机器的运行动作，比如光驱、刻录机等都有内部固件。固件是系统最基础、最底层工作的软件，是硬件设备的灵魂。在 3D 打印机中，控制板固件的主要作用是分析并处理 G 代码命令，控制 3D 打印机硬件执行命令。如：发送“G1X0Y0Z0”命令，控制板固件就会判断 X、Y、Z 轴要移动到零点位置，步进电动机运动触发限位开关，X、Y、Z 轴分别归零位。

（2）上位机控制软件。3D 打印机客户端软件把这一系列动作指令传送到硬件，根据控制板固件解释执行命令。

（3）切片软件。切片软件又称 G 代码生成器，3D 打印机按照 G 代码程序控制打印机进行打印。切片软件按照打印质量要求进行打印参数设置，如层高设置、壁厚设置、打印速度设置等。从 Z 轴的方向分层计算，对 3D 模型文件（.STL）生成打印路径，得到 G 代码供打印设备使用。

4.1 常用固件

4.1.1 常用固件类型

3D 打印机的控制电路板有多种类型，相应的固件也多。有些固件功能简单，使用和修改相对简单；有些固件功能全面，操作相对复杂。主流的固件有 Sprinter、Grbl、Marlin、Repetier、Smoothie、Teacup、Sailfish 等，而使用最多的是 Sprinter 和 Marlin。

1. 固件 Sprinter

固件 Sprinter 在 3D 打印机中使用比较广泛，在早期的 3D 打印机中大量使用，并且很多固件是基于 Sprinter 改进的。Sprinter 使用简单、兼容性好、性能高。目前支持的主控板有 RAMPS、Sanguinololu、Teensylu、Ultimaker's Electronics Version 1.0 ～ 1.5。

固件 Sprinter 的特性如下：

（1）支持 SD 卡。

（2）支持挤出机、挤出机速度控制。

（3）支持固定和指数加速度运动。

（4）支持打印加热床。

例如：如何在 Sprinter 固件里面加大 3D 打印机的行程？

在 Arduino-0023 内打开 Sprinter_Melzi.pde，找到 Configuration.h，在大概第 8 行找到 #define RP3D.COM_PANGU，或者其他的机型定义。在文件内搜索 RP3D.COM_PANGU 或者 i3 机型就搜 i3，define 后面的那串字符即可。

在第 125 行左右，其代码如下：

```
#ifdef RP3D.COM_PANGU
const int X_MAX_LENGTH = 270;
const int Y_MAX_LENGTH = 170;
const int Z_MAX_LENGTH = 150;
#end if
```

把 X、Y、Z 对应的数字修改成实际机型的数字，重新编译，再上传即可。

2. 固件 Grbl

固件 Grbl 是低成本、高性能、高可靠数控铣床控制系统，但 Grbl 本身并不支持 3D

打印机挤出系统，需要根据 3D 打印机需求进行改造。其特性如下：

（1）是简单高效的 CNC 控制系统（不需要并口）。

（2）可运行在 Arduino 环境下，代码采用模块化编程。

（3）高达 30 kHz 驱动频率，驱动电路纯净、无抖动。

（4）具有加速度预处理功能，可以保持高速运动，无停顿。

3. 固件 Marlin

固件 Marlin 的特点是结合了 Grbl 可靠的运动特性和 Sprinter 的成熟功能，使得此固件吐丝更平滑、打印过程更流畅等，应用广泛，兼容性好。

目前支持的主控板有 RAMPS、Sanguinololu、Ultimaker's Electronics Version 1.0 ～ 1.5、Generation 6 Electronics、Generation 7 Electronics。

固件 Marlin 的特性如下：

（1）具有预加速、预处理功能。

（2）支持打印弧线。

（3）具有温度多倍采样技术、温度可变技术（可以随着打印速度变化而变化）。

（4）具有 EEPROM 功能，可以存储和修改打印机的各项参数。

（5）支持液晶屏功能（图形显示屏，可定制菜单）。

（6）支持 SD 文件和文件夹打印。

（7）支持限位开关状态读取。

打开 Marlin 文件夹，如图 4－1 所示。用 arduino IDE 打开 ino 后缀文件，即可自动打开同目录中的所有文件，如图 4－2 所示，Marlin_main.cpp 为主函数，Configuration.h 为参数设置信息，Configuration_adv.h 为高级参数设置信息。Marlin 把参数集中在两个文件中，以方便用户修改，DIY 普通打印机修改上面的参数即可。

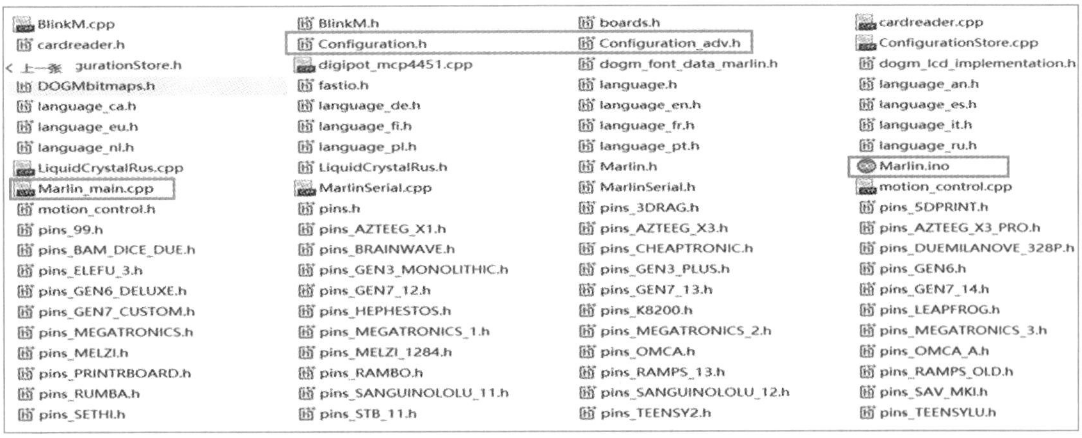

BlinkM.cpp　BlinkM.h　boards.h　cardreader.cpp
cardreader.h　Configuration.h　Configuration_adv.h　ConfigurationStore.cpp
< 上一张　gurationStore.h　digipot_mcp4451.cpp　dogm_font_data_marlin.h　dogm_lcd_implementation.h
DOGMbitmaps.h　fastio.h　language.h　language_an.h
language_ca.h　language_de.h　language_en.h　language_es.h
language_eu.h　language_fi.h　language_fr.h　language_it.h
language_nl.h　language_pl.h　language_pt.h　language_ru.h
LiquidCrystalRus.cpp　LiquidCrystalRus.h　Marlin.h　Marlin.ino
Marlin_main.cpp　MarlinSerial.cpp　MarlinSerial.h　motion_control.cpp
motion_control.h　pins.h　pins_3DRAG.h　pins_5DPRINT.h
pins_99.h　pins_AZTEEG_X1.h　pins_AZTEEG_X3.h　pins_AZTEEG_X3_PRO.h
pins_BAM_DICE_DUE.h　pins_BRAINWAVE.h　pins_CHEAPTRONIC.h　pins_DUEMILANOVE_328P.h
pins_ELEFU_3.h　pins_GEN3_MONOLITHIC.h　pins_GEN3_PLUS.h　pins_GEN6.h
pins_GEN6_DELUXE.h　pins_GEN7_12.h　pins_GEN7_13.h　pins_GEN7_14.h
pins_GEN7_CUSTOM.h　pins_HEPHESTOS.h　pins_K8200.h　pins_LEAPFROG.h
pins_MEGATRONICS.h　pins_MEGATRONICS_1.h　pins_MEGATRONICS_2.h　pins_MEGATRONICS_3.h
pins_MELZI.h　pins_MELZI_1284.h　pins_OMCA.h　pins_OMCA_A.h
pins_PRINTRBOARD.h　pins_RAMBO.h　pins_RAMPS_13.h　pins_RAMPS_OLD.h
pins_RUMBA.h　pins_SANGUINOLOLU_11.h　pins_SANGUINOLOLU_12.h　pins_SAV_MKI.h
pins_SETHI.h　pins_STB_11.h　pins_TEENSY2.h　pins_TEENSYLU.h

图 4－1　Marlin 文件夹

4. Repetier

固件 Repetier 在 Sprinter 的基础上，继承了 Sprinter 的优点，更容易拓展新的功能，打印速度更快。

在编写 Repetier 时，开发人员添加了大量的注释和说明文档，使得 Repetier 更容易进行二次开发。其特性如下：

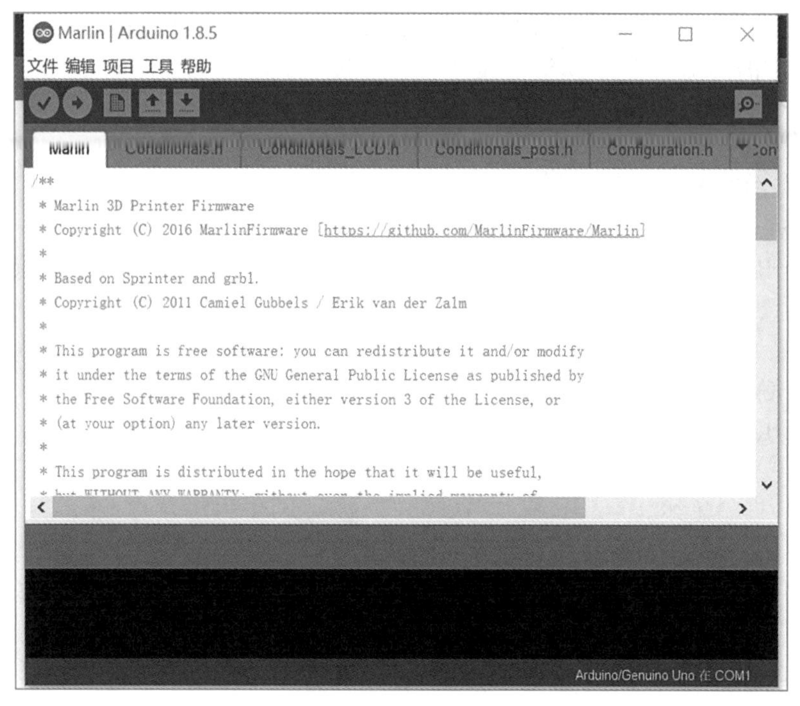

图 4－2　固件界面

（1）支持多功能型液晶模块。

（2）打印路径提前规划，打印速度快。

（3）圆弧运动平滑自然。

（4）16 MHz 步进电动机驱动频率。

（5）连续监测打印头、加热床温度。

（6）运动控制融合了中断程序，可使下一条命令执行前做好准备。

（7）具有模拟打印功能（打印机运动，不挤出耗材，节省材料）。

4.1.2　Marlin_v1 固件

1. 端口与温度等配置

（1）端口设置。

设置固件和上位机软件通信的波特率，一般设置成 115200 或者 250000。高的波特率可以提高通信速率，但是可能会造成通信不稳定。使用上位机软件时，软件中选择的波特率需要与固件中设置的波特率一致。

例如，Define BAUDRATE 250000 代码中 250000 表示固件和上位机控制软件的通信波特率为 250000。

（2）控制电路板选择。

选择使用的控制电路板，“ #define MOTHERBOARD33”代表使用的是 Ramps1.4 控制电路板。其代码如下所示：

//// The following define selects which electronics board you have. Please choose theone that matches your setup

```
// 10 = Gen7 custom（Aions3version）"https://github.com/Alfons3/Generation_7_Eectronics
//11 = Gen7 v1.1， v1.2 = 11
// 12 = Gen7 v1.3
//13 = Gen7 v1.4
//2 =Cheaptronic v1.0
//20=Seth 3D_1
//3=MEGA/RAMPS up to 1.2=3
//33 = RAMPS 13/14(Power outputs: Extruder, Fan, Bed)
//34 = RAMPS 13/14(Power outputs: Extruder0, Extruder1， Bed)
//35 = RAMPS 1.3/1.4(Power outputs: Extruder, Fan, Fan)
//4 = Duemilanove w/ATMega328p pin assignment
//5 = Gen6
// 51 = Gen6 deluxe
// 6 = Sanquinololu < 1.2
//62=Sanguinololu 1.2 and above
//63=Melzi
// 64 = STBV1.1
// 65 = AzteegX1
//66 = Melzi with ATmega1284(Makr3d version)
//67 = AzteegX3
// 68 = AzteegX3Pro
//7 = Uitimaker
//71 = Ultimaker (Older electronics，Pre 1.5.4. This is rare)
//72 = Ultimainboard2.x (Uses TEMP_SENSOR 20)
// 77 = 3Drag Controller
// 8 = Teensylu
// 80 = Rumba
//81=Printrboard (AT90USB1286)
//82=Brainwave (AT90USB646)
//83=SAV Mk-l(AT90USB1286)
//84=Teensy++2.0(AT90USB1286)//CLI compile: DEFNES=A90USBxx_TEENSYPP_ASSIGNMENTS
HARDWARE MOTHERBOARD = 84 make
// 9 = Gen3+
//70 = Megatronics
//701 = Megatronics v2.0
// 702 = Minitroncs v1.0
//90=Alpha OMCA board
//91=Final OMCA board
//301=Rambo
//21=Elefu Ra Board (v3)
//88=5DPrnint D8 Driver Board

#ifndef MOTHERBOARD
#define MOTHERBOARD 33
#endif
```

（3）温度测量设置。

在温度测量设置中需要设置 3D 打印机热敏电阻的类型和电阻串联时电阻的阻值大小（Melzi 控制电路板使用 1 kΩ 电阻，而 Ramps1.4 中使用的是 4.7 kΩ 电阻）。

其中，“#define TEMP_ SENSOR_05”代表 3D 打印机第一个挤出头使用 ATC Semitec104GT-

2 型号的热敏电阻，并且使用 4.7 kΩ 的电阻（R2）与之串联。

同样“#define TEMP SENSOR_15”“#define TEMP_ SENSOR_20”“#define TEMP_ SENSOR_BED 5”分别代表 3D 打印机第二个挤出头、第三个挤出头、加热床使用的温度传感器类型。

其代码如下所示：

```
////Temperature sensor settings
//-2 is thermocouple with MAX6675 (only for sensor 0)
//-1 is thermocouple with AD595
//0 is not used
//1 is 100 thermistor- best choice for EPCOS 100k(4.7k pullup)
//2 is 200 thermistor-ATC Semitec 204GT-2(4.7k pullup)
//3 is Mendel-parts thermistor (4.7k pullup)
//4 is 10k thermistor !! do not use it for a hotend. It gives bad resolution at high temp. !!
//5 is 100k thermistor-ATC Semitec 104GT-2(used in Parcan & J-head) (4.7k pullup)
//6 is 100k EPCOS-Not as accurate as table 1(created using a fluke thermocouple(4.7k pullup)
//7 is 100k Honeywell thermistor 135-104LAG-J01 (4.7k pullup)
//71 is 100k Honeywell thermistor 135-104LAG-J01(4.7k pullup)
//8 is 100K 0603 SMD Vishay NTCS0603E3104FXT (4.7k pullup)
//9 is 100k GE Sensing Al03006-58.2k-97-G1 (4.7k pullup)
// 10 is 100k RS thermistor 198-961(4.7k pullup)
//11 is 100k beta 3950 1% thermistor (4.7k pullup)
//12 is 100k 0603 SMD Vishay NTCS0603E3104(4.7k pullup) (calibrated for Makibox hot bed)
//13 is 100k Hisens 3950 1% up to 300⁰ C for hotend“Simple ONE”&“Hotend”All In ONE”
//20 is the PT100 circuit found in the Ultimainboard V2.x
//60 is 100 Maker's Tool Works Kapton Bad Thermistor beta=3950
//1k ohm pullup tables-this is not normal. you would have to have changed out you4.7k for 1k
//( but gives greater accuracy and more stadia PID)
//51 is 100k thermistor-EPCOS (1k pullup)
//52 is 200K thermistor-ATC Semitec 204GT-2(1k pullup)
//55 is 100k thermistor ATC Semitec 104GT-2 (Used in ParCan & J-head) (1k pullup)
//1047 is Pt11000 with 4k7 pullup
//1010 is Pt1000 with 1k pullup (non standard)
// 147 is Pt100 with 4k7 pullup
//110 is Pt100 with 1k pullup (non standard)

#define TEMP_SENSOR_ 0 5
#define TEMP_SENSOR_ 1 5
#define TEMP_SENSOR_ 2 0
#define TEMP_SENSOR_ BED 5
```

2. 机械设置

（1）设置限位开关。

设置限位开关的接线方式，选择动合或者动断接线方式。调试中限位开关一直处于触发状态，只需把“true”变更为“false”即可。

X_MIN、Y_MIN、ZMIN 代表 X、Y、Z 轴最小的位置，X_MAX、Y_MAX、Z_MAX 代表 X、Y、Z 轴最大的位置。

其代码如下所示：

```
const bool X_ MIN ENDSTOP INVERTING=true;
const bool Y_ MIN ENDSTOP INVERTING=true;
const bool Z_ MIN ENDSTOP INVERTING=true;
const bool X_ MAX ENDSTOP INVERTING=true;
const bool Y_ MAX ENDSTOP INVERTING=true;
const bool Z_ MAX ENDSTOP INVERTING=true;
```

（2）设置步进电动机。

设置步进电动机运转的方向，如果发现挤出机方向不正确，只需把“true”设置成“false”。

其代码如下所示：

```
#define INVERT_ X_ DIR true
#define INVERT_ Y_ DIR false
#define INVERT_Z_ DIR true
#define INVERT_ E0_ DIR false
#define INVERT_ E1_ DIR false
#define INVERT_ E2_ DIR false
```

（3）设置坐标轴归位方向。

可以设置 X、Y、Z 轴归位方向，“-1”代表朝向最小位置移动，“1”代表朝向最大位置移动。其代码如下所示：

```
#define X_HOME DIR-1
#define Y_HOME DIR-1
#define Z_HOME DIR-1
```

（4）设置步进电机行程。

设置 X、Y、Z 轴运动的最大行程，“200”代表 X、Y、Z 轴最大行程为 200 mm。

其代码如下所示：

```
#define X_MAX_POS 200
#define X_ MIN _POS 0
#define Y_MAX_POS 200
#define Y_ MIN _POS 0
#define Z_MAX_POS 200
#define Z_ MIN _POS 0
```

（5）设置各轴的移动速度距离。

“#define HOMING_FEEDRATE{50*60, 50*60, 4*60, 0}，分别代表 X、Y、Z、E 轴挤出机步进电动机的速度，是设置各轴步进电机归位速度的参数。

步进电机的速度设置过高，容易造成步进电机堵转而不能正常运行，所以调试中若发现步进电机归位时不能正常运转，可以适当降低此值的大小。

（6）设置步进电机行进距离。

“#define DEFAULT_AXIS_STEPS_PER_UNIT{78.7402, 78.7402, 200.0*8/3, 760*1.1}”的参数决定了 3D 打印机运动的准确性。

3D 打印机控制步进电机是通过发送脉冲数来控制的，每发送一个脉冲数，步进电动机就行进一定的角度。

那么，如何计算出步进电动机实际的行进距离呢？程序是通过移动每毫米所发送的脉冲数来计算的，这需要计算每毫米发送的脉冲数。

X、Y、Z、E 四轴大多有三种传动模式，同步带传动、丝杠传动、挤出齿轮直接驱动。

X、Y 轴普遍使用同步带传动，同步带传动的公式为：

步进电动机转一圈的步数 × 细分数 /（同步带轮齿数 × 同步带齿距）

其中，1.8° 步进电动机转一圈的步数为 200（360°/1.8° = 200），常用的细分数为 16 细分，其计算原理同为转一圈所使用的总脉冲数除去转一圈同步带行进的距离。

Z 轴大多使用丝杠传动方式，丝杠传动的计算公式为：

步进电动机转一圈的步数 × 细分数 / 丝杠的导程

其中，丝杠的导程为丝杠转一圈螺母所行进的距离。

E 轴挤出机大多直接驱动挤出齿轮，挤出齿轮的计算公式为：

步进电动机转一圈的步数 × 细分数减速比 /（有效挤出齿直径 ×π）

其中，无减速电机减速比为 1，有效挤出齿直径为挤丝处直径，π 取 3.14。

在参数中，“78.7402”代表 X、Y 轴单位脉冲数，“200.0*8/3”代表 Z 轴单位脉冲数，“760*1.1”代表 E 轴挤出机单位脉冲数（数值可输入计算公式，也可直接输入结果，X、Y 轴“78.7402”为直接输入的结果，Z、E 轴为输入的公式）。

其代码如下所示：

```
#define NUM_AXIS 4
#define HOMING_ FEEDRATE { 50*60, 50*60, 4*60, 0}
#define DEFAULT_AXIS_STEPS_PER_UNIT {78.7402, 78.7402, 200.0*8/3, 760*1.1}
#define DEFAULT_ MAX_FEEDRATE {500, 500, 5, 25}
#define DEFAULT_MAX_ACCELERATION {9000, 9000, 100, 10000}
#define DEFAULT_ACCELERATION 3000
#define DEFAULT_RETRACT_ACCELERATION 3000
```

（7）附加功能。

1）EEPROM 设置。

EEPRON 为机器参数，可以在不上传固件的情况下，调整机器的参数并可以永久保存。开启 EEPRON 功能，去掉注释“//”即可（#define EEPRON_SETTINGS、#define EEPRON_CHITCHAT）。其代码如下所示：

```
//define this to enable EEPROM support
//define EEPROM_SETTINGS
//to disable EEPROM Serial responses and decrease program space by ～ 1700 bytecomment this out:
//please keep turned on if you can.
//#define EEPROM_CHITCHAT
```

2）液晶显示屏设置。

开启液晶显示屏功能，只需找到对应的类型，去掉注释“//”即可。比如常用的 RepRap Discount Smart Controller 类型液晶显示屏，只需修改成“ #define REPRAP_DISCOUNT_SMARTCONTROLLER ”。

其代码如下所示：

```
//The ReprapDiscount Smart Controller (white PCB)
//#define REPRAP_DISCOUNT_SMART_CONTROLLER
//The ReprapDiscount FULL GRAPHIC Smart Controler (quadratic white PCB)
// ==> REMEMBER TO NSTALL U8glib to your ARDUINO library folder:
http://code.google.com/p/u8glib/wiki/u9glib
//#define REPRAP_DISCOUNT_FULL_GRAPHIC_SMART_CONTROLLER
```

4.1.3 固件上传

1. Marlin 固件上传

使用 Arduino 打开 Configuration.h 文件，Ctrl+F 搜索代码中关键字，按说明修改，如图 4－3 所示。去掉注释是指当前行最前面的“//”符号删除，使代码生效，用来开启一些功能。注释掉指给当前行最前面加上“//”符号，使代码失效，用来关闭一些功能。

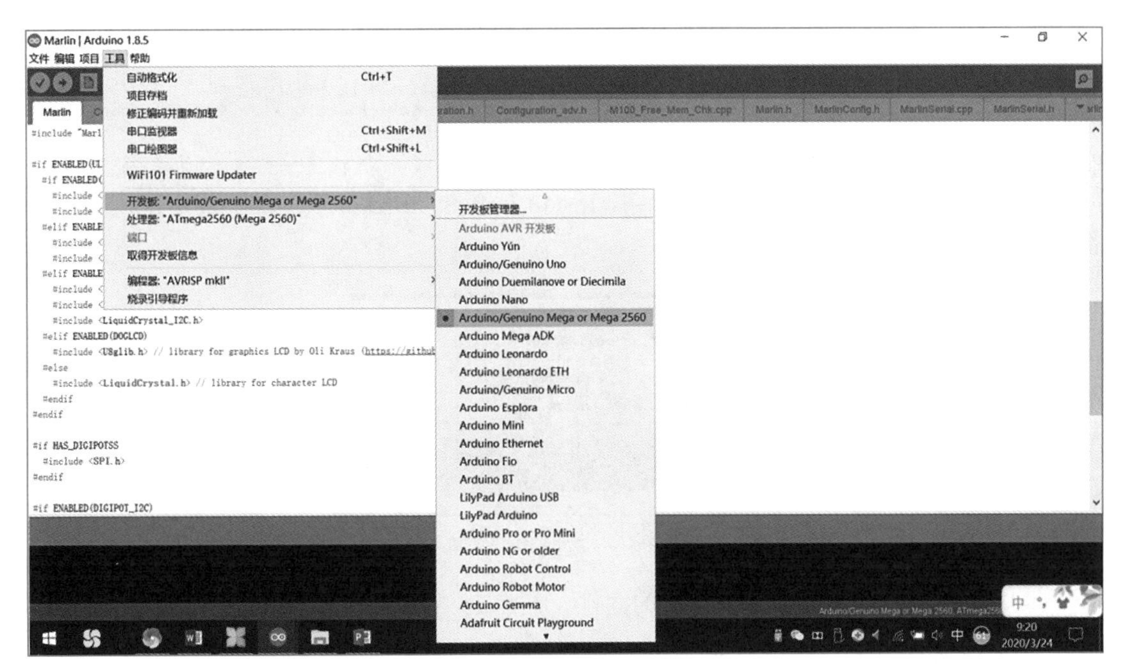

图 4－3　Marlin 固件上传设置

其固件上传步骤如下：

第一步：选择使用的控制电路板。

第二步：选择控制电路板对应的端口号。

第三步：单击“上传”按钮即可。

2. ANYCUBIC I3 机器的固件上传

将固件放置到桌面上，并确保打印机的驱动程序安装正确，将打印机通过 USB 插到电脑，并在电脑的设备管理器中查看对应的驱动端口。

具体步骤如下：

（1）打开 Cura，点击“File”－“Machine settings”－选择对应的“Serial port”，如图 4－4 所示。

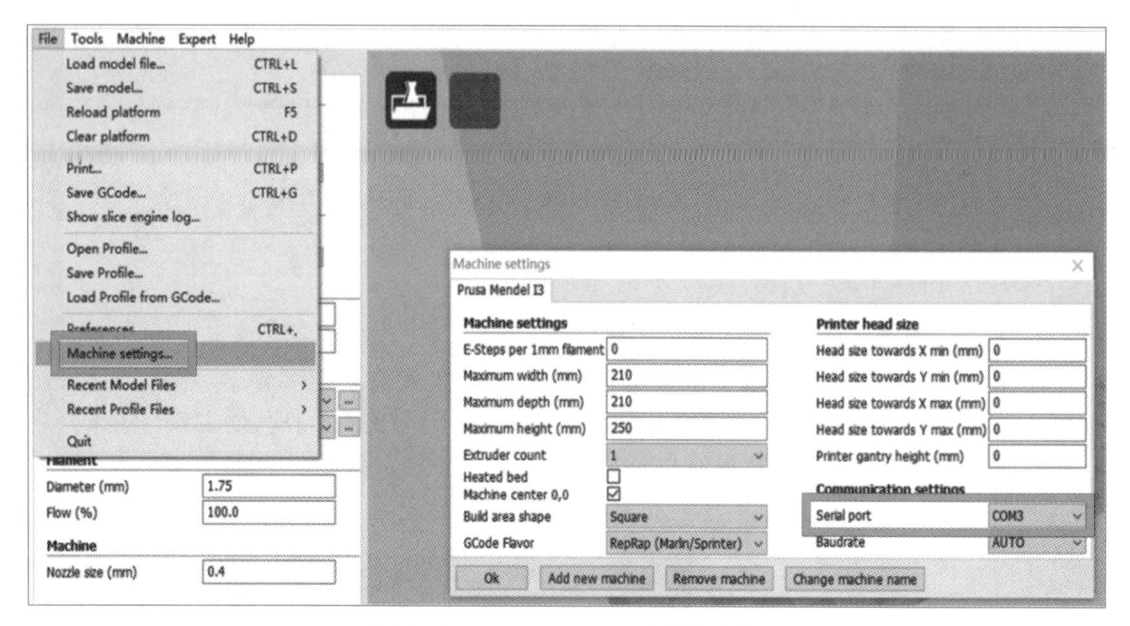

图 4-4　ANYCUBIC I3 的固件上传

（2）在 Cura 中点击“Machine”-“Install custom firmware”，即安装用户固件，如图 4-5 所示。

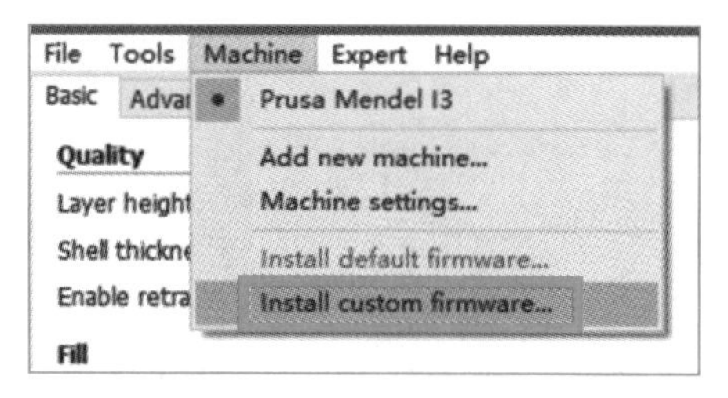

图 4-5　安装用户固件

（3）在弹出的对话框中选中相应的固件，并点击“打开”，如图 4-6 所示。

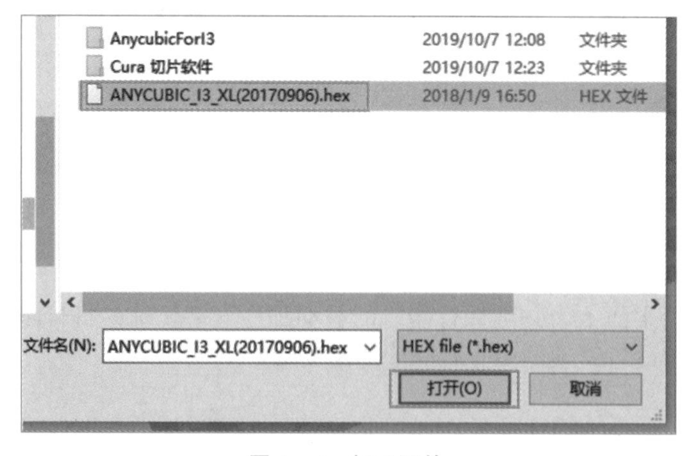

图 4-6　打开固件

（4）此时固件自动上传，并显示进度，待进度完成后，点击“OK”即可，如图 4－7 所示。

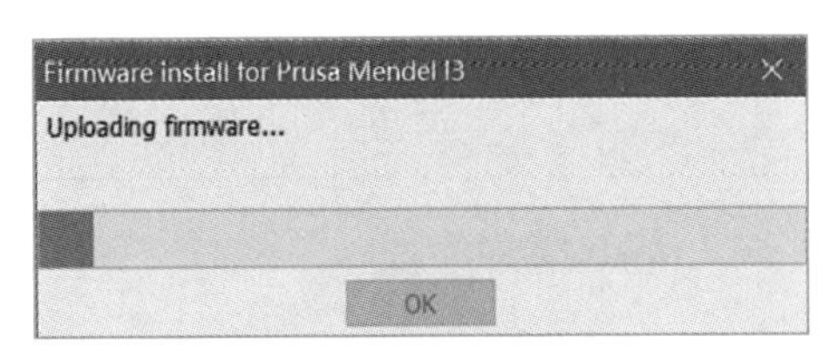

图 4－7　固件上传

注意：上传中出现若出现“超时（timeout）”，则请检查打印机驱动程序是否安装正确，是否已经正确选择相应的驱动端口。

4.2　上位机常用控制软件

3D 打印机有两种打印模式，即脱机打印和联机打印。

脱机打印是将 SD 卡插入机器的卡槽，从主界面点击“Print from SD”，然后再选择 SD 卡中的文件进行打印即可完成。

联机打印是电脑通过 USB 口连接打印机，经切片软件（如 Cura）来控制打印机工作。联机打印信号是通过 USB 线传输，易存在信号干扰等不稳定因素，因此尽量使用脱机打印。

联机打印需要安装驱动和切片软件，如图 4－8 所示。

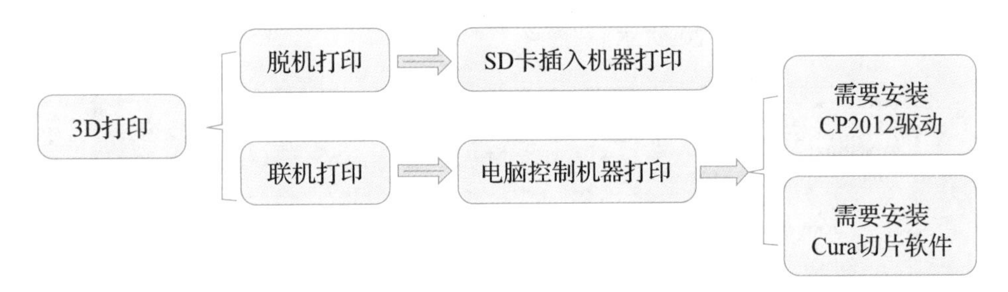

图 4－8　3D 打印的打印流程

上位机控制软件种类比较多，有基于 Processing 的 Replicatorg 功能强大的 Pronterface、Repetier-Host 等。

4.2.1　Pronterface 控制软件

Pronterface 控制软件，支持添加 *.gcode、*.gco、*.g、*.stl、*.STL、*.obj、*.OBJ 等模型到软件上打印输出，软件提供非常多的配置功能，可以对打印设备参数调整，支持串行端口设置，支持 TCP 设置，支持机床设置，支持进给率的设置，支持挤出机数量设置。

Pronterface 控制软件包括 Printerface 和自动化命令行软件，提供打印配置功能。将模型添加到软件，可以根据需要设置打印参数，支持使用命令行代码的形式控制打印机，Slic3r 集成。因此使用 Pronterface 方便调试打印机的功能，也可以实现连接打印机、移动轴、设置参数和监控温度以及对模型分层等功能。

1. 软件界面

安装好 Pronterface 软件后，打开的界面如图 4－9 所示。在未连接 3D 打印机之前，呈现灰色界面。

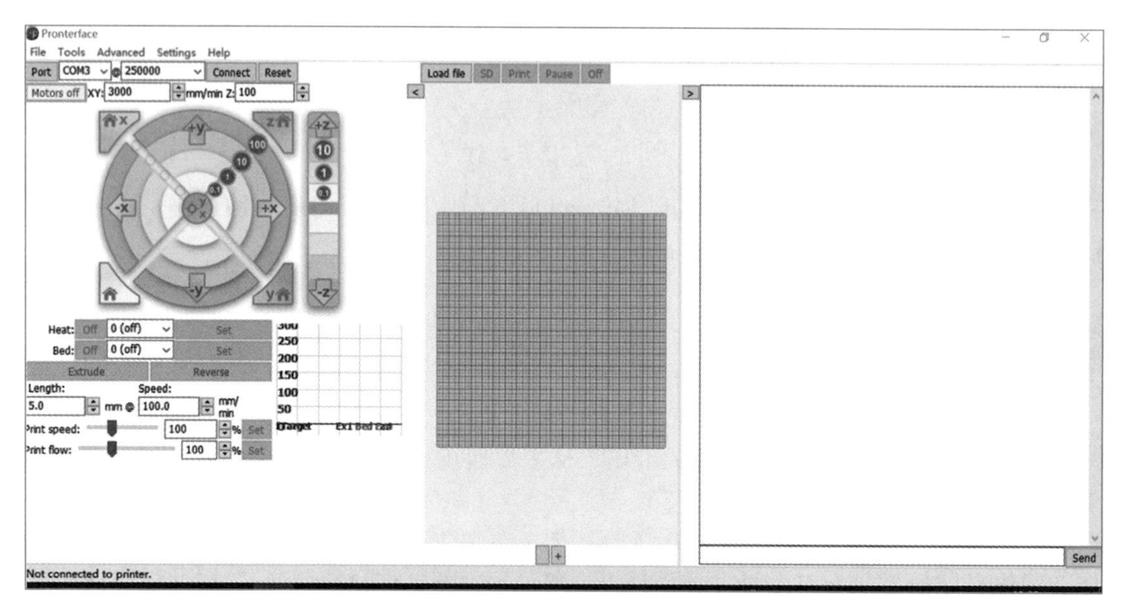

图 4－9　Pronterface 软件

此时，禁止针对打印机的任何直接操作，但可以设置与打印机相关的一些基础配置（Settings-Options），如图 4－10 所示。

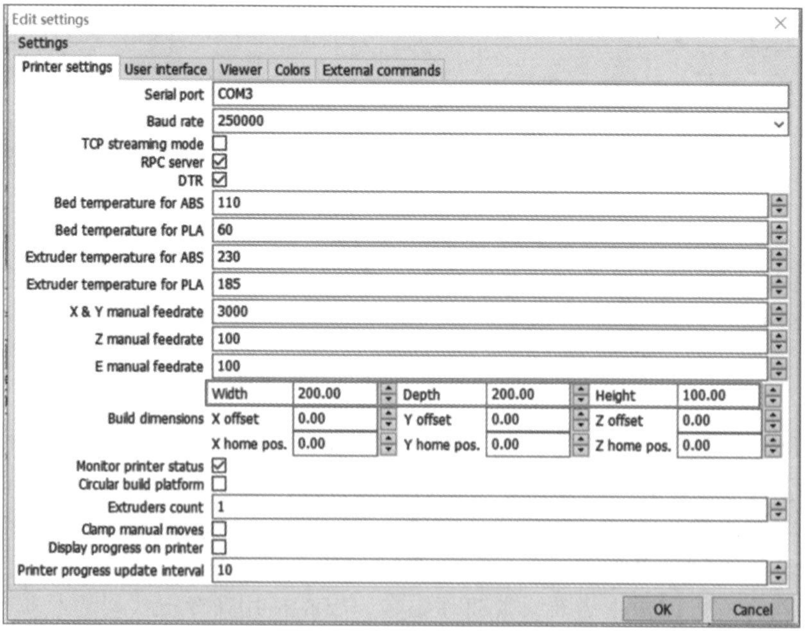

Edit settings
Settings
Printer settings | User interface | Viewer | Colors | External commands

Serial port	COM3
Baud rate	250000
TCP streaming mode	☐
RPC server	☑
DTR	☑
Bed temperature for ABS	110
Bed temperature for PLA	60
Extruder temperature for ABS	230
Extruder temperature for PLA	185
X & Y manual feedrate	3000
Z manual feedrate	100
E manual feedrate	100
Build dimensions	Width 200.00, Depth 200.00, Height 100.00; X offset 0.00, Y offset 0.00, Z offset 0.00; X home pos. 0.00, Y home pos. 0.00, Z home pos. 0.00
Monitor printer status	☑
Circular build platform	☐
Extruders count	1
Clamp manual moves	☐
Display progress on printer	☐
Printer progress update interval	10

OK　Cancel

图 4－10　基础配置信息

其中，Width 选项指 X 轴的有效行程，Depth 选项指 Y 轴的有效行程，Height 选项指 Z 轴的有效行程，需要根据机器规格进行设定。

打印机与电脑主机通过 USB 接口进行连接，选择与打印机相同的端口，通常会自动显示相匹配端口，如 COM3；或者手动选择也是可以的，通常为最后一个端口。点击界面上的 Connect 按钮，实现电脑与打印机的连接，软件呈现自然颜色，如图 4－11 所示。此时，可以对 3D 打印机进行直接的操作。

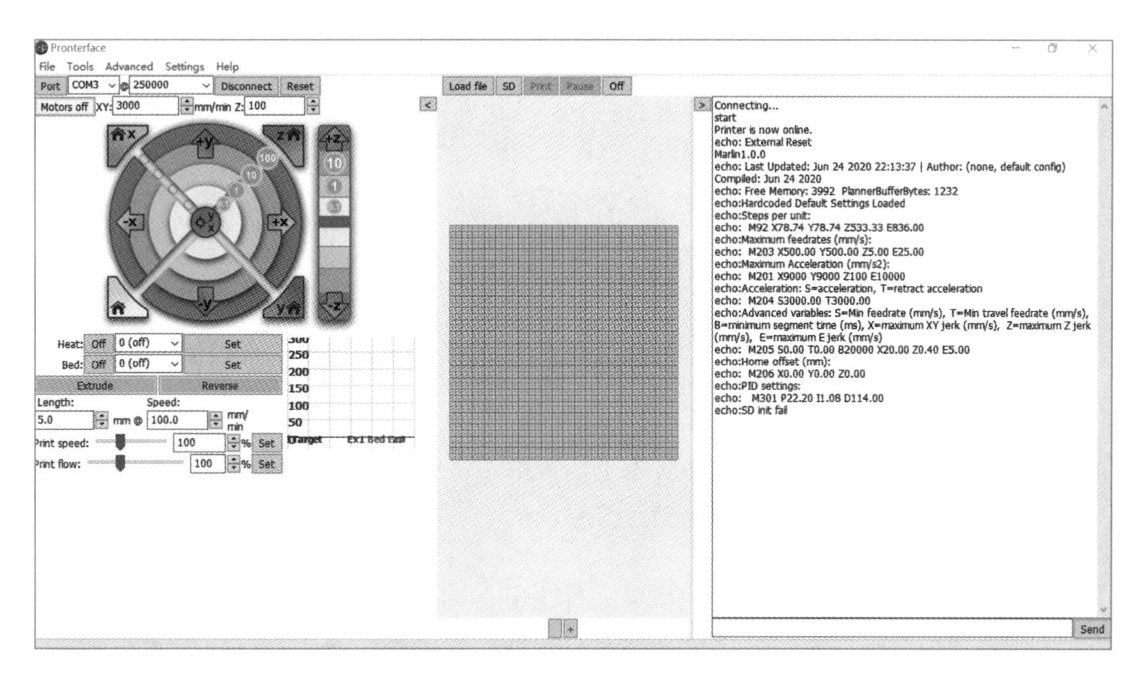

图 4－11 连接界面

2. 功能介绍

（1）波特率的设置。

Port 选项用于连接端口的选择。将打印机与电脑连接后，通常会自动转变为当前对应端口。如果没有自动转变，可重启 Pronterface 软件，或者在“我的电脑”上单击右键，选择“管理”－“设备管理器”，选择 3D 打印机对应的端口（Port），再选择正确的波特率，与固件中设置的波特率数值一致即可。

波特率在 3D 打印机中已固化为 250000，不要更改，如图 4－12 所示，否则会连接失败；若要改变波特率，需要先修改固件，再烧录到控制主板上。

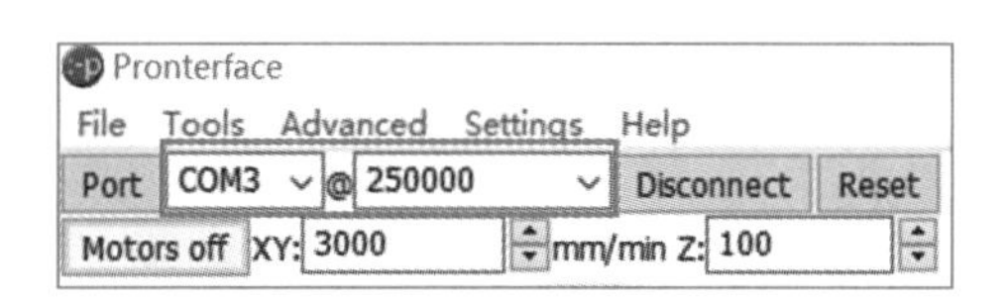

图 4－12 波特率设置

（2）界面按键的功能。

界面按键如图 4－13 所示。

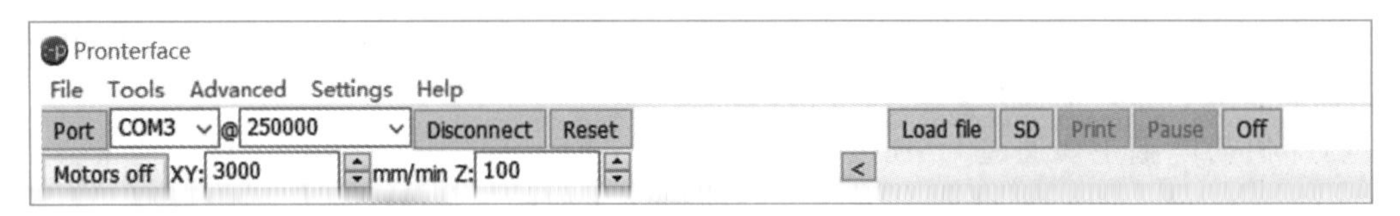

图 4－13　界面按键

- Connect/Disconnect：用于打印机与电脑的连接或断开。
- Reset：用于重置打印机设置，使用频率较低，不用操作。
- Load file：用载入打印模的 G 代码文件。
- SD ：用于装备 SD 卡扩展插槽的机型，可从事先准备好的 SD 中提取相关模型的 G 代码。
- Print：开始打印的命令按钮。
- Pause ：打印中途暂停按钮，但打印过程中按此键有可能造成模型数据前后不一致，建议一次性打印完毕。
- Off：用于停止加热。
- X、Y、Z 轴：主要用于调整机器 X、Y、Z 的最高运行速度，可根据实际情况适当调整，如图 4－14 所示。

左下角房屋按键用于将 X、Y、Z 轴归零，使得打印头确定原点位置。界面中的数字表示点击一下该按键，各轴就会做相应的移动，其移动的距离单位是 mm。

注意：3D 打印机因型号不同，实际运行轨迹可能与箭头指示方向相反。每一次启动 3D 打印机时，是没有确定其原点的，所以不要选择过大的单位按键进行测试（如 100 mm），以免对机器造成损害。只有将打印头置于原点（即通过点击左下角房屋按键确定），打印机的有效行程才能固定激活，避免机器损害。

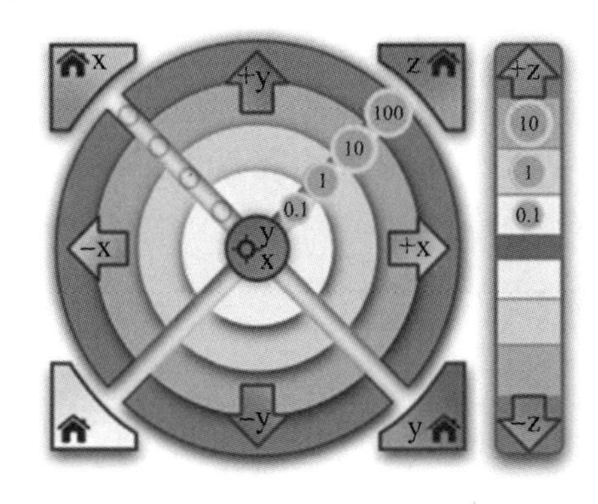

图 4－14　X、Y、Z 轴按键

Heat 与 Bed 选项如图 4－15 所示。

- Heat：打印头温度设置。可根据打印耗材的不同，在 ABS 和 PLA 两种材料之间选择相应温度，然后点击 Set 按键开始加热。
- Bed：热床温度设置。

当前打印头和热床的温度显示如图 4－16 所示。

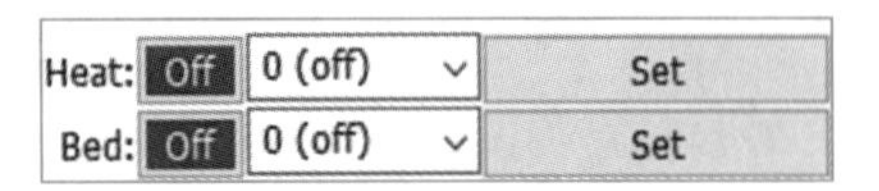

图 4－15　Heat 与 Bed 选项

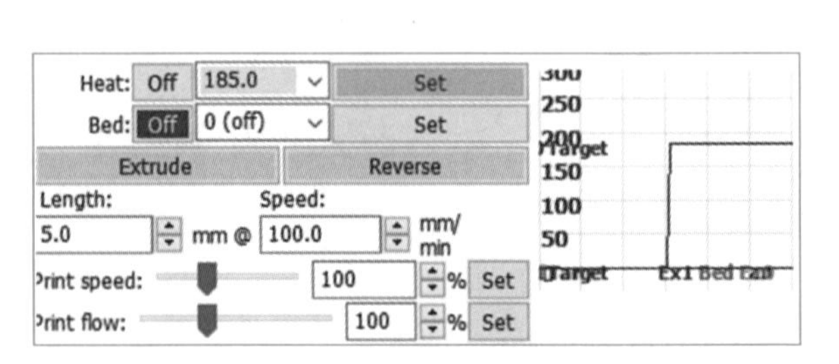

图 4－16　打印头和热床的温度显示

Pronterface 软件打开之后，默认显示的是打印头和热床的当前温度。如果未显示，可将此处 Watch 选项选中。

如果在加热过程中，当前温度不变动或显示异常，可用 Check temp 按键进行矫正。

Extrude 和 Reverse 按键如图 4－17 所示

- Extrude 按键用于控制挤出机挤出动作。
- Reverse 按键用于控制挤出机后退动作。

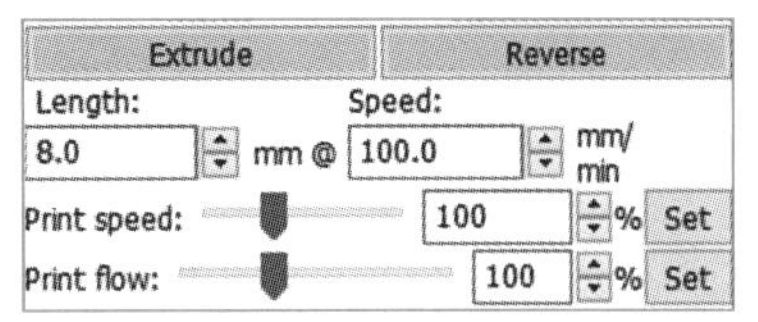

图 4－17　Extrude 和 Reverse 按键

注意：只有当打印头和热床的温度达到规定温度，挤出机才会做出相应的动作，例如，使用 ABS 材料时，打印头需要 230℃，热床需要 110℃；使用 PLA 材料时，打印头需要 180℃，热床需要 60℃。

命令控制台可以发送命令直接控制 3D 打印机。例如，在控制台输入“M119”命令，控制台会返回 X、Y、Z 限位开关触发的状态；控制台输入“G28”命令，打印头会移动到起始位置。

3. 打印操作

（1）点击“Connect”按钮，将打印机与电脑相连接。第一次使用该打印机，应根据机型规格标准，在 Settings-Options 选项中进行相应设置。

（2）分别点击 X、Y、Z 轴较小的单位按钮（0.1 mm、1 mm），对 X、Y、Z 轴的电机运动情况进行检查。

注意：

- 请勿点击较大单位按钮，以免对机器造成不必要的损害。
- 根据需要设置 X、Y、Z 轴的最大运行速度，速度过高可能会引起机器振动，从而影响精度。
- 根据需要选定耗材类型所限定的温度。

（3）点击“Load File”按钮，加载 G 代码。

（4）分别点击加热头及热床的加热开关（Set 按钮），开始加热，如图 4－18 所示。

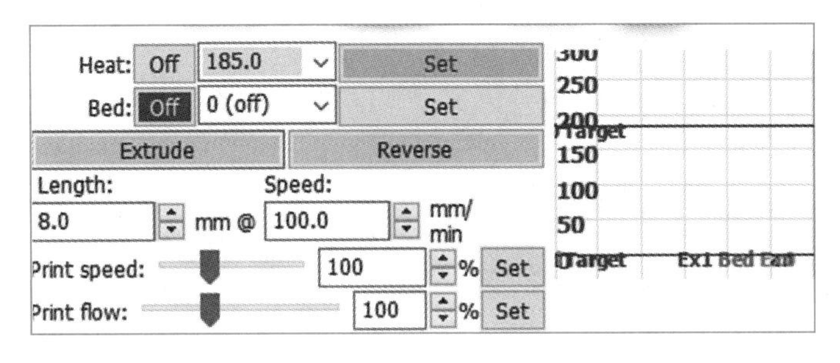

图 4－18　加热设置

（5）当温度达到或即将达到规定温度时，开启挤出机风扇。

在 Pronterface 界面右下角命令框输入“M106 S200”。“S200”是指风扇转动速度的 PWM 值，最高为 255，数值越大，转速越高，建议不要低于 150，若转速太低，则失去实际意义。如果风扇的散热作用导致加热头加热不利，可进行转速调整或暂时关闭风扇（M107），在正式打印时应保持风扇的开启，如图 4－19 所示。

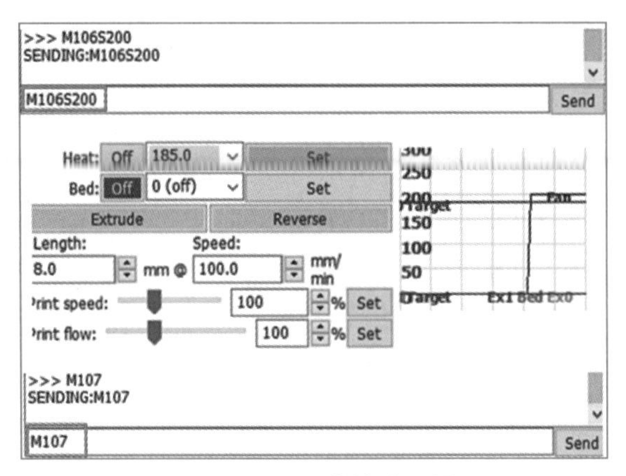

图 4－19　风扇转动设置

（6）点击“Print”按钮，打印机各坐标轴开始自动运行，打印头确定原点位置。系统开始进入准备阶段（几秒至几十秒不等），然后打印开始。

4.2.2　Repetier 控制软件

Repetier-Host 是一款非常优秀的可视化上位机控制软件，支持中文显示，集成了 3D 打印模型显示、编辑、切片、3D 打印机控制，各项参数实时显示，功能非常全面，如图 4－20 所示。

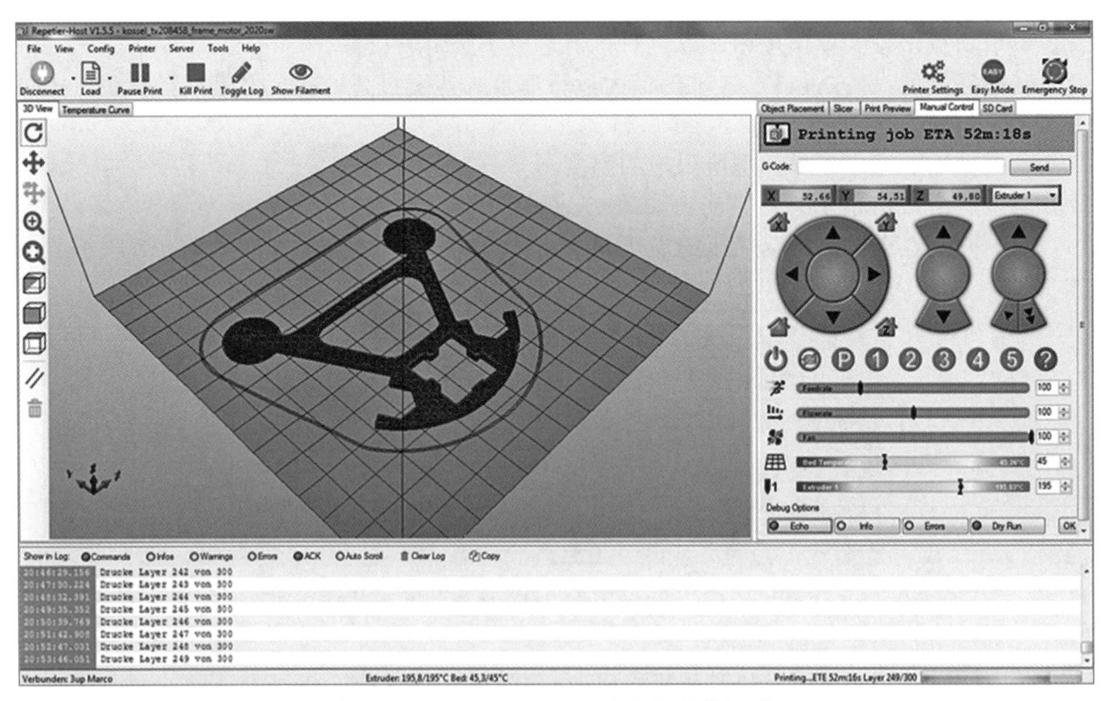

图 4－20　Repetier-Host 上位机软件界面

Repetier-Host 切片软件更加优秀的功能是可以实时模拟显示 3D 打印机打印过程中移动的轨迹信息和温度变化信息。内置集成了两种优秀的切片软件 Slic3r 和 Skeinfore，尤其对 Slic3r 软件的支持，可以通过可视化的方式查看 Slic3r 切片软件生成的代码信息，以及打印机实际打印的运动路径信息，并可以分层查看。

1. 连接 3D 打印机

Repetier-Host 软件会自动识别 3D 打印设备的端口，只需点击连接按钮旁的下拉菜单，选择端口即可。

2. 载入 3D 打印模型

点击菜单栏“载入”按钮，选择“3D 打印模型文件”，模型会自动显示在“3D 窗口”中。

通过窗口右侧“物体放置”菜单栏，可以调整 3D 打印模型在 3D 打印机平台中的摆放位置，并且可以对 3D 打印模型进行平移、缩放、旋转和剪切操作。

通过窗口右侧“物体放置”菜单还可以增加多个模型，并可以调整模型的顺序，增加或者删除某个模型。还可以把多个模型保存成一个模型文件，方便下次打印。

3. 3D 窗口显示

3D 窗口可以显示 3D 打印模型的三维图形或者二维图形的各个位置面，并且可以通过左侧的工具栏实现对打印模型的放大、缩小、移动，以及不同角度的查看。

4. 代码生成器

Repetier-Host 上位机软件内置集成了 Slic3r、Skeinfore 两种切片软件，可以通过“参数配置”，对 Slic3r、Skeinfore 切片软件进行设置，选择适合自己 3D 打印机的各项参数。

点击“开始生成代码”，软件会自动生成 G-code 代码，并自动跳转到“代码编辑”菜单。左侧的“3D 窗口”会自动生成 3D 打印模型对应的 3D 打印路径信息。

5. 代码编辑

“代码编辑”选项卡可以编辑生成的 G-code 代码，并且可以通过“可视化”选项卡，对生成的打印模型的实际移动路径进行分层显示或者单层显示。

通过可视化的方式，对查看切片后打印模型的路径信息，检验实际打印成果成功与否，起到至关重要的作用。

6. 手动控制

手动控制可以通过点击十字箭头，对 X、Y、Z 轴分别控制，不同颜色的显示可以控制 3D 打印机移动的距离。

通过“手动控制”选项卡，可以对 3D 打印机各种功能进行控制，使得调试更加方便。例如，控制电源关停、步进电动机的起停、各轴的移动速率、各轴的归位操作、加热头温度、加热床温度和风扇等，可以手动发送 G-Code 指令控制 3D 印机。

7. 温度曲线显示

“温度曲线”选项卡，可以显示 3D 打印机打印过程中温度的变化曲线，同时可以显示手动控制时各个打印喷头、加热床实时的温度变化曲线。

4.3 Cura 切片软件

4.3.1 切片软件的安装

下面以 i3 打印机的安装为例。双击“ Cura 15.04.6.exe”应用程序文件，请依次按图 4－21、图 4－22 所示的顺序进行安装。

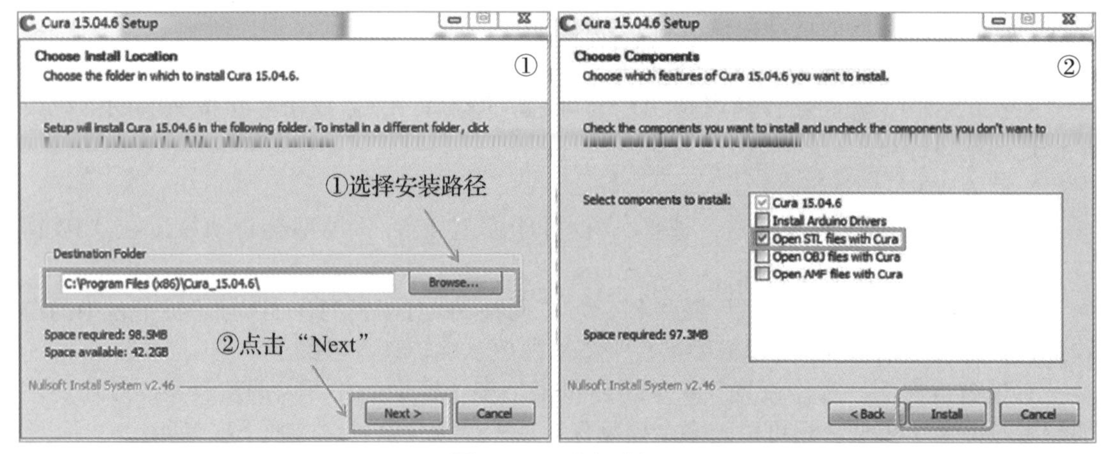

图 4-21　路径选择

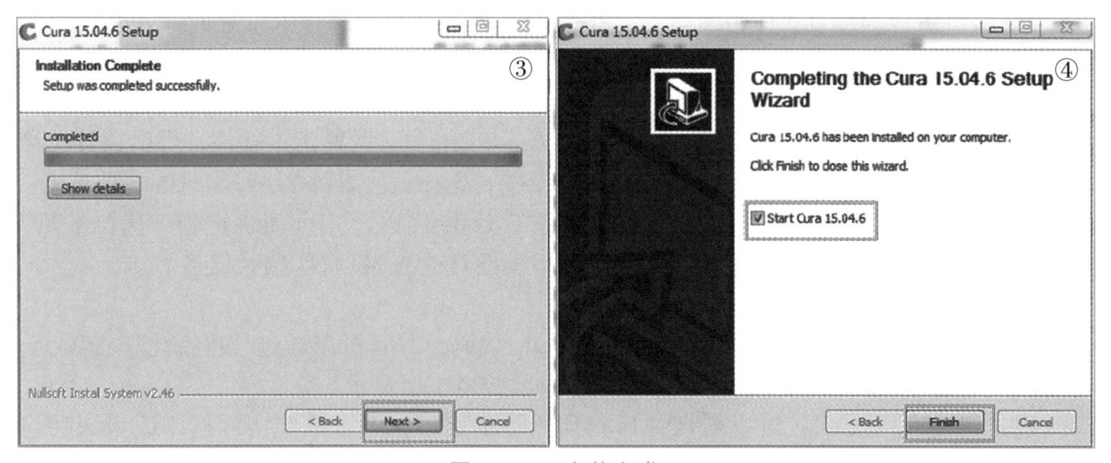

图 4-22　安装完成

安装完成后，先不要自动启动，因为 Cura 默认语言为英文，可选择对 Cura 进行汉化处理。按照如下步骤进行操作：

（1）关闭 Cura 软件。

（2）打开 Cura 安装文件夹，以图 4-23 左图所示为例。

（3）点击“resources”文件夹，并打开“locale”文件夹，如图 4-23 右图所示。

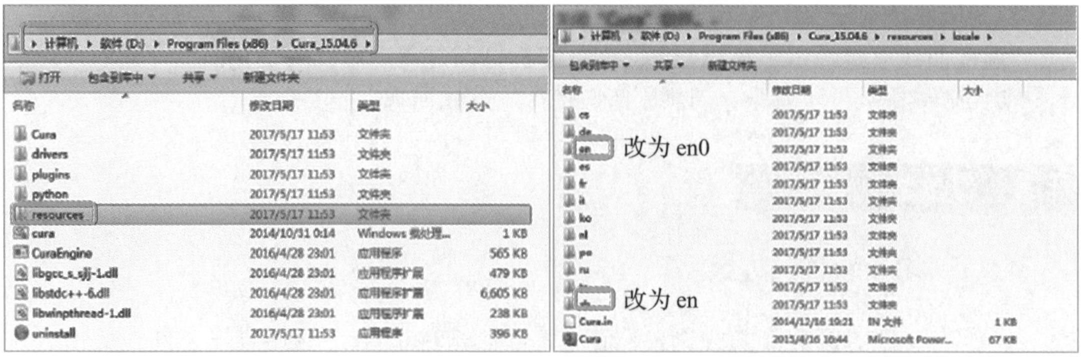

图 4-23　Cura 安装文件夹

（4）将“locale”内的文件夹名“en”改为“en0”，将“zh”改为“en”。

（5）关闭文件夹，重新打开“Cura”软件，则此时界面语言变成中文。如需改回英文界面，则可将刚才的文件名重新修改回去即可。

其修改完成的结果如图 4－24 所示。

计算机 ▸ 软件 (D:) ▸ Program Files (x86) ▸ Cura_15.04.6 ▸ resources ▸ locale ▸

包含到库中 ▾ 共享 ▾ 新建文件夹

名称	修改日期	类型	大小
cs	2017/5/17 11:53	文件夹	
de	2017/5/17 11:53	文件夹	
en	2017/5/17 11:53	文件夹	
en0	2017/5/17 11:53	文件夹	
es	2017/5/17 11:53	文件夹	
fr	2017/5/17 11:53	文件夹	
it	2017/5/17 11:53	文件夹	
ko	2017/5/17 11:53	文件夹	
nl	2017/5/17 11:53	文件夹	
po	2017/5/17 11:53	文件夹	
ru	2017/5/17 11:53	文件夹	
tr	2017/5/17 11:53	文件夹	
Cura.in	2014/12/16 19:21	IN 文件	1 KB
Cura	2015/4/16 16:44	Microsoft Power...	67 KB

图 4－24　修改为中文

安装完成后，首次启动软件，请按如图 4－25 所示进行设置操作。

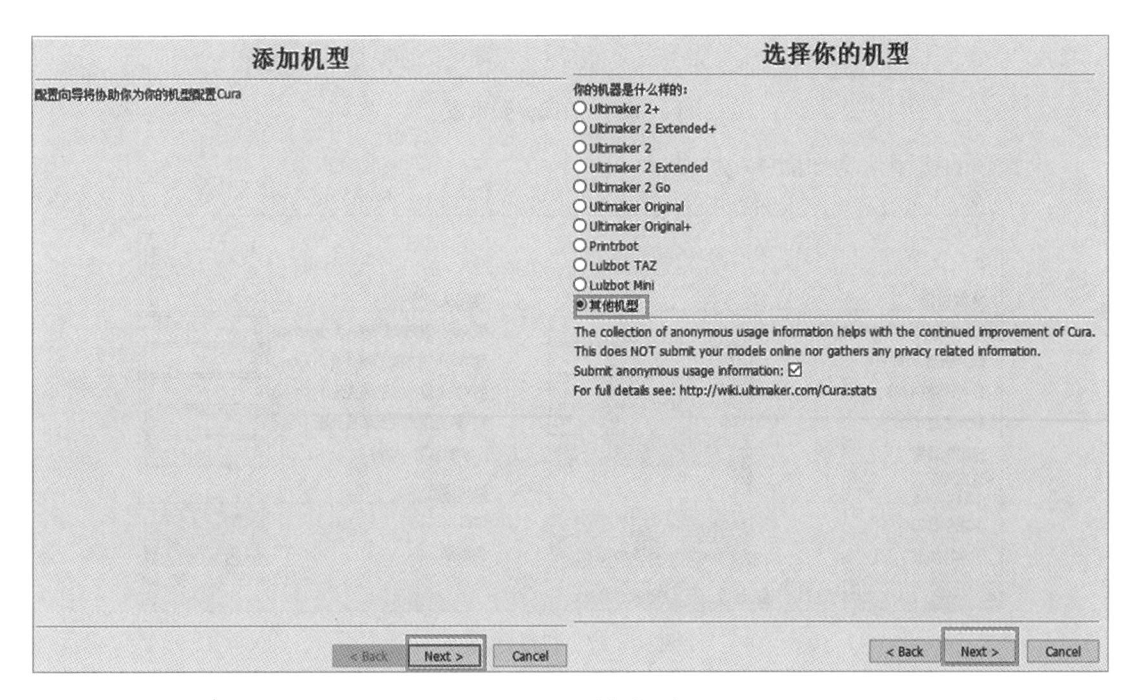

图 4－25　选择机型

运行 Cura 软件时，主界面会出现默认机型，用户可根据打印机的使用数据进行定制，本机型的长、宽、高数据分别为 210 × 210 × 250 mm，再勾选热床即可完成设置，如图 4 - 26 所示。

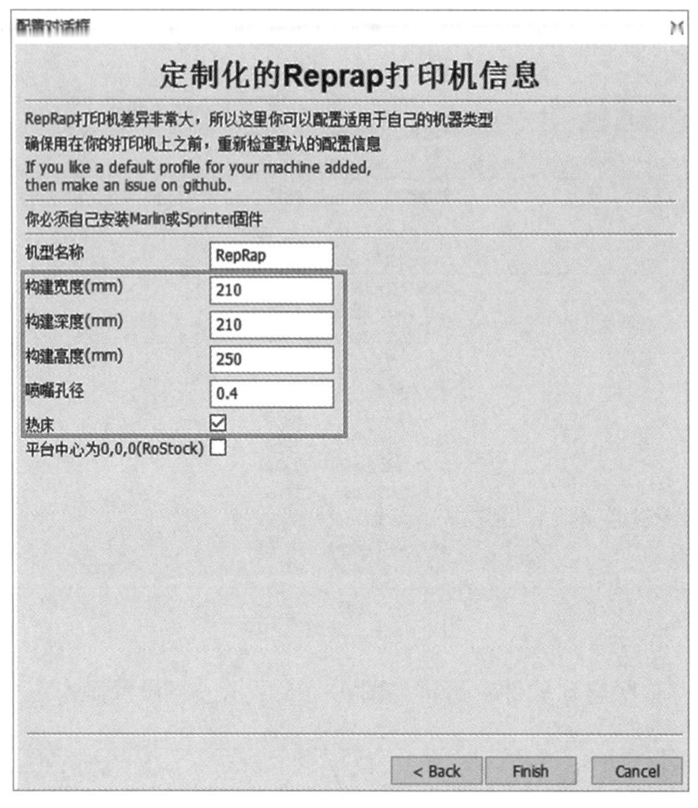

图 4 - 26　热床参数设置

设置好的机型信息如图 4 - 27 所示。

图 4 - 27　机型信息

4.3.2　切片软件的界面与功能

3D 打印机市场上有多种切片软件，其中 Ultimaker 公司的 3D 打印软件 Cura，包含了 3D打印需要的所有功能。模型切片以及打印机控制两大部分，可以控制 RepRap 系列的 3D 打印机。

1. 基础界面

基础界面的参数如图 4－28 所示，具体参数介绍如下：

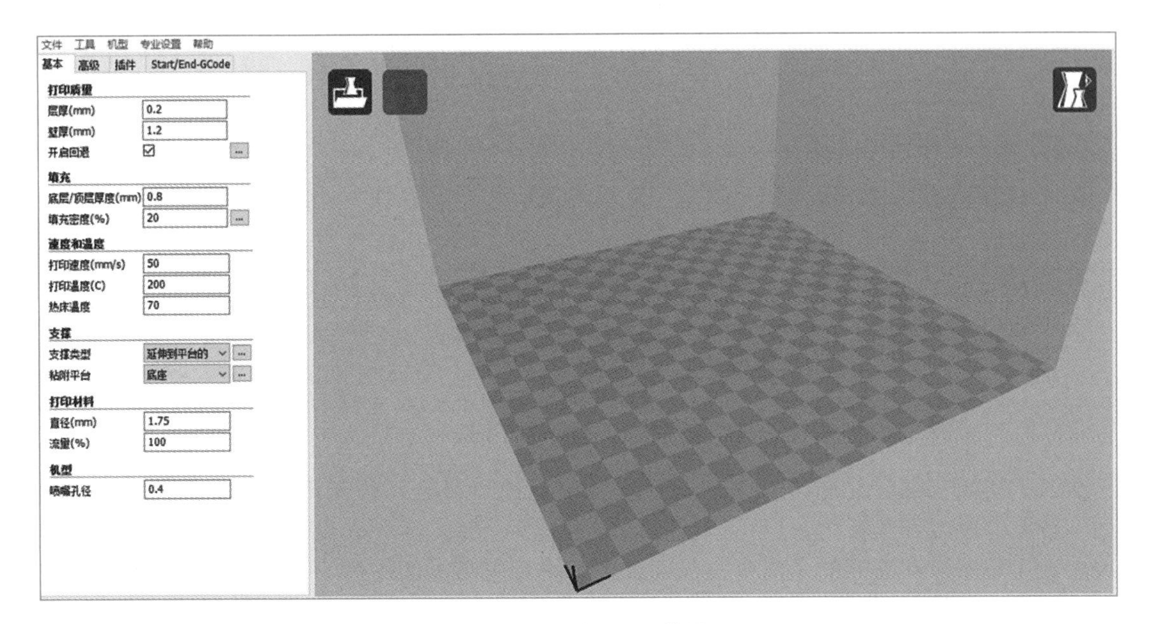

图 4－28　软件 Cura 的界面

（1）打印质量。

1）层厚：打印模型每一层切面的层厚。打印很精细的模型通常可以选择 0.1 mm，若打印质量要求不高，则可以选择 0.2 mm 或者更厚。

2）壁厚：模型切面最外层的厚度，通常设置成喷嘴直径的倍数。假如需要双层壁厚，0.4 mm 的喷嘴就可以设成 0.8 mm。

3）回退：模型需要跨越空白的非打印区域。勾选开启回退，挤出机构就会将材料根据设置按照一定的速度回退一定长度。

（2）填充是指模型的填充，包括底层 / 顶层厚度、填充密度的设置。

1）底层 / 顶层厚度：根据每层的层厚，一般会设置成层厚的倍数，是最底层打印多少层之后才会填充的一个依据。如果设置得厚一点，打印的效果和质量会非常好，几乎看不到里面的填充，但是打印需要花更长的时间。

2）填充密度：内部填充的密度。如果需要完全中空的打印效果，则设置成 0。通常情况下，20% 的填充密度足够了。

（3）速度和温度是指平时打印的速度和温度设置，是一个全局的参数设置。

（4）支撑是设置模型的打印支撑，或者模型底部的底板与模型的过渡支撑，通过下拉选项的方式进行选择。

（5）喷嘴孔径：一般设置为 0.4 mm，除非是 0.3 mm 的喷嘴。

2. 高级界面

Cura 中的高级界面参数如图 4－29 所示，能够根据实际需要进一步提高打印质量。

文件 工具 机型 专业设置 帮助
基本 高级 插件 Start/End-GCode
回退
回退速度(mm/s) 40.0
回退长度(mm) 4.5
打印质量
初始层厚 (mm) 0.3
初始层线宽(%) 100
底层切除(mm) 0.0
两次挤出重叠(mm) 0.15
速度
移动速度 (mm/s) 150.0
底层速度 (mm/s) 20
填充速度 (mm/s) 0.0
顶层/底层速度 (mm/s) 0.0
外壳速度 (mm/s) 0.0
内壁速度 (mm/s) 0.0
冷却
每层最小打印时间(sec) 5
开启风扇冷却

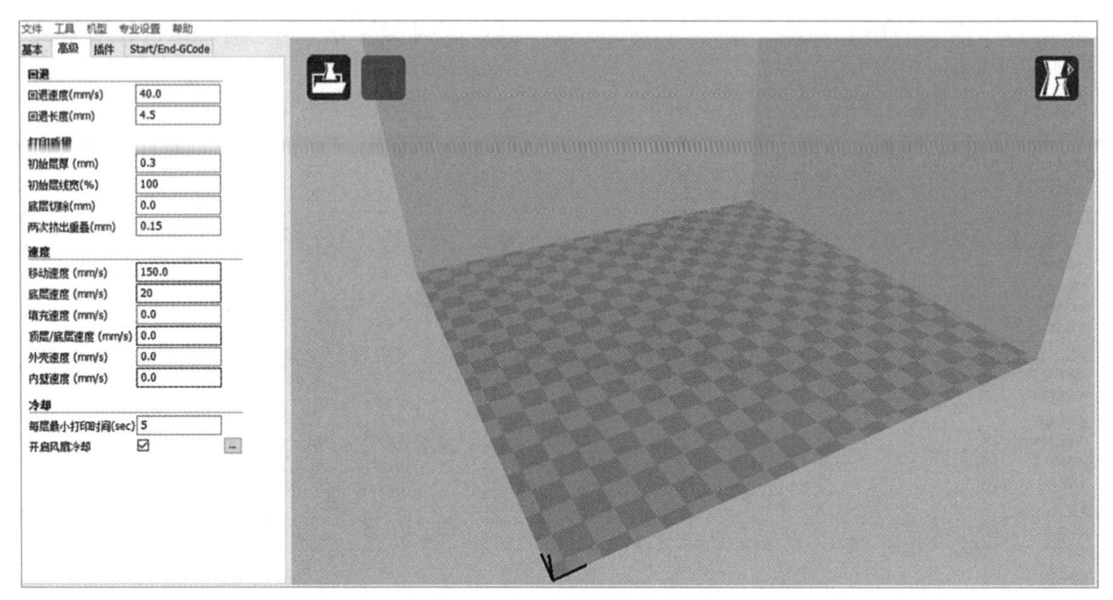

图 4－29 高级界面参数

（1）初始层厚：是指与第一层的打印厚度。这个参数一般和首层的打印速度关联使用，较厚的厚度和较慢的速度可以使打印的模型更好地与工作台粘贴，一般设为 0.1mm。该参数还与平板和喷嘴的距离有关，手工设定平台与喷嘴的距离。

（2）初始层线宽：用于第一层的挤出宽度设置。第一层设置较宽的数值可以增加与平台的黏度，100% 为正常挤出。

（3）底层切除：用于一些不规则形状的 3D 对象，如果对象的底部与加热床的连接点太少，会造成无法粘接的情况，这时将这个值设置为一个大于 0 的值，3D 对象将被从底部剪平，可以更好地粘在加热床上了。

（4）速度设置：直接反映在打印速度，主要有主喷头移动速度、Z 轴移动速度以及底层打印速度。主喷头打印速度和底层打印速度会经常改动，对打印质量影响很大。

（5）冷却：有风扇最小打印时间和是否使用风扇。

3. 机型设置

机型设置，如图 4－30 所示。

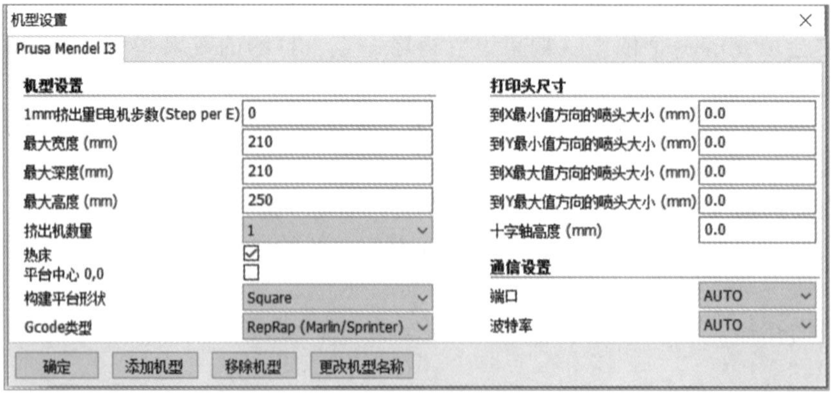

机型设置
Prusa Mendel I3
机型设置
1mm挤出量E电机步数(Step per E) 0
最大宽度 (mm) 210
最大深度(mm) 210
最大高度 (mm) 250
挤出机数量 1
热床
平台中心 0,0
构建平台形状 Square
Gcode类型 RepRap (Marlin/Sprinter)
打印头尺寸
到X最小值方向的喷头大小 (mm) 0.0
到Y最小值方向的喷头大小 (mm) 0.0
到X最大值方向的喷头大小 (mm) 0.0
到Y最大值方向的喷头大小 (mm) 0.0
十字轴高度 (mm) 0.0
通信设置
端口 AUTO
波特率 AUTO
确定 添加机型 移除机型 更改机型名称

图 4－30 机型设置

（1）机型设置选项，一些机器最大打印尺寸限定，软件初始这些值都提前设置好，一般无须再改动。

（2）设置挤出机个数，Cura 支持多喷头打印，可以设置多个挤出机。

（3）热床选项，可以勾选，也可以通过操作软件人工加热。

（4）G 代码类型选择共计 6 种，默认的第一个 RepRap（Marlin/Sprinter）即可。

4. 专业设置

点击菜单栏里“Expert”，进入专业设置界面，如图 4－31 所示。

专业设置

回退
最小移动距离(mm) 1.5
启用梳理 全部
回退前最小挤出量(mm) 0.02
回退时Z轴抬起(mm) 0.0

裙边
线数 1
开始距离(mm) 3.0
最小长度(mm) 150.0

冷却
风扇全速开启高度(mm) 0.5
风扇最小速度(%) 100
风扇最大速度(%) 100
最小速度(mm/s) 10
喷头移开冷却

填充
填充顶层
填充底层
填充重合(%) 15
Infill prints after perimeters

支撑
支撑类型 Lines
支撑临界角(deg) 60
支撑数量 15
X/Y轴距离 0.7
Z轴距离 0.15

黑魔法
外部轮廓启用Spiralize
只打印模型表面

沿边
边沿走线圈数 20

底座
额外边缘(mm) 5.0
走线间隔(mm) 3.0
基底层厚度(mm) 0.3
基底层走线宽度(mm) 1.0
接触层厚度(mm) 0.27
接触层走线宽度 (mm) 0.4
悬空间隙 0.0
第一层悬空间隙 0.22
表层 2
初始层厚 (mm) 0.27
接触层走线宽度 (mm) 0.4

缺陷修复
闭合面片(Type-A)
闭合面片(Type-B)
保持开放面
拼接

Ok

图 4－31　专业设置

模型的操作界面分别有一些基本功能，例如模型导入，尺寸比例，放大缩小，X、Y、Z 轴三个方向旋转，分层效果预览，G 代码文件导出另存，打印时间预算等功能，界面非常简单，很容易上手。

5. 软件操作

用户可在 Cura 软件界面点击左上角的文件夹图标，导入 .stl 的文件模型，如图 4－32

所示。如果文件模型的放置位置不合适，需要对此进行编辑。滚动鼠标中间滚轮可以缩放视角。

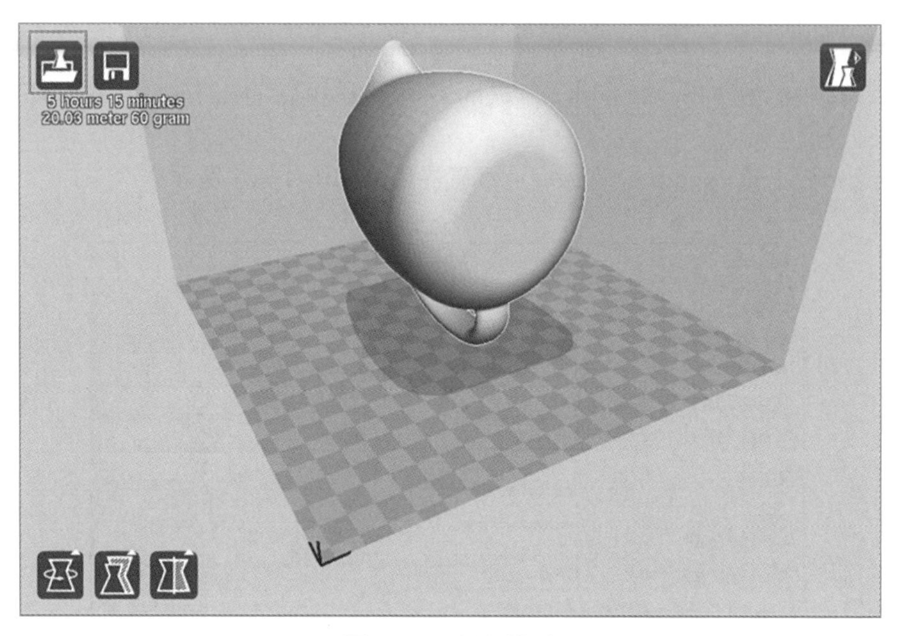

图 4－32　导入模型

左键点击模型后，左下角出现操作图标，用户可对模型进行旋转“Rotate”、缩放“Scale”、镜像“Mirror”等操作，如图 4－33 所示。

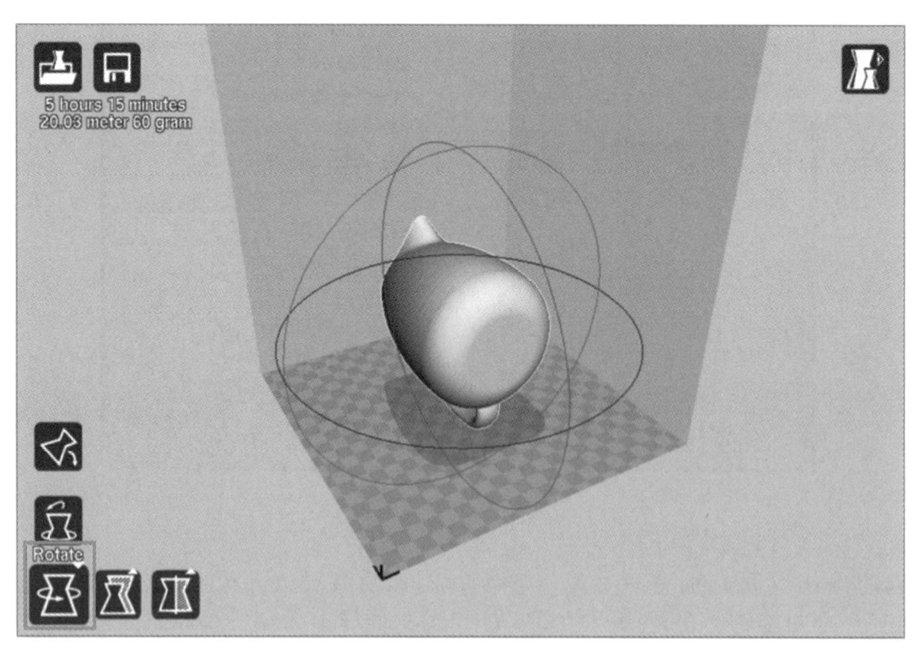

图 4－33　模型旋转

选择旋转轴线，按住鼠标拖到一定的合适位置即可，如图 4－34 所示。

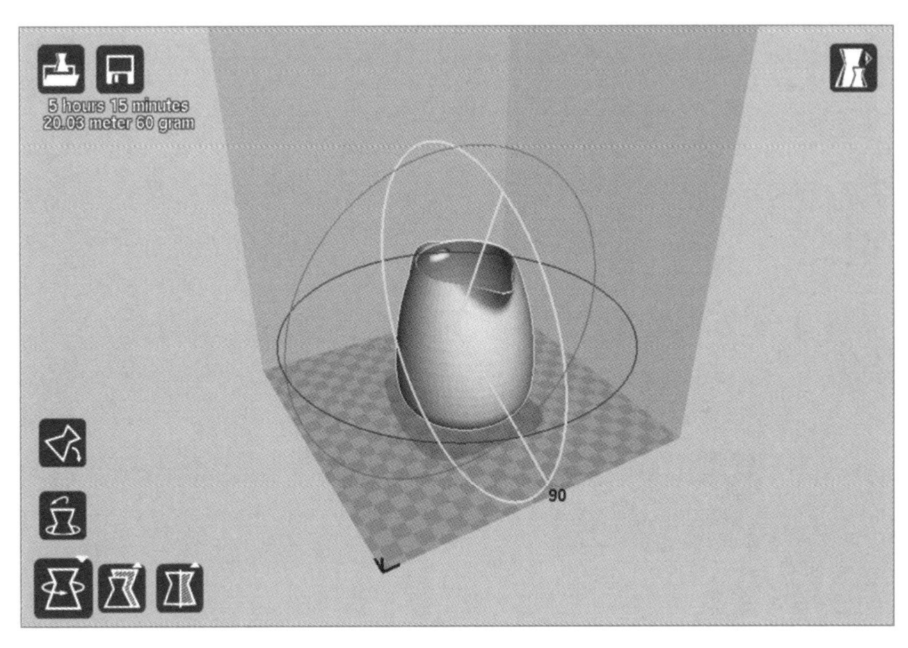

图 4－34　选择旋转轴线

此时，需要点击“Lay flat”，以保证模型的底部和打印平面很好地接触，如图 4－35 所示。

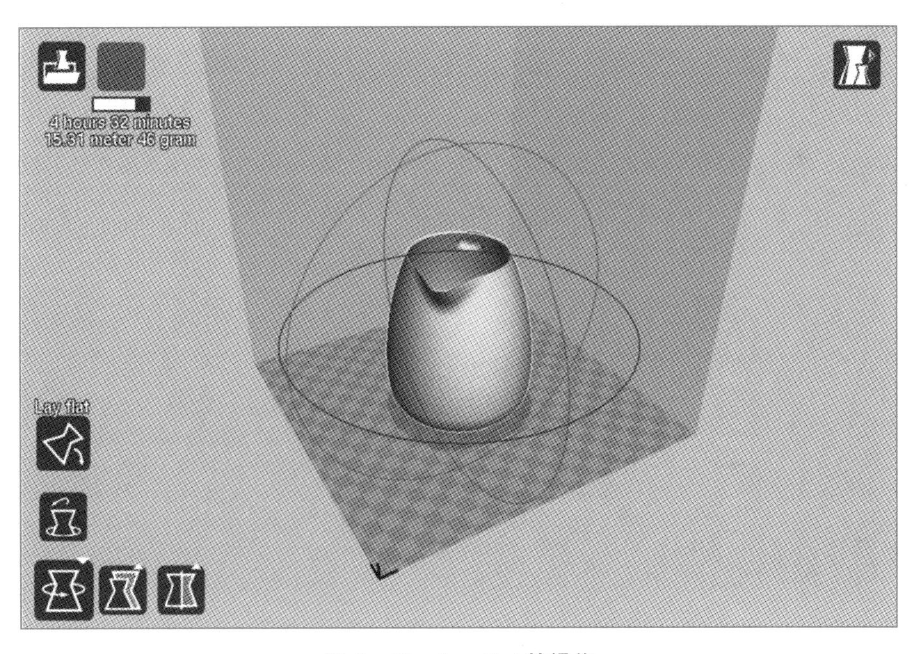

图 4－35　Lay flat 的操作

可以对模型进行比例缩放，如图 4－36 所示。“View mode”－“Layers”－鼠标左键点击滑块滑动，可以观察模型打印路径。

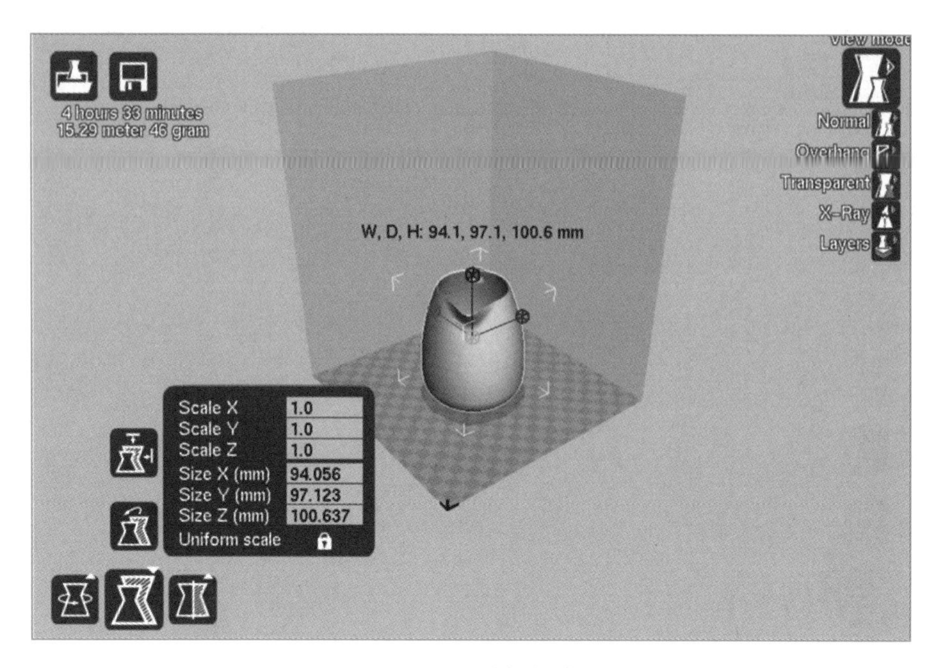

图 4-36　比例缩放

还可以对模型进行镜像，如图 4-37 所示。

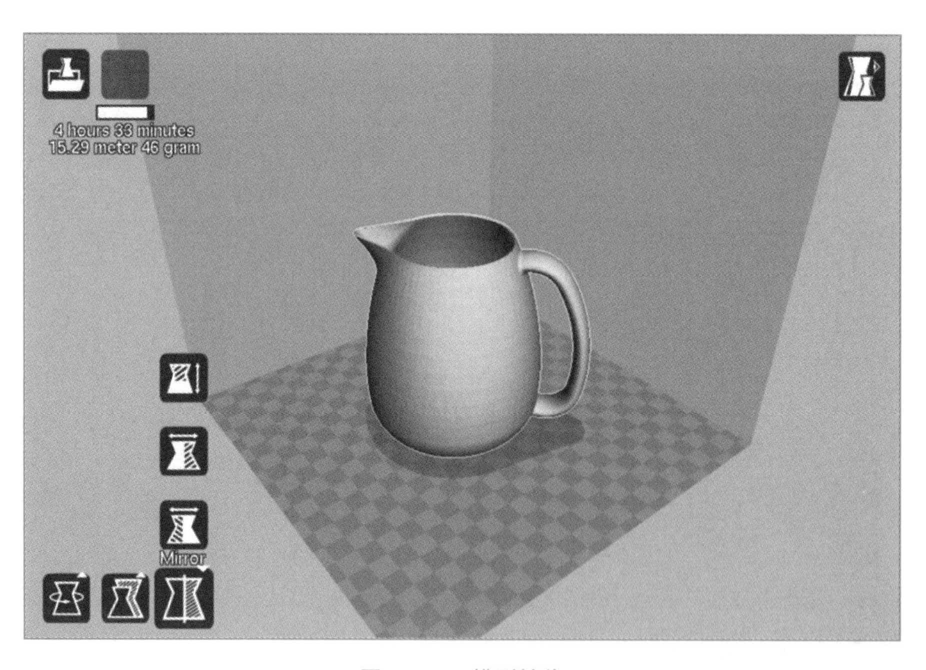

图 4-37　模型镜像

6. 线型颜色

（1）红色代表外壁的材料。如图 4-38 所示，设置层厚为 0.15 mm、壁厚为 0.4 mm，填充都设置为 0，支撑类型全部设置为 0。

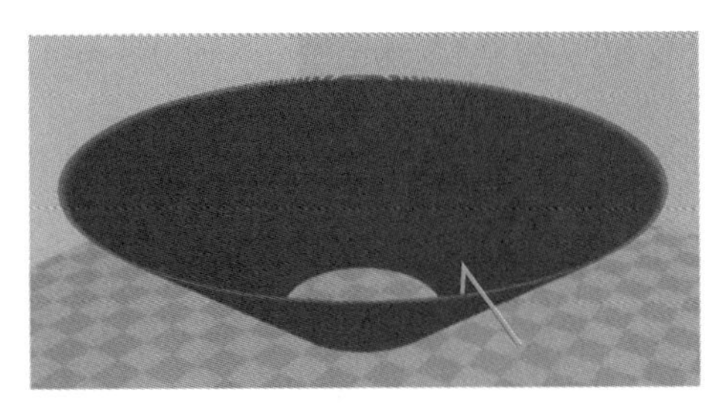

图 4－38　外壁材料

（2）绿色代表内壁的材料。如图 4－39 所示，设置层厚为 0.15 mm、壁厚为 0.8 mm，填充都设置为 0，支撑类型全部设置为 0。

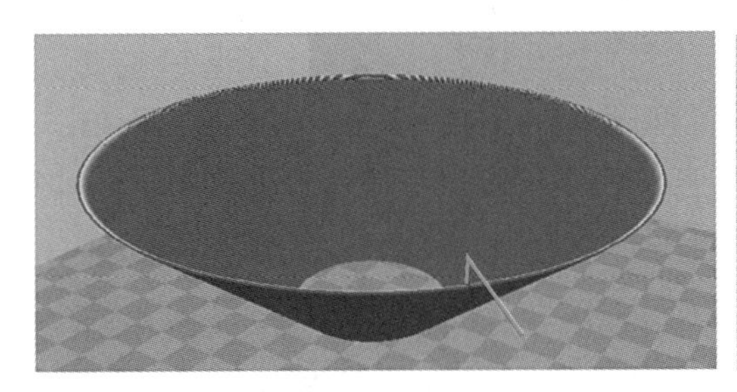

图 4－39　内壁材料

（3）黄色代表填充材料。设置层厚为 0.15 mm、壁厚为 0.8 mm，填充设置为顶层 / 底层厚度为 0，填充密度设置为 20%，支撑类型全部设置为 0，如图 4－40所示。

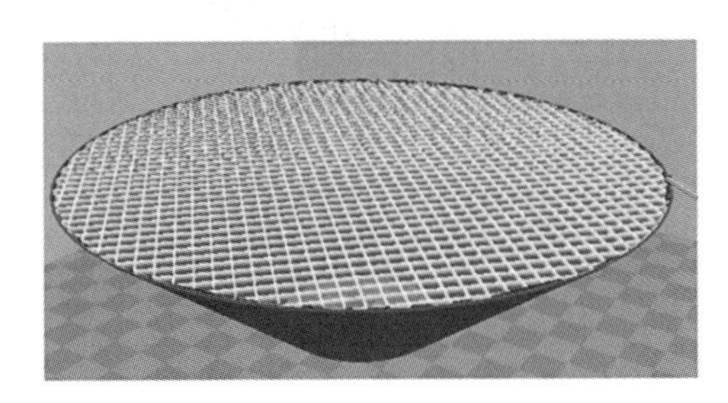
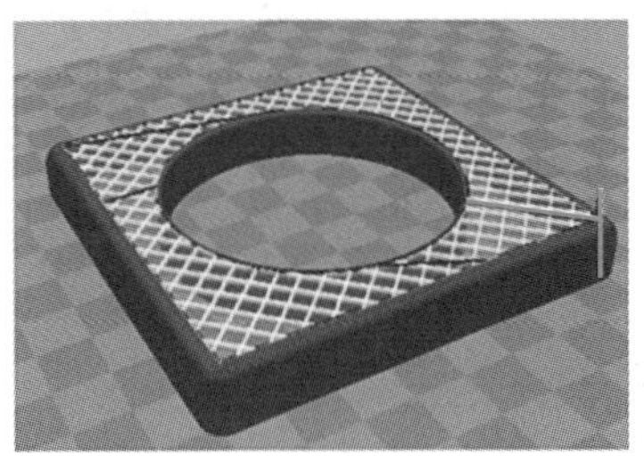

图 4－40　填充材料

（4）黄色还代表顶层和底层的材料。设置层厚为 0.15 mm、壁厚为 0.8 mm，填充设置为顶层 / 底层厚度为 1.2 mm，填充密度设置为 20%，支撑类型全部设置为 0，如图 4－41 所示。

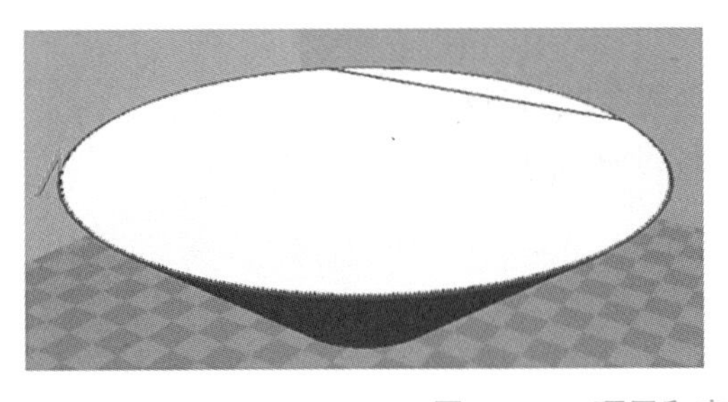
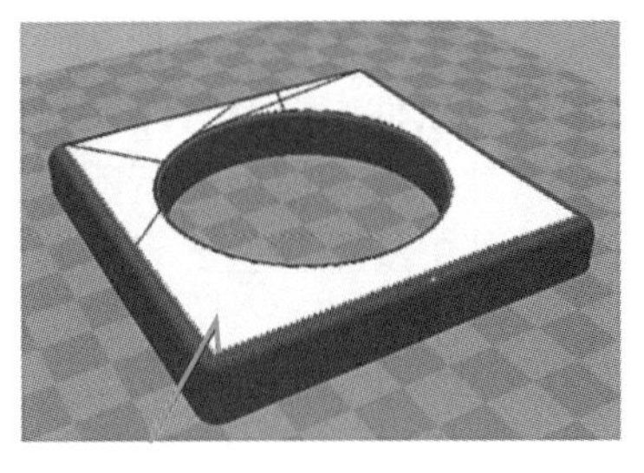

图 4－41　顶层和底层材料

（5）深绿色代表支撑和基底的材料。设置层厚为 0.15 mm、壁厚为 0.8 mm，填充设置为顶层 / 底层厚度为 1.2 mm，填充密度设置为 20%，支撑类型设置为延伸为无，沿边设置为数量 20 圈，如图 4 - 42 所示。

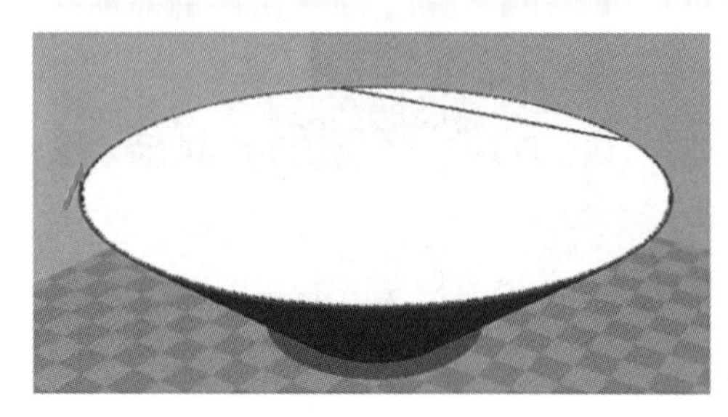
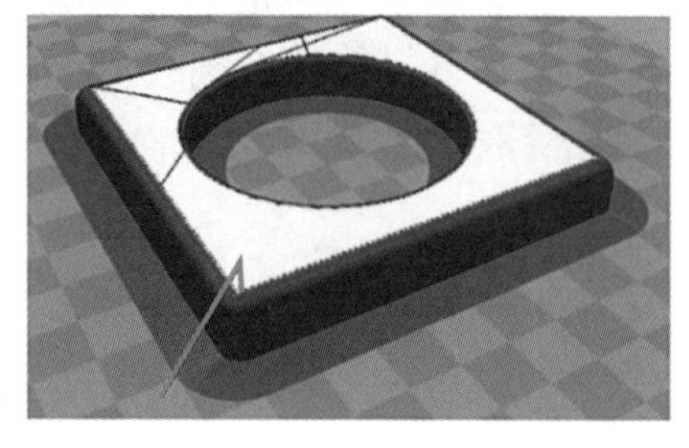

图 4 - 42　支撑和基底材料

如果上面的其他参数不变，将支撑类型设置为延伸到平台，沿边设置为 0，这两个零件的情况就不同了。倒锥形零件出现了大量的支撑材料，而方形零件则没有任何支撑材料，如图 4 - 43 所示。因此需要根据零件的结构形式选择其打印参数。

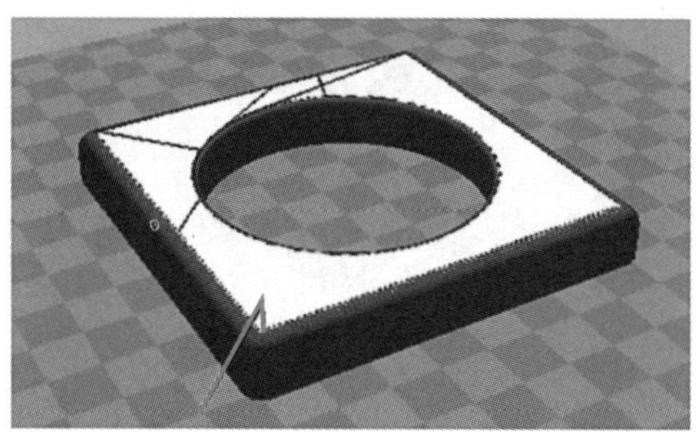

图 4 - 43　支撑延伸到平台

思考题

1. 3D 打印机所需要的软件分为哪三个部分？其作用是什么？
2. 主流的固件有哪些？固件 Marlin 的特点是什么？
3. Marlin 固件上传的步骤是什么？
4. 常用的上位机常用控制软件是什么？
5. Pronterface 控制软件的优势是什么？
6. Cura 切片软件的作用是什么？
7. Cura 切片软件中控制打印质量的主要参数有哪些？
8. Cura 软件可以对模型进行哪些方面的编辑操作？
9. Cura 软件中线型颜色的意义是什么？

单元 5

DIY 打印机组装与调试

单元导读

本单元主要讲述了 DIY 3D 打印机组装与调试的全过程，以 Prusa i3 为研究对象，对打印机的各组成部件进行组装与调试。首先，根据所使用的硬件，选择合适的参数，对打印机的固件内容进行正确的配置。然后，使用 Pronterface 软件对打印机的功能进行调试，解决与处理所遇到的报警问题。最后，联机调试，主要包含对限位开关、电机及挤出机进行实际操作方面的调试，并解决了运行错误的问题。

学习目标

- 掌握 Prusa i3 打印机的组装，了解其组装过程。
- 学习打印机固件的配置，掌握其配置方法并能够处理配置中所遇到的问题。
- 学会 3D 打印机的测试方法，能够解决调试中的故障。

难点与重点

- 难点：根据所选硬件进行正确的固件配置。
- 重点：限位开关调试、电机不转的问题、打印测试的方法。

5.1 Prusa i3 打印机的性能与结构

Prusa i3 3D 打印机是目前最新型的开源 3D 打印机，在 RepRap 系列开源 3D 打印机中广泛流行。Prusa i3 3D 打印机融合了 RepRap 系列开源 3D 打印机的诸多优点，使得此

3D 打印机性能更强、精度更高。

5.1.1 主要性能指标

打印原理：FDM（熔融沉积造型）；
控制电路板：GT2560；
打印体积：210 mm × 210 mm × 250 mm；
电动机：5 × 42 型步进电动机；
框架材料：6 mm 厚度的亚克力；
每层精度：0.1 ～ 0.4 mm，可调；
打印速度：20 ～ 60 mm/s；
打印精度：0.1 ～ 0.4 mm；
定位精度：X 0.012 5 mm、Y 0.012 5 mm、Z 0.002 5 mm；
喷头数量：单喷头；
喷嘴直径：0.4 mm；
耗材：PLA、ABS、HIPS、木质耗材等。

5.1.2 DIY 打印机的结构

Prusa i3 打印机的结构如图 5 - 1 所示。

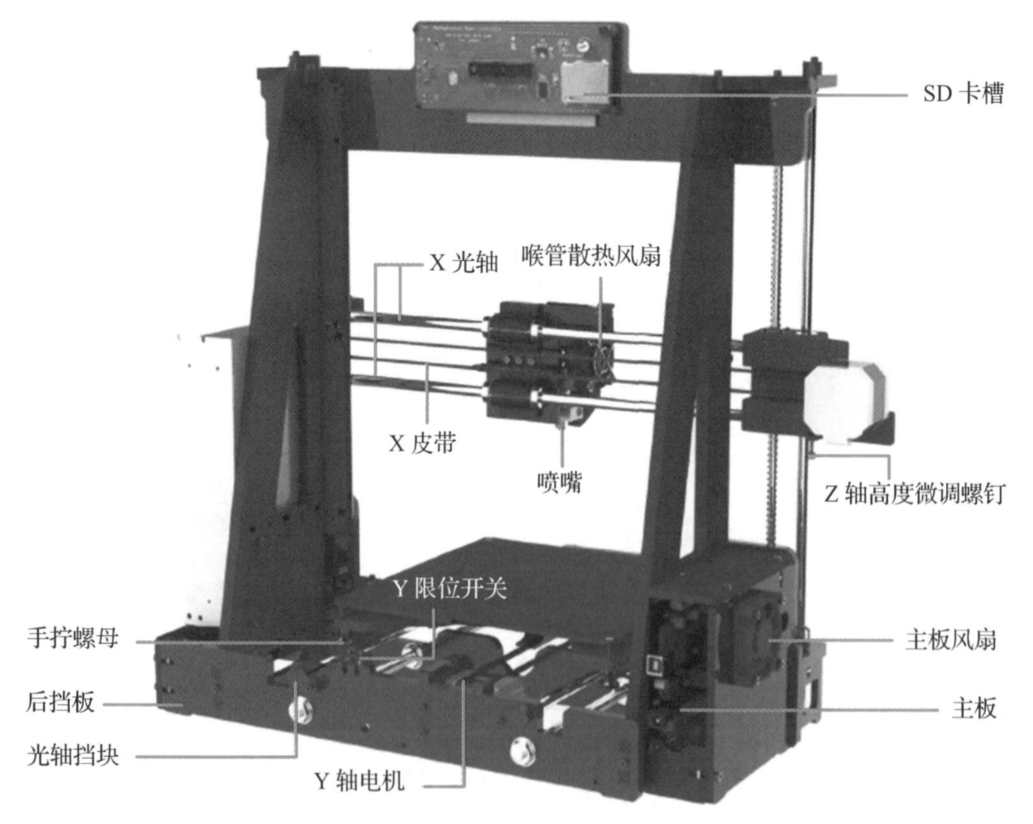

图 5 - 1　Prusa i3 打印机的结构图

5.2 打印机的组装

5.2.1 框架结构的组装

1. S1 前挡板的配件与组装

安装 S1 前挡板的配件有 1 个 S1 前挡板、1 个 Y 轴同步轮、2 个光轴挡块和 1 包固定螺钉，如图 5－2 所示。

图 5－2　前挡板的配件

将同步轮固定在前挡板上，需要将 4 个 M3 × 18 的螺钉拧紧，如图 5－3 所示。光轴挡块处的 M3 × 20 螺钉先不用拧紧，此处为安装光杠的孔，所以安装光杠之前不需要拧紧，否则会为后续的工作造成麻烦。

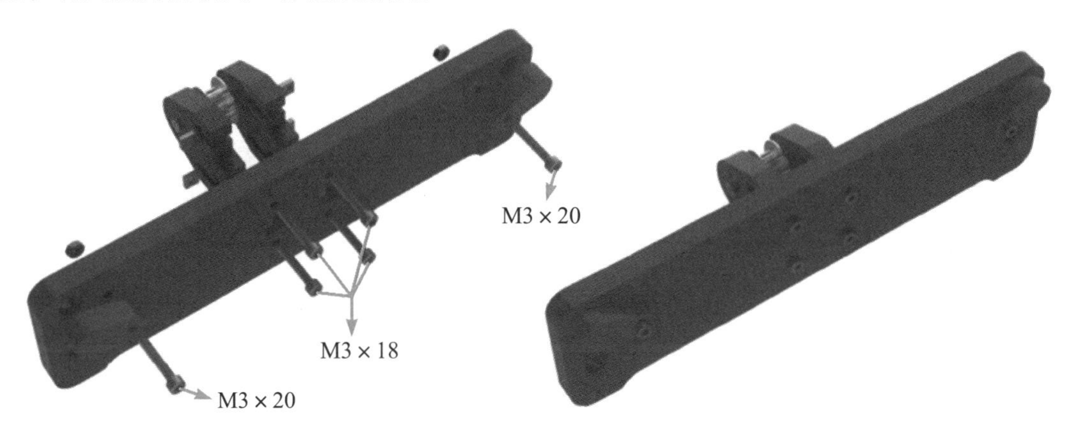

图 5－3　前挡板的组装

2. S2 后挡板的配件与组装

安装 S2 后挡板的配件有 1 个 S2 后挡板、1 个 Y 轴电机、2 个光轴挡块和 1 包固定螺钉，如图 5－4 所示。

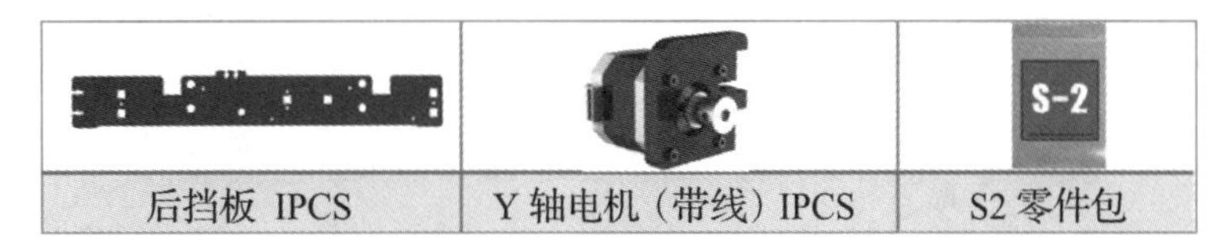

图 5－4　后挡板的配件

安装时要注意后挡板的方向和电机的出线方向，避免将电机装在后挡板的相反位置。此处可以将电机的 2 个 M3 × 18 的螺钉拧紧，同样光轴挡块处的 M3 × 20 螺钉先不用拧紧，此处为安装光杠的孔，与之前的前挡板的孔一样，都是起到固定光杠的作用，如图 5－5 所示。

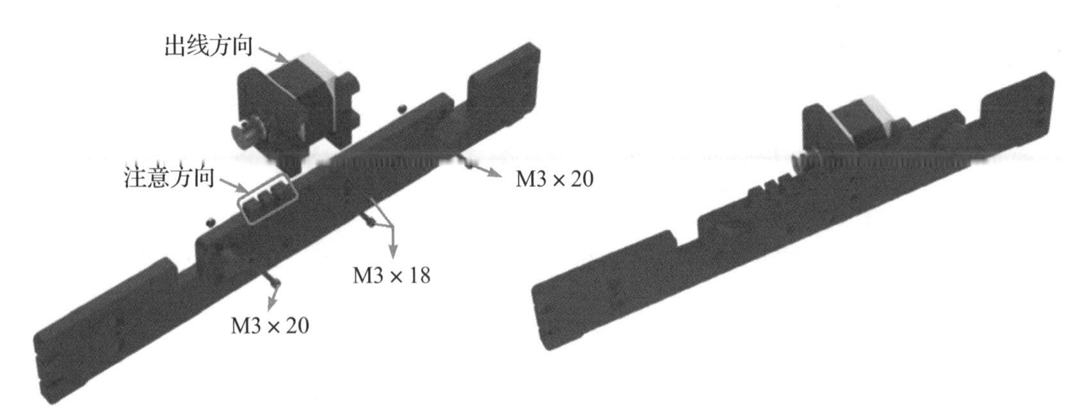

图 5－5　后挡板的组装

3. S3 左、右挡板和下框架的配件与安装

安装的配件有 S3 左、右挡板和下框架各 1 个，固定螺钉 1 包，如图 5－6 所示。

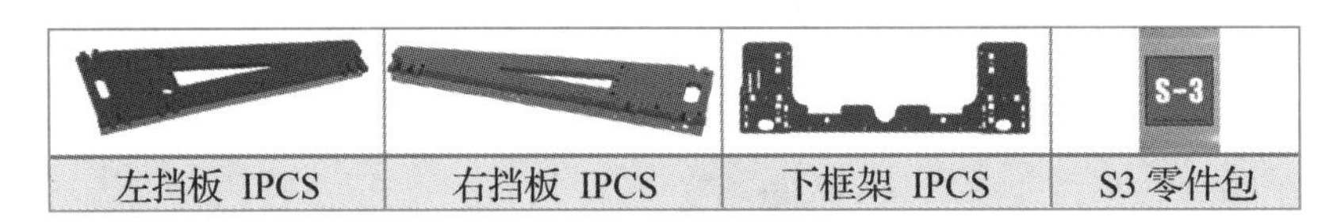

左挡板 IPCS	右挡板 IPCS	下框架 IPCS	S3 零件包

图 5－6　左右挡板和下框架的配件

S3 左、右挡板需要与下框架相应的孔位进行固定，此时需要将有 U 形槽的一侧放置为左边，用于后面安装 Z 轴限位开关。下框架共计 6 个 M3 × 12 的螺钉与左、右挡板的筋板分别拧紧，还有共计 4 个 M3 × 16 的螺钉与左、右挡板拧紧，如图 5－7 所示。

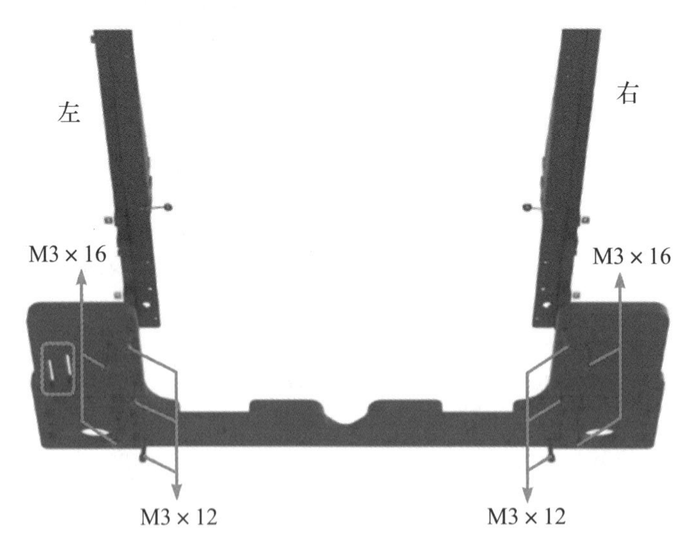

图 5－7　左、右挡板和下框架的组装

接下来与后挡板部分进行固定安装，需要将 2 个 M3 × 16 的螺钉拧紧。装配后应检查左、右挡板是否垂直于桌面，整个框架是否晃动，如图 5－8 所示。

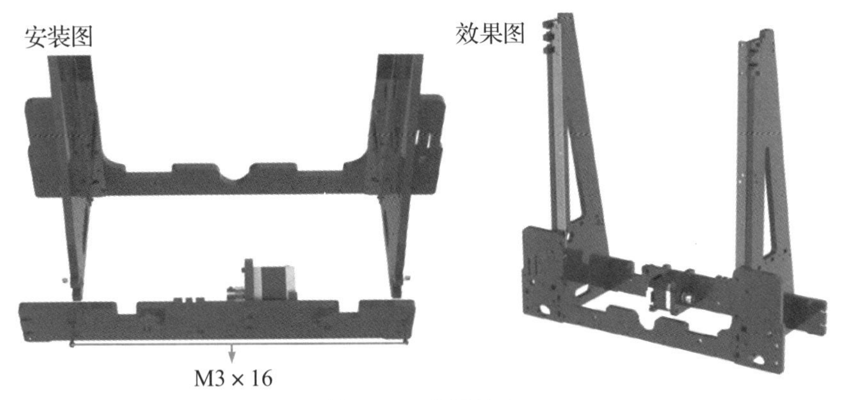

图 5－8　组装检查

4. S4 Y 轴丝杠的配件与安装

安装的配件有长度为 410 mm 的 Y 轴丝杠 2 个、固定螺钉 1 包，如图 5－9 所示。

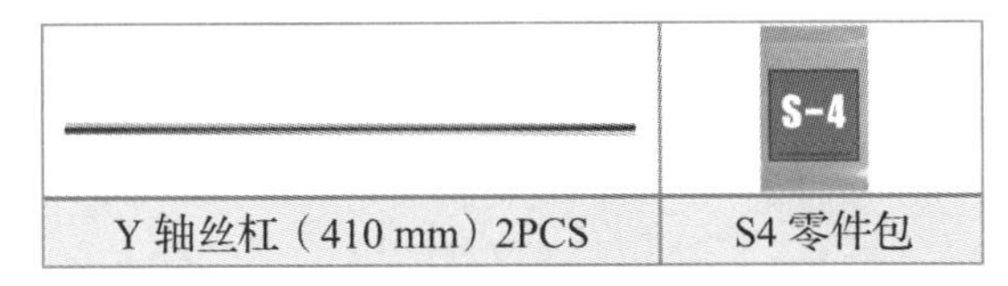

图 5－9　Y 轴丝杠的配件

如图 5－10 所示，将 a、b、c 配件找全，共计需要 6 组这样的零件，按图中的顺序进行安装，注意不要漏装，否则会出现紧固不牢的现象。

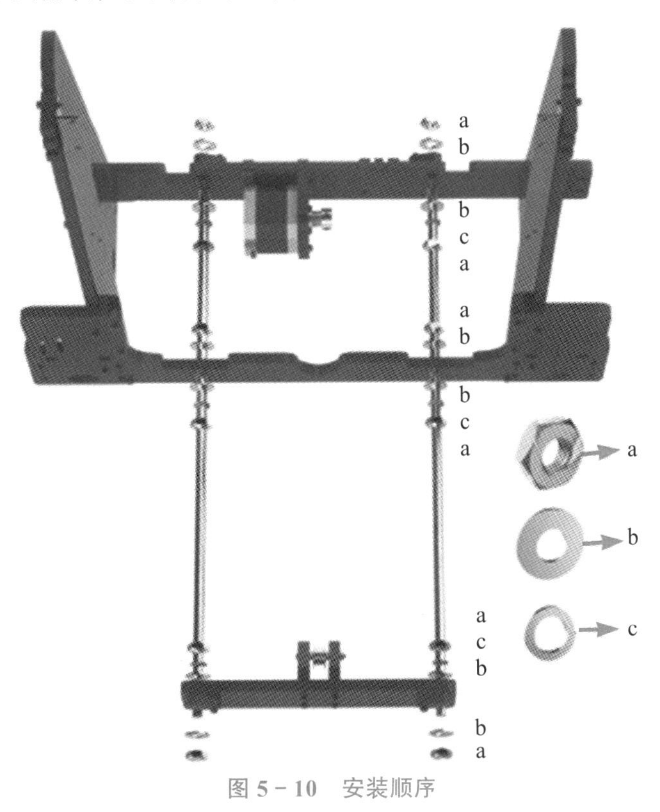

图 5－10　安装顺序

注意：Y 轴丝杠上的零件可以留出一端，先不要拧紧，否则安装 Y 轴光轴时就不容易调整其位置。

安装完成的效果如图 5－11 所示。

图 5－11　安装完成效果

5. S5 Y 轴光轴和直线轴承的安装

安装的配件有长度为 390 mm 的 Y 轴丝杠 2 个、直线轴承 3 个、同步带 1 条和固定螺钉 1 包，如图 5－12 所示。

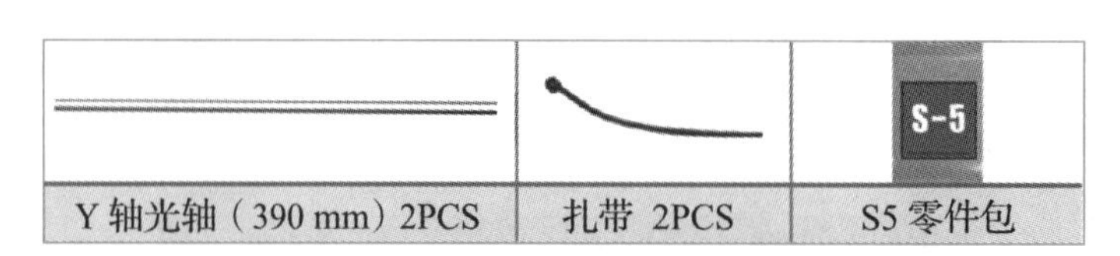

图 5－12　Y 轴光轴配件

首先，左侧的光轴上面需要安装 2 个直线轴承，右边的光轴需要安装 1 个直线轴承，如图 5－13 所示。注意图中框内轴承朝向，千万不要搞反。

然后，拧紧前挡板及后挡板固定光轴挡块的 M3 × 20 螺钉，挡住 Y 光轴，防止松动。

最后，可借助扳手将 Y 轴丝杠上的所有零件拧紧。

注意：不要力道太大，让框架产生变形，拧紧 Y 轴丝杠后，Y 轴光轴将被固定。

6. Y 轴同步带的安装与调试

先将前挡板上固定 Y 轴同步轮的 M3 × 18 螺钉拧松，安装同步带之后再拧紧，如图 5－14 所示。

同步带的作用主要是带动打印平台进行工作。安装时让同步带绕过前挡板的 Y 轴同步轮和后挡板的电机同步轮，最后让同步带穿过固定打印平台端的方孔，使用扎带进行固定。此时需手动调试皮带的工作长度。

皮带松紧是否合适，关系到打印平台是否能正常工作。皮带太紧，会让电机产生很大的噪声；皮带太松，会造成打印定位不准。

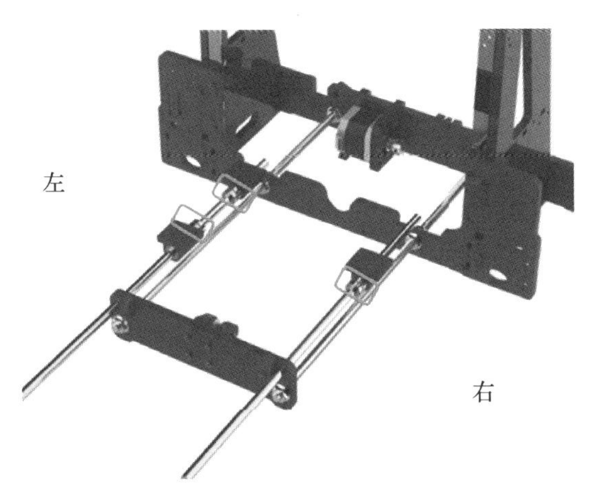

图 5－13　Y 轴光轴和直线轴承的组装

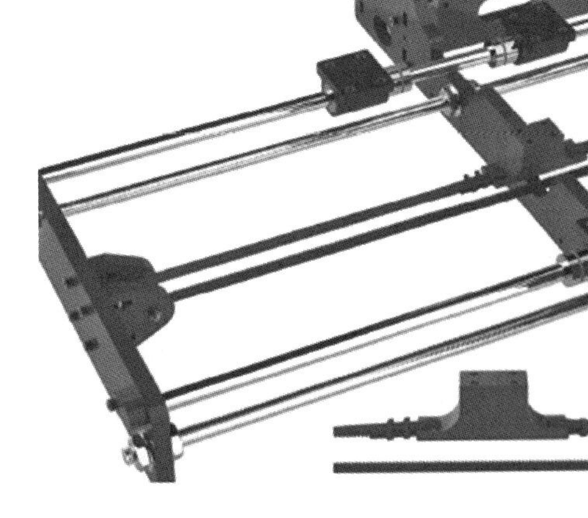

图 5－14　Y 轴同步带的组件及安装

注意：对于多余的同步带可以剪掉，否则会影响最大的打印行程。

判断和调整皮带松紧度的方法如下：

（1）判断皮带松紧度的方法。

皮带安置好之后，可以通过转动滑轮判断是否有太多的阻力。当拉动皮带时，皮带发出比较响的声音，表明皮带太紧了。皮带太紧就会给电机轴和滑轮带来很大压力，必须调松。

用手前后旋转 3D 打印机电机滑轮，如果工作台移动前后对称，说明松紧合适，如果向后延时了，说明太松了。

（2）调整皮带松紧度的方法。

在同步带穿过的固定打印平台的方孔端，可以剪断扎带重新调整皮带的松紧度，再进行扎进即可，如图 5－15 所示。

7. S6 打印平台的配件与安装

安装的配件有平台支撑板 1 个、热床 1 个和固定螺钉 1 包，如图 5－16 所示。

图 5－15　调整皮带松紧度

平台支撑板 1PCS	热床 1PCS	S6 零件包

图 5－16　打印平台的配件

安装平台支撑板时，先用 4 个 M4 × 12 螺钉将其紧固，同时用 12 个 M4 × 12 螺钉与两侧的光杠进行固定，但是不要拧紧，需要调试平台支撑板，确认能来回顺畅滑动之后再拧紧螺钉，如图 5－17 所示。

安装热床时，需要将 4 个弹簧套入螺钉上面，然后使用 4 个大的可调螺母与平台支撑板的 4 个孔进行固定，如图 5－18 所示。

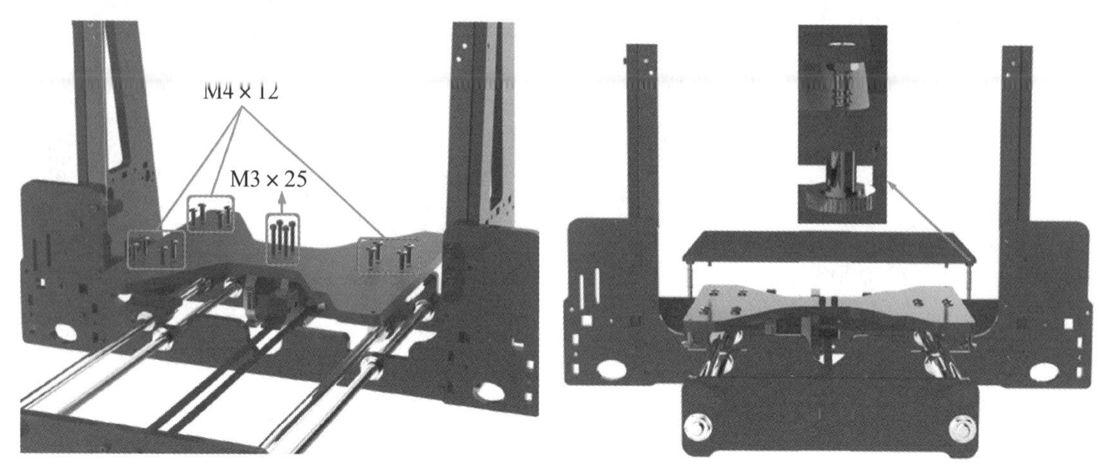

图 5－17　平台支撑板的安装　　　　图 5－18　可调螺母的安装

移动工作台，如发现皮带有些松，可以借助尖嘴钳工具将扭簧固定在距离前挡板 Y 轴同步轮约 2 cm 处，如图 5－19 所示。

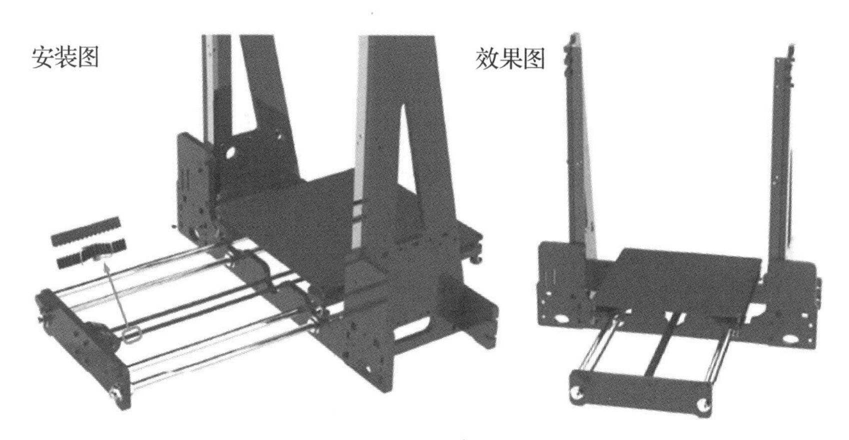

图 5－19　扭簧的固定

8. S7 上框架的配件与安装

安装的配件有上框架 1 个、显示屏 1 个和固定螺钉 1 包，如图 5－20 所示。

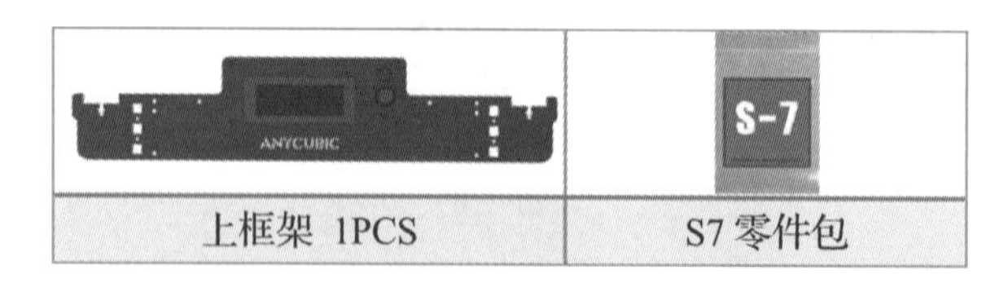

图 5－20　上框架的配件

将显示屏固定到上框架上，再将上框架与左右挡板进行固定，分别将 4 个 M3×12 和 4 个 M3×16 的螺钉进行紧固，如图 5－21 所示。

安装效果如图 5－22 所示。

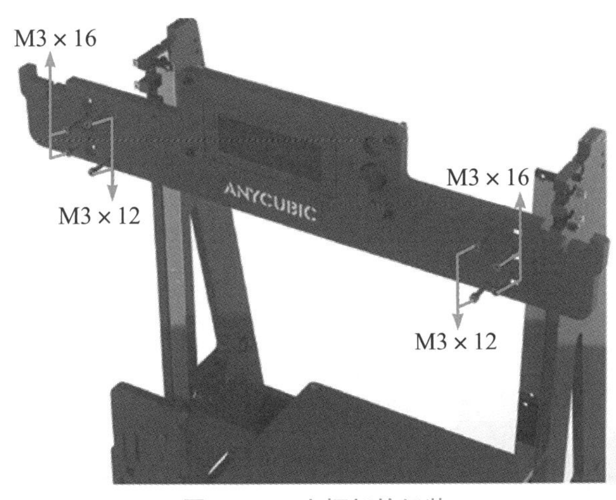

图 5－21　上框架的组装

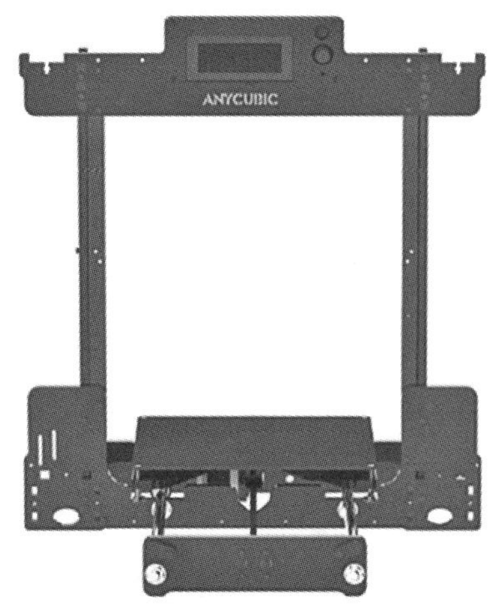

图 5－22　安装效果

9. S8 Z 轴丝杠电机的配件与安装

安装的配件有 Z 轴电机固定板 2 个、Z 轴电机两侧固定板 4 个、左右 Z 轴丝杠电机热床各 1 个和固定螺钉 1 包，如图 5－23 所示。

				S-8
Z 轴电机固定板 2PCS	Z 轴电机两侧固定板 4PCS	Z 轴丝杠电机（左线短）1PCS	Z 轴丝杠电机（右线长）1PCS	S8 零件包

图 5－23　Z 轴丝杠与电机配件

首先，安装两组电机固定板，取一个固定电机的板子和 2 个两侧的板子，用 2 个 M3 × 16 的螺钉进行紧固。

然后，将装好的两组电机固定板与下框架的相应位置进行安装，分别用 3 个 M3 × 16 的螺钉进行紧固，如图 5－24 所示。

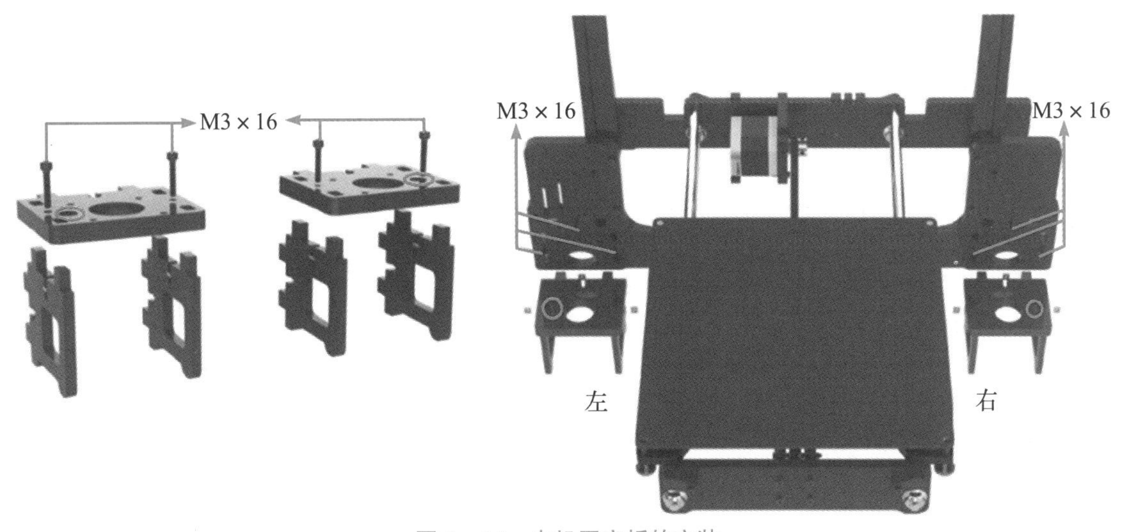

图 5－24　电机固定板的安装

注意：电机固定板的圆孔位置都应在外侧，保证左侧的固定板在最左侧面，右侧的固定板在最右侧面，此孔是固定光杠用的。

最后，将带丝杠的 Z 轴电机与电机固定板进行固定，拧紧 4 个 M3×12 的螺钉。检测并确保安装的 Z 轴丝杠垂直于水平方向，如图 5－25 所示。

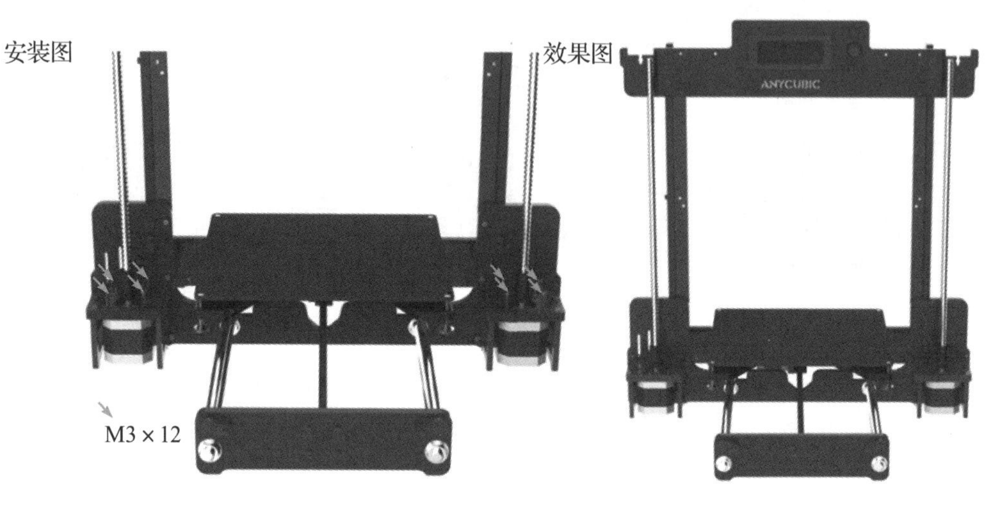

图 5－25　丝杠与电机的安装

10. S9 X 轴组件和 Z 轴光轴及顶部固定块的配件与安装

安装的配件有 X 轴组件 1 个、Z 轴光轴 2 个、顶部固定块 2 个和固定螺钉 1 包，如图 5－26 所示。

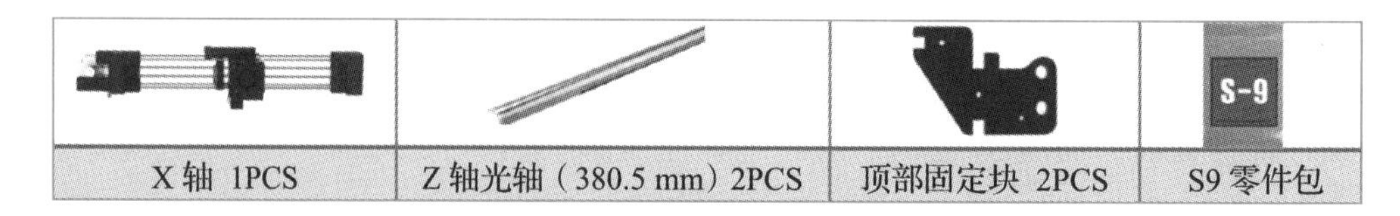

X 轴 1PCS	Z 轴光轴（380.5 mm）2PCS	顶部固定块 2PCS	S9 零件包

图 5－26　X 轴组件和 Z 轴光轴及顶部固定块的配件

首先，将 X 轴组件安装到 Z 轴丝杠上面，双手同时扭动 Z 轴丝杠，使 X 轴沿着 Z 轴丝杠向下移动，如图 5－27 所示。

然后，安装 Z 轴光杠，使其穿过 X轴组件的光孔，并插入到 Z 轴电机固定板上的孔中，固定好即可，并用 2 个 M3×20 的螺钉将光杠的挡块拧紧，防止光杠窜动，如图 5－28 所示。

最后，安装顶部的固定块，使其 Z 轴两侧的光杠和丝杠分别进入到顶部固定的两个孔中，另外用 4 个 M3×16 的螺钉分别于上框架和左右挡板进行固定，拧紧即可，如图 5－29 所示。

在调整 X 轴的传动带松紧度时，如果 X 轴皮带过松，可借助尖嘴钳将扭簧装在如图 5－30 所示的范围内即可。

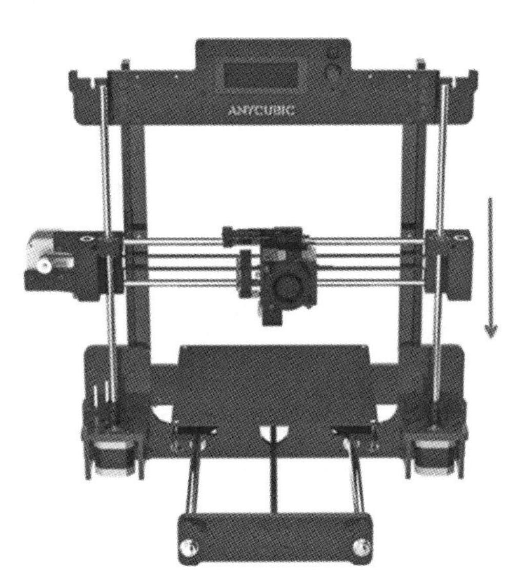

图 5-27 X 轴组件的安装

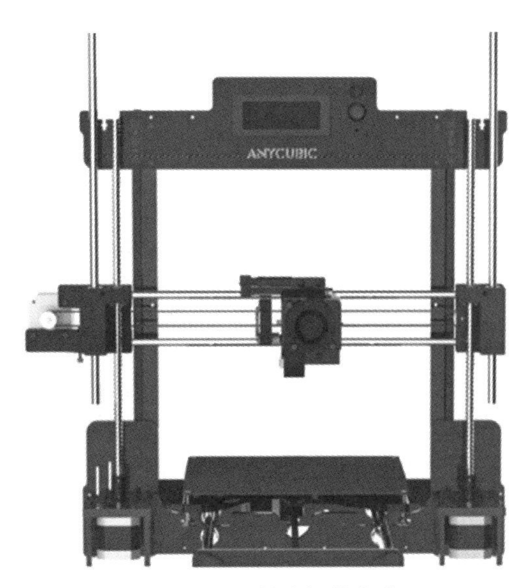

图 5-28 Z 轴光杠的安装

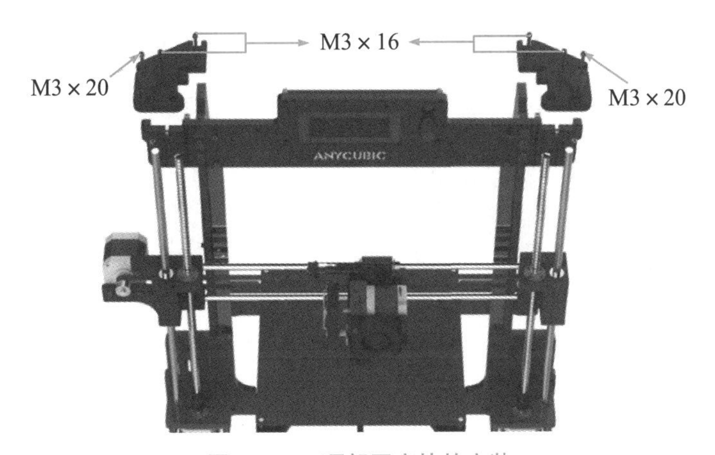

图 5-29 顶部固定块的安装

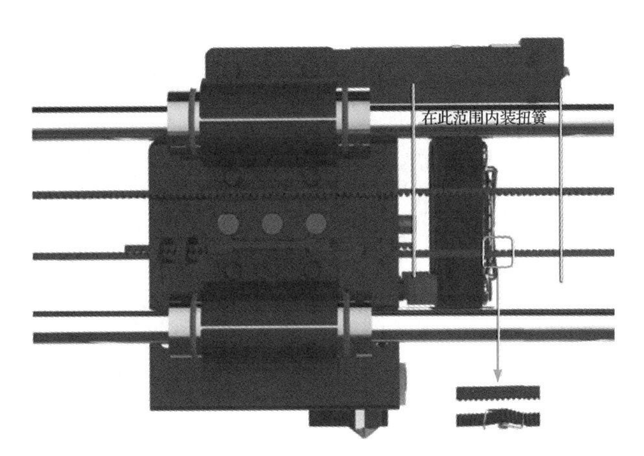

图 5-30 装扭簧

11. S10 开关电源的配件与安装

安装的配件有开关电源 1 个、电源开关固定板 1 个、电源开关套件 1 个、12 V 电源红黑线 1 条和固定螺钉 1 包，如图 5－31 所示。

开关电源 1PCS	电源开关固定板 1PCS	电源开关套件（带线）1PCS	12 V 电源红黑线 1PCS	S10 零件包

图 5－31　开关电源的配件

首先，将开关电源与右侧的挡板进行固定，使用 2 个 M3 × 12 的螺钉拧紧。注意，电源安装在右挡板上，安装位置如图 5－32 中小圈所示。

然后，将电源开关套件与开关固定板进行固定，使用 2 个 M3 × 12 的螺钉拧紧，如图 5－33 所示。

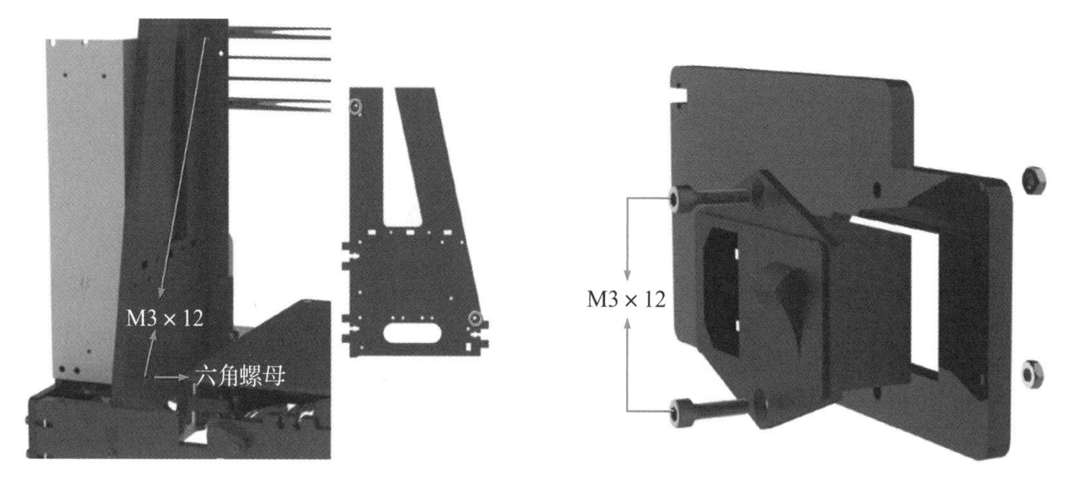

图 5－32　开关电源与挡板的安装　　图 5－33　电源开关的安装

如图 5－34 所示，将电源开关套件线、12 V 电源红黑线的一端接在开关电源上。12 V 电源红黑线的另一端和 Z 轴电机线从孔中穿过。

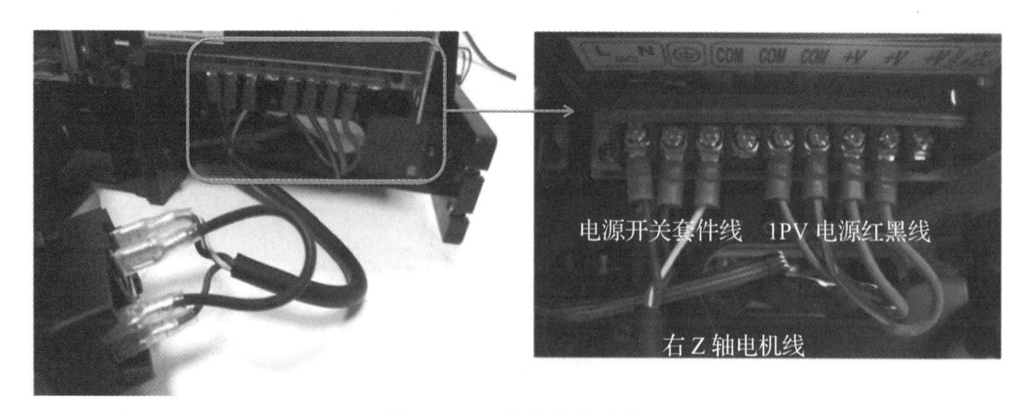

图 5－34　电源线的连接

安装完成的效果，如图 5－35 所示。

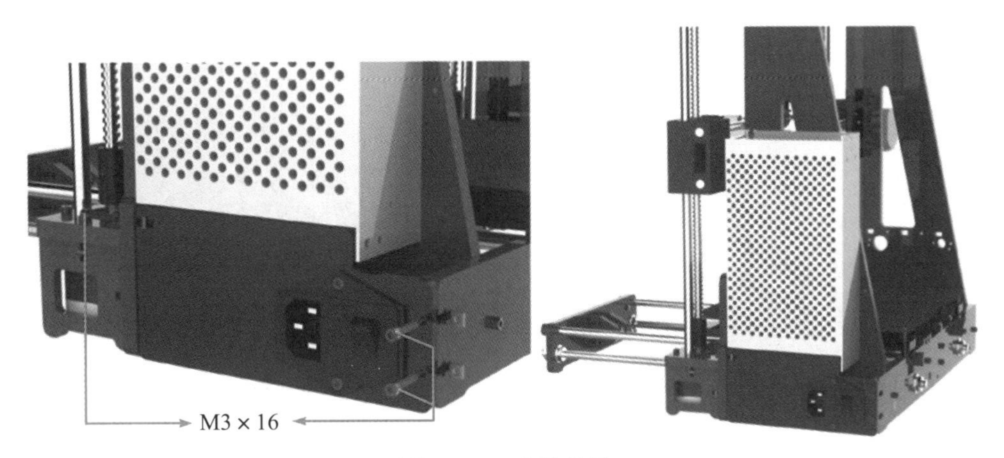

图 5－35　安装效果

12. S11 Y 轴、Z 轴限位开关的配件与安装

安装的配件有 Y 轴限位开关 1 个、Z 轴限位开关 1 个和固定螺钉 1 包，如图 5－36 所示。

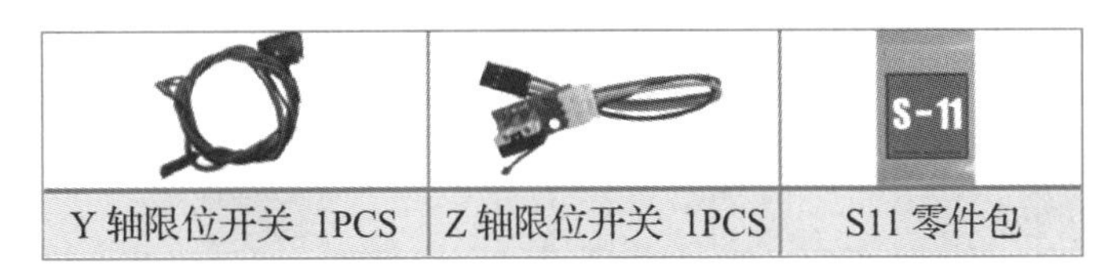

Y 轴限位开关　1PCS	Z 轴限位开关　1PCS	S11 零件包

图 5－36　限位开关的配件

先安装 Y 轴限位开关，用 2 个 M2.5 × 12 的螺钉将 Y 轴限位开关与后挡板进行固定，拧紧即可，如图 5－37 所示。需要注意将限位开关接线的一端放在左侧。

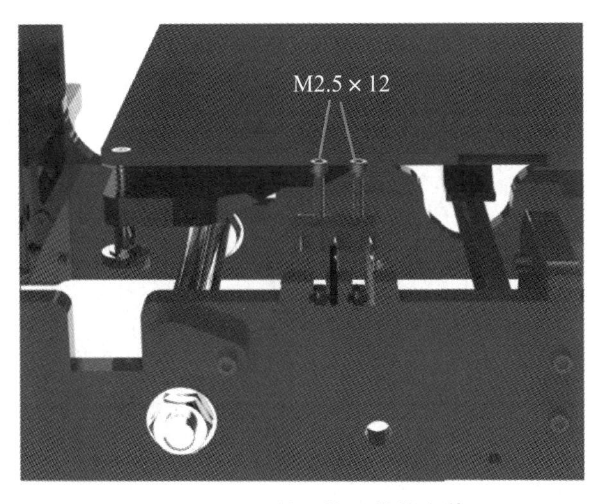

图 5－37　Y 轴限位开关的安装

安装 Z 轴限位开关，将两颗垫柱放在 Z 轴限位开关与下框架之间。需要将位置调到下框架固定 U 形槽的最上端，用 2 个 M3 × 20 的螺钉拧紧，如图 5 - 38 所示。

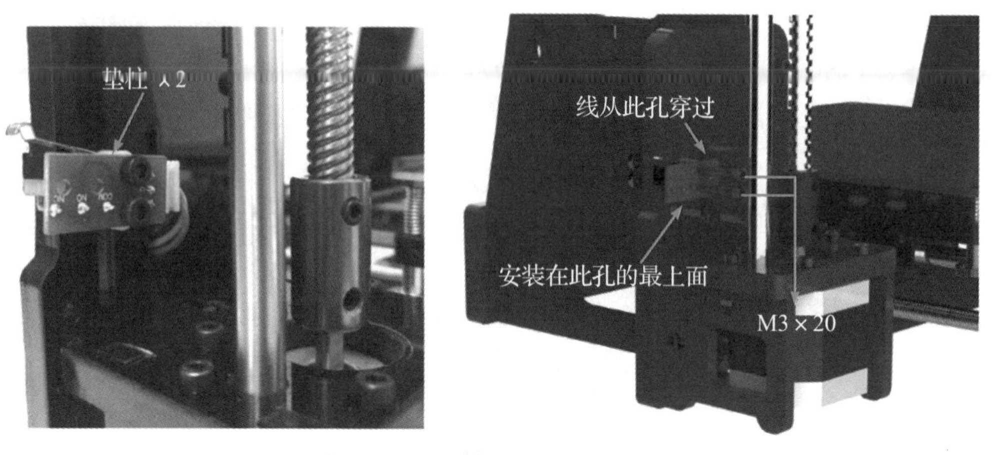

图 5 - 38　Z 轴限位开关的安装

5.2.2　打印机的电气连接

1. S12 主板安装

安装的配件有主板 1 个、扎带若干、散热片 5 个和固定螺钉 1 包，如图 5 - 39 所示。

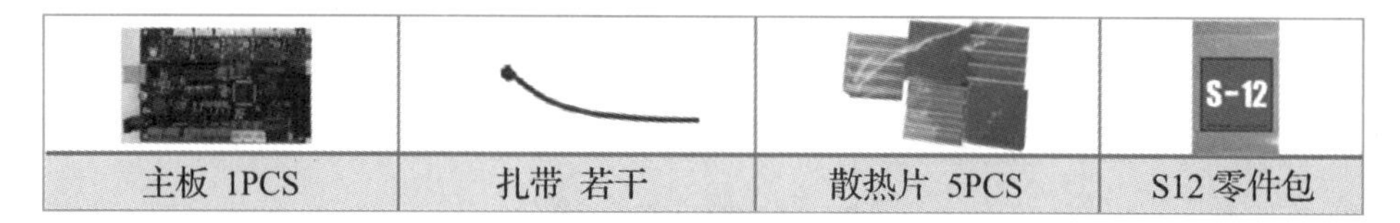

主板 1PCS	扎带 若干	散热片 5PCS	S12 零件包

图 5 - 39　主板配件

首先，将散热片背面的胶纸撕掉，分别将其贴在电机驱动板上面。不要将散热片贴到电机驱动板的管脚上，防止接触造成电路短路，如图 5 - 40 所示。

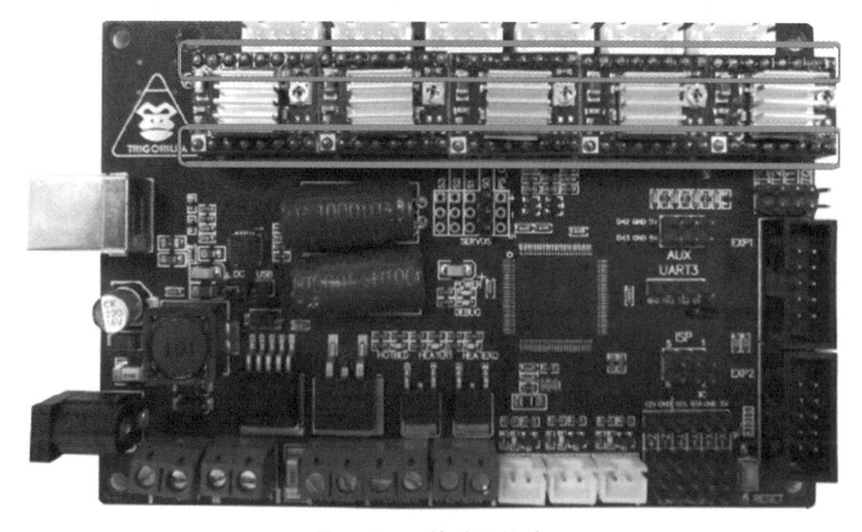

图 5 - 40　粘贴散热片

再将主板的 4 个孔进行固定，用 4 个 M3 × 25 的螺钉拧紧。因主板和挡板之间需要 4 个塑料块，起到支撑主板的作用，所以避免主板直接接触挡板，如图 5 – 41 所示。

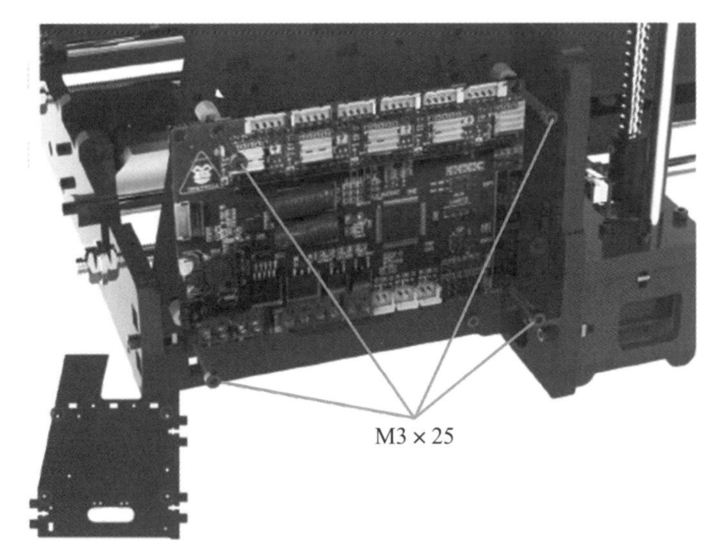

图 5 – 41　主板的安装

2. i3 机型的接线

根据如图 5 – 42 所示的接线图，按照下述过程进行接线即可。

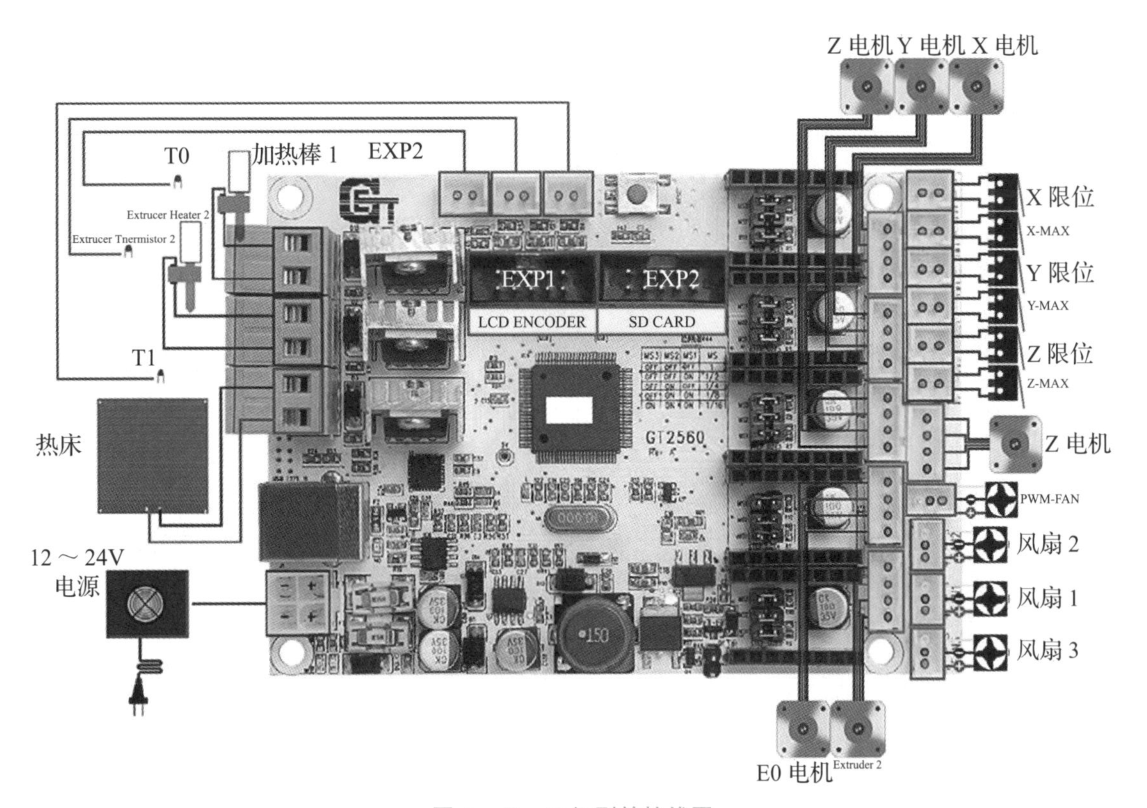

图 5 – 42　i3 机型的接线图

（1）主板电源输入线为红线，将其接主板的正极，黑线接主板的负极。

（2）电机的接线是将打印头电机，Z 轴左、右侧的电机和 X 轴、Y 轴电机共计 5 根线的接口插入主板相应位置即可。

（3）打印机中热床加热头处有热敏电阻线，分别插到主板的相应接口处，热敏电阻无正负之分。

（4）显示屏接线，需要将 EXP1 接口和 EXP2 接口分别插入主板的 EXP1 和 EXP2 接口处，如果两根线接错位置，则显示屏不亮，此时需要将两根线调换接口位置。

（5）X、Y、Z 的限位开关上面的插头，插入主板的相应接口处即可，Z 轴限位开关的红线一定接到相应接口的最下面。

（6）风扇的接线，主要是加热头的散热风扇、给打印件散热的风扇和电源风扇，分别将三个风扇的电线接入主板的相应位置即可。

（7）热床和加热棒的电源线，将其接入主板的相应位置，注意其正负。

接完电气元件线路的效果如图 5－43 所示。

图 5－43　完成效果

3. S13 主板挡板的安装

安装的配件有主板风扇固定板 1 个、主板上挡板 1 个、主板侧挡板 1 个和固定螺钉 1 包，如图 5－44 所示。

主板风扇固定板　1PCS	主板上挡板　1PCS	主板侧挡板　1PCS	S13 零件包

图 5－44　主板挡板的配件

用 2 个 M3 × 16 的螺钉将上挡板与右挡板进行固定，用 1 个 M3 × 16 的螺钉将侧挡板与右挡板进行固定，拧紧即可，如图 5－45 所示。

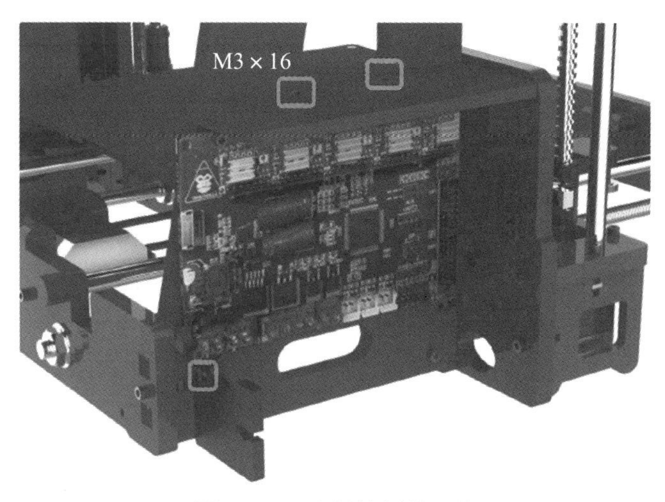

图 5 - 45　主板挡板的组装

最后，用 4 个 M3 × 16 的螺钉将风扇固定板分别与主挡板和侧挡板进行固定，拧紧即可，如图 5 - 46 所示。

所有部件安装完的效果如图 5 - 47 所示，布线用扎带进行固定，否则会影响使用。此时，需要认真检查各部分结构是否装配到位，该水平的必须要水平，该垂直的必须垂直，检查整个框架是否会晃动。

图 5 - 46　风扇固定板的安装

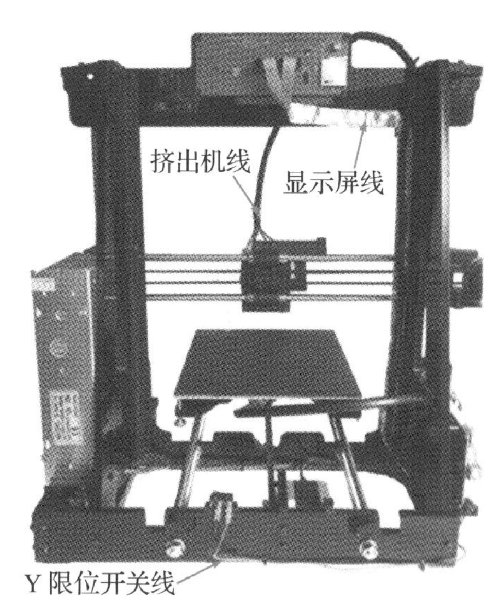

图 5 - 47　安装完的效果

5.3　打印机的固件配置

在 Arduino IDE 中打开 Configuration.h，需要做好源文件的备份。可扫码下载，固件下载地址详见附录 2。

5.3.1 波特率

固件的第 28 行，是配置串口波特率的参数。只有上位机波特率和固件波特率相同才能通信成功，其代码如下所示：

```
#define BAUDRATE 250000
//#define BAUDRATE 115200
```

常见的波特率为：2400，9600，19200，38400，57600，115200，250000。在 3D 打印机中常用的是后面 3 个波特率数值。

确定选择何种波特率后，需将行前面的“//”删除，不选择的波特率在行前添加“//”(注意：不包括“”)。

在 printrun/Pronterface 和 RepSnapper 软件中默认设置 250 000，运行还是错的，如图 5－48 所示。

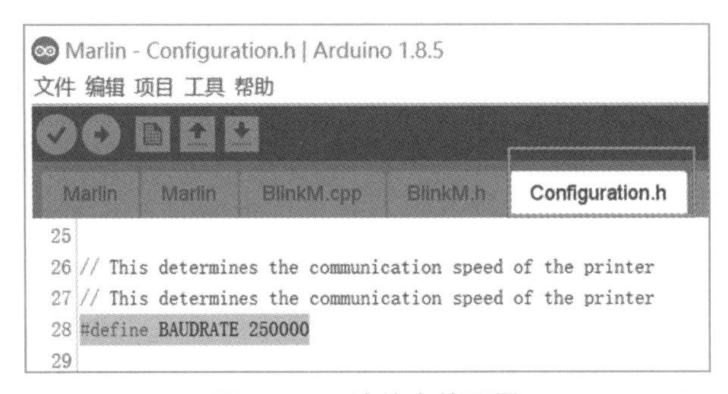

图 5－48 波特率的配置

5.3.2 主控板

固件的第 77 行，是配置板子类型的配置参数。因为 3D 打印机主控板类型非常多，每个板子的 io 配置也不尽相同，所以这个参数必须要与板子的类型相同，否则无法正常使用。

其代码如下所示：

```
#ifndef MOTHERBOARD
#define MOTHERBOARD 7
#endif
```

根据在注释里的 Marlin 固件支持的主控板清单，通过修改代码 #define MOTHERBOARD 行后面的数字，选择对应的主控板编号即可，如图 5－49 所示。

如果使用的 GT2560 是 Ultimaker 版本，对应的配置为 7。如果使用的是其他板子，请参考注释并选择合适的配置。

Marlin 固件会根据主板信息定义主控板引脚布局。具体各种主控板的引脚布局可以在 pin.h 中看到。

5.3.3 热敏电阻

固件的第 137 行，是配置温度传感器类型的参数，也是读取温度是否正常的一个重要参数。如果读取的温度不正常，将不能正常工作，甚至有烧毁器件的危险。如果使用其他温度传感器，需要根据情况自行更改。

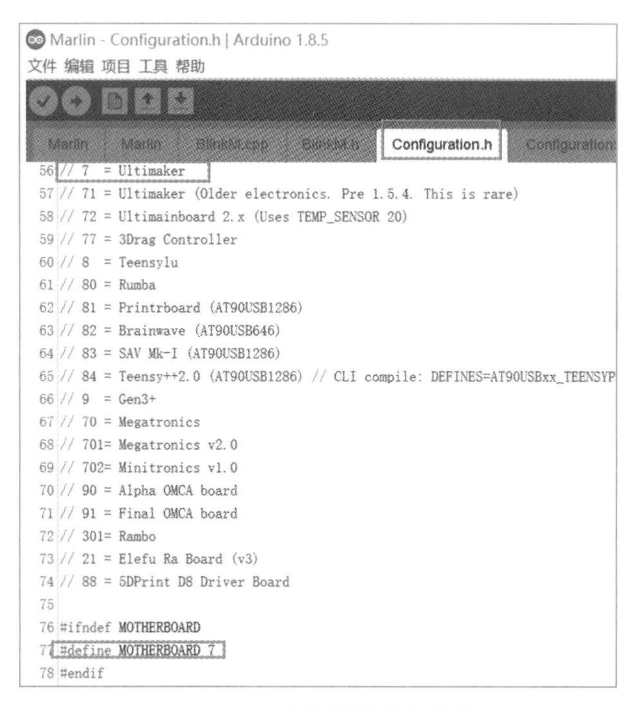

图 5－49　主控板类型的配置

其代码如下所示：

```
#define TEMP_SENSOR_0 1
#define TEMP_SENSOR_BED 1
```

这部分温控设置虽然有些复杂，但是不需要考虑复杂的 PID 计算设置问题。

根据安装的温度传感器，选择 3D 打印机温度传感器的类型，可以在 RepRap wiki 中了解温度传感器的类型。

3D 打印机的喷嘴和热床都需要温度传感器，一般都使用“100k”热敏电阻进行测温，所以类型编号选择 1 即可。如果使用其他的温度传感器类型，则根据需要设置对应的类型编号即可，具体编号数值可以查看下面代码的列表，如图 5－50 所示。

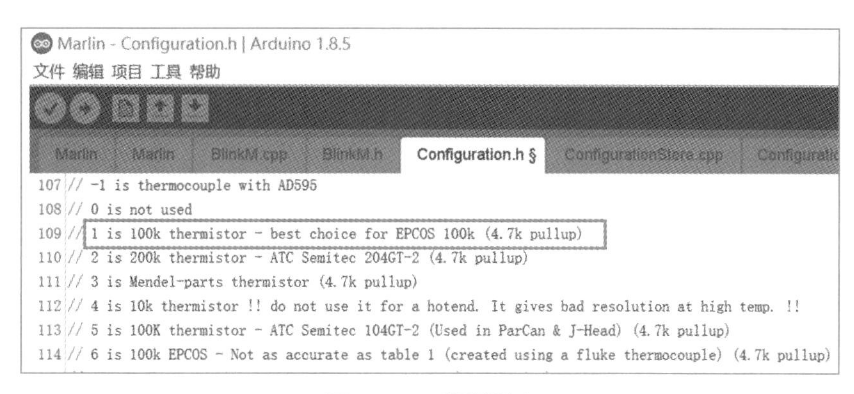

图 5－50　代码列表

喷嘴和热床的温度传感器类型配置如图 5－51 所示。

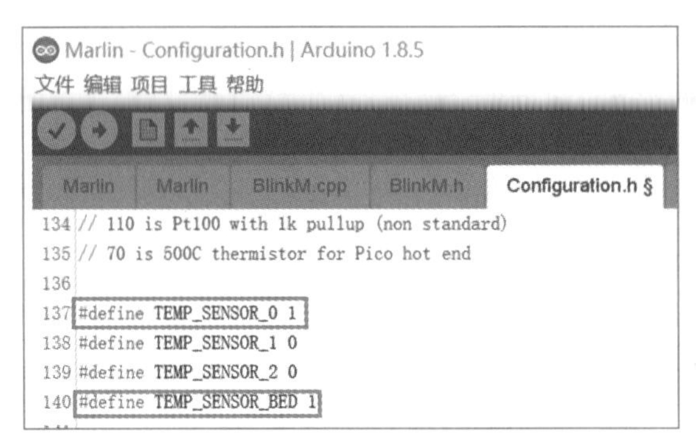

图 5－51　喷嘴和热床的温度传感器类型配置

其中，TEMP_SENSOR_0 1 是喷嘴的温控传感器类型，SENSOR_0 表示喷嘴的编号，设置为 1 表示启用，0 表示不启用。对于一个喷嘴的机器而言，只用一行代码即可，如果是双打印头的机器，需要对两个喷头进行设置，则再增加一行代码的设置即可。TEMP_SENSOR_BED 是加热床的温控传感器类型。

5.3.4　温度限制

固件的第 162 行，是配置温度限制（最大值）的参数，其代码如下所示：

```
#define HEATER_0_MAXTEMP 275
#define HEATER_1_MAXTEMP 275
#define HEATER_2_MAXTEMP 275
#define BED_MAXTEMP 120
```

有些喷嘴和加热床的最大工作温度会低于 Marlin 固件的默认最大温度，为了减少对喷嘴和加热床的损害，可以设置最高温度限制，如图 5－52 所示。

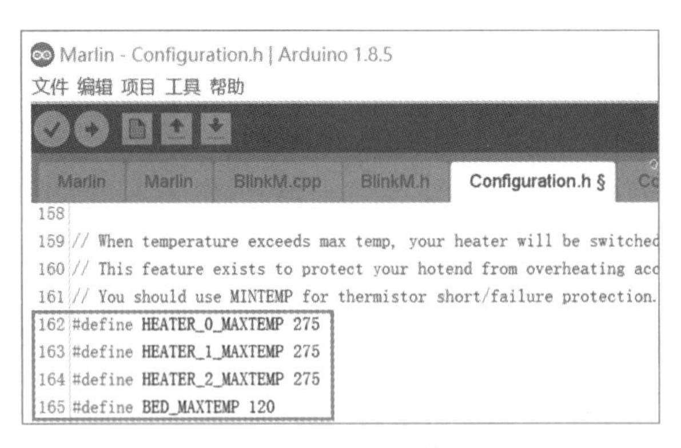

图 5－52　温度限制的配置

5.3.5　挤出最小温度

固件的第 251 行，是配置挤出最小温度的参数，其代码如下所示：

```
#define EXTRUDE_MINTEMP 170
```

这个参数是为了防止温度未达到而进行挤出操作时带来的潜在风险。有的 3D 打印机，如巧克力的打印机，挤出温度只需 55℃，那么这个参数需要配置为较低数值，设置为 40℃即可。而对于一般的 3D 打印机，根据所使用的材料进行配置，如 ABS 和 PLA 等材料的打印温度都要在 180℃以上，如图 5－53 所示。

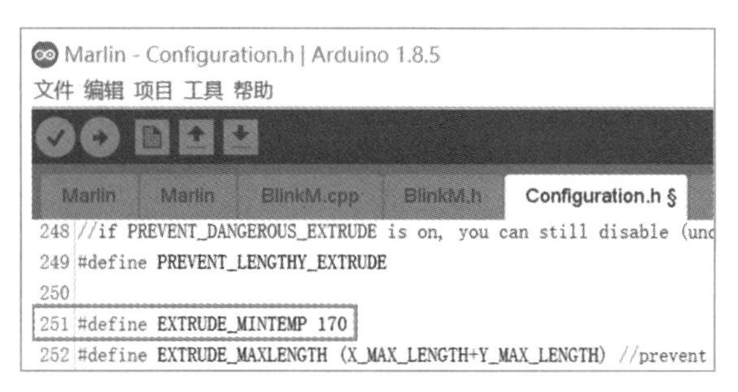

图 5－53　挤出最小温度的配置

5.3.6　限位开关与上拉电阻总体控制

固件的第 299 行，是配置限位开关与上拉电阻总体控制的参数，其代码如下所示：

```
// corse Endstop Settings
#define ENDSTOPPULLUPS // Comment this out (using // at the start of the line) to disable the endstop pullup resistors
```

Marlin 固件默认限位开关配置上拉电阻。如果 Configuration.h 299 行被注释掉的话，则 302 行的开始的上拉电阻控制会被取消。固件为每个限位开关分配独立一个上拉电阻，根据 3D 打印机采用限位开关的不同类型而进行选择，如图 5－54 所示。

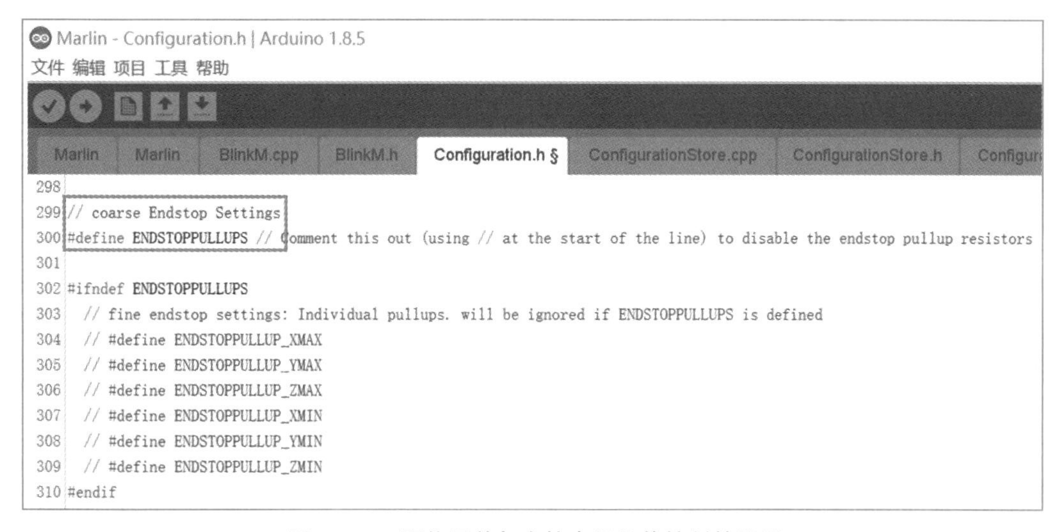

图 5－54　限位开关与上拉电阻总体控制的配置

一般来说，X 轴和 Y 轴采用机械限位开关，不需要制作 3 线的数据口，而 Z 轴的光学开关默认为 3 线的数据口。光学开关不需要使用 ENDSTOPPULLUPS 注释。

注意：如需了解更多，请参考 RepRap wiki 的（机械限位开关）Mechanical Endstop,

OptoEndstop 2.1（光学限位开关）和 Gen7 Endstop 1.3.1。

5.3.7　限位开关上拉电阻细分控制

固件的第 302 行，是配置限位开关上拉电阻细分控制的参数，其代码如下所示：

```
#ifndef ENDSTOPPULLUPS
// fine endstop settings: Individual Pullups. will be ignord if ENDSTOPPULLUPS is defined
//#define ENDSTOPPULLUP_XMAX
//#define ENDSTOPPULLUP_YMAX
//#define ENDSTOPPULLUP_ZMAX
//#define ENDSTOPPULLUP_XMIN
//#define ENDSTOPPULLUP_YMIN
//#define ENDSTOPPULLUP_ZMIN
#endif
```

可以独立控制每个限位开关的上拉电阻，当然要根据 3D 打印机的限位开关类型来确定，如图 5－55 所示。

图 5－55　限位开关上拉电阻细分控制配置

ENDSTOPPULLUPS 去掉注释，则表示所有限位开关上拉，上拉表示对应引脚悬空的情况下默认是高电平，即限位开关开路状态下是 H 电平状态。Makeboard 系列主板必须开启此项。

如注释掉此项的话，可在下面代码单独配置 X、Y、Z 轴 MAX 和 MIN 限位开关上拉状态。如去掉 ENDSTOPPULLUP_XMAX 注释，可单独开启 X-MAX 限位开关上拉。

5.3.8 限位开关方向控制

固件的第 322 行，是配置 3 个运动的坐标轴的限位开关类型的参数，其代码如下所示：

```
// The pullups are needed if you directly connect a mechanical endswitch between the signal and ground pins.
// set to true to invert the logic of the endstops.
const bool X_MIN_ENDSTOP_INVERTING = true;
const bool Y_MIN_ENDSTOP_INVERTING = true;
const bool Z_MIN_ENDSTOP_INVERTING = true;
const bool X_MAX_ENDSTOP_INVERTING = true;
const bool Y_MAX_ENDSTOP_INVERTING = true;
const bool Z_MAX_ENDSTOP_INVERTING = true;
```

机械限位开关默认状态输出为 1，触发状态输出为 0，也就是机械限位应该接动合（常开）端子 NO。如果接动断（常闭）端子 NC，则将 true 改为 false，如图 5－56 所示。

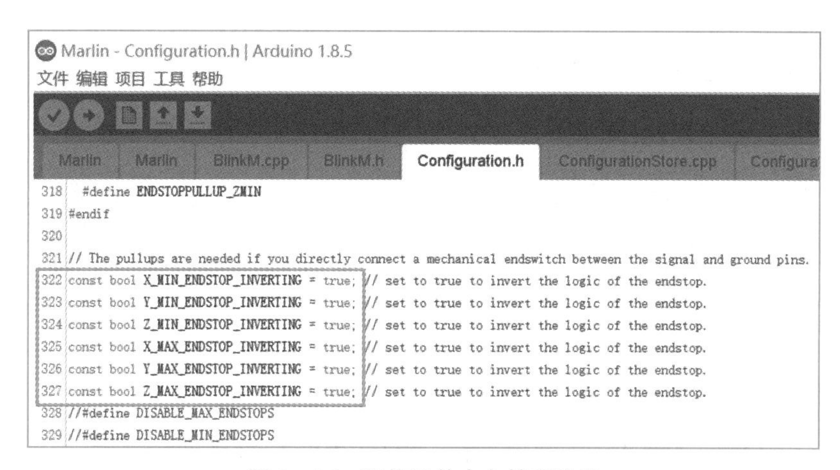

图 5－56 限位开关方向控制配置

如果机械限位开关的连线接在 NO 端，需要在 ENDSTOPS_INVERTING 采用 ture，使数字信号 0 反向变为 1。对于光学开关来说，则一般不用进行调整。

为了安全，需要使用电脑的相应控制软件进行试验，观察限位开关的方向是否与设定的预期相符。如果坐标轴运动时，触动限位开关就停止，则说明该项设置是正常的。

注意：在做此测试时，应该给各个轴留出足够的运动反应空间，以免损坏机器。

5.3.9 关闭最大限位开关

固件的第 328 行，是配置关闭最大限位开关的参数，其代码如下所示：

```
//#define DISABLE_MAX_ENDSTOPS
```

这部分参数在 Marlin 固件 Configuration.h，通常是被注释掉的。如果打印机的原点开关安装在 X、Y、Z 轴的最大位置，就需要去掉注释符号，如图 5－57 所示。

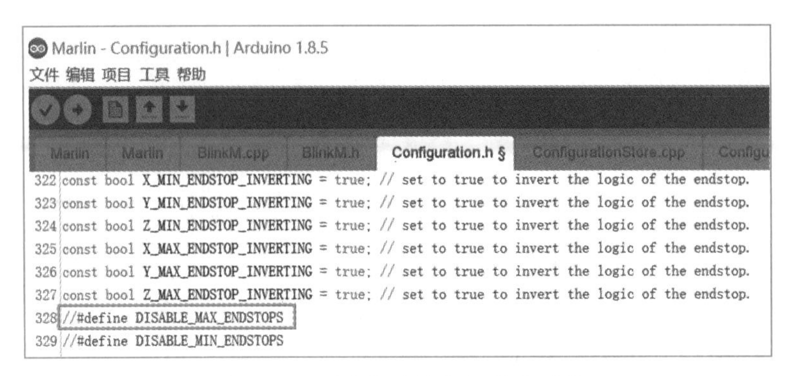

图 5－57　关闭最大限位开关的配置

注意：Z 轴的限位开关通常放在 Z 轴最大限位，防止 hot end 受挤压。为达到目的就需要去掉注释。

5.3.10　反转步进电机启用引脚

固件的第 337 行，是配置反转步进电机启用引脚的参数，其代码如下所示：

```
#define X_ENABLE_ON 0
#define Y_ENABLE_ON 0
#define Z_ENABLE_ON 0
#define E_ENABLE_ON 0 // For all extruders
```

这部分参数主要影响电机的运行。如果对于反转步进电机启用引脚（低激活）使用 0，非反向（高激活）使用 1，是可以不用修改的。但是如果电机在线路和驱动等都没有问题的情况下，对此参数进行修改，如 0 改为 1，可以使电机正常运转，如图 5－58 所示。

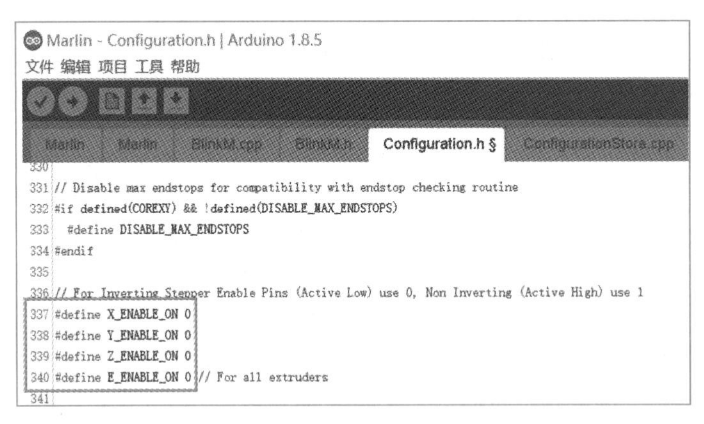

图 5－58　反转步进电机启用引脚的配置

5.3.11　关闭轴

固件的第 343 行，是配置关闭轴的参数，其代码如下所示：

```
// Disables axis when it's not being used
```

```
#define DISABLE_X false
#define DISABLE_Y false
#define DISABLE_Z false
#define DISABLE_E false // For all extruders
```

通常这部分参数是不改动的，所有轴都选择 false，如图 5－59 所示。如果 3D 打印机 Z 轴有手动调整的部件，可以在 #define DISABLE_Z 行选 true，在打印机打印时能够手动调整 Z 轴。

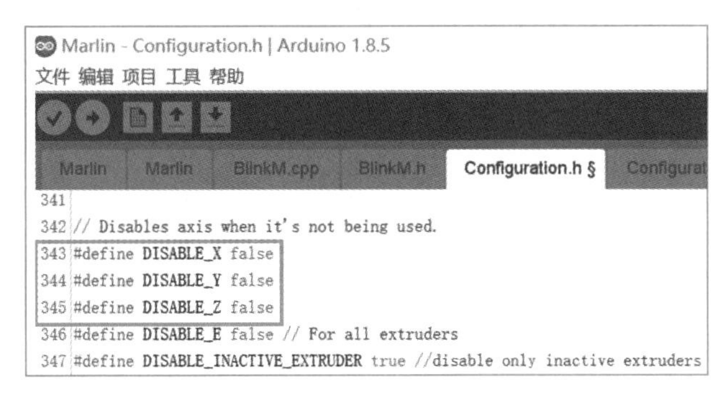

图 5－59　关闭轴的配置

5.3.12　步进电机运转方向

固件的第 349 行，是配置步进电机运转方向的参数，其代码如下所示：

```
#define INVERT_X_DIR false
#define INVERT_Y_DIR true
#define INVERT_Z_DIR false
#define INVERT_E0_DIR false
#define INVERT_E1_DIR false
#define INVERT_E2_DIR false
```

这部分参数决定了 3D 打印机各个轴的运行方向。步进电机部分主要是设置步进电机的运行方向、限位开关逻辑、行程、步进长度单位，如图 5－60 所示。默认选项不一定适合每一种打印机。

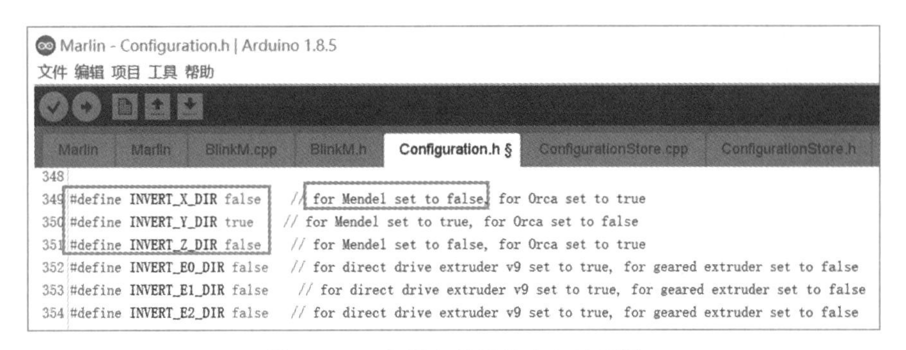

图 5－60　步进电机运转方向的配置

实际操作中电机运行方向相反时，则将 349 行的参数由原来的 false 改为 true，如

#define INVERT_X_DIR true 即可，使 X 轴的左侧为最小位置。

在加热头加热后，挤出机齿轮在进料时方向相反时，则对 352 行的参数由原来的 false 改为 true，如 #define INVERT_E0_DIR true 即可，这样就改变了挤出机齿轮的旋转方向，使材料正常挤出，如图 5－61 所示。

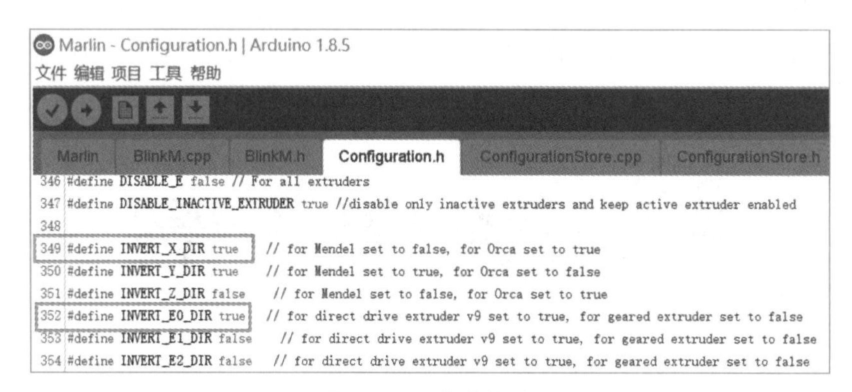

图 5－61　参数修改

5.3.13　原点位置

固件的第 358 行，是配置原点位置的参数，其代码如下所示：

```
#define X_HOME_DIR -1
#define Y_HOME_DIR -1
#define Z_HOME_DIR -1
```

原点位置为最小值参数为 –1，最大值参数为 1。

```
#define X_MAX_POS 200
#define X_MIN_POS 0
#define Y_MAX_POS 200
#define Y_MIN_POS 0
#define Z_MAX_POS 100
#define Z_MIN_POS 0
```

这部分参数是配置打印尺寸的，上面的数值即是打印机打印零部件的最大尺寸。需要说明的是坐标原点并不是打印中心，真正的打印中心一般在 [(X.MAX–X.MIN)/2，(Y.MAX–Y.MIN)/2] 的位置，如图 5－62 所示。

中心位置的坐标在切片工具中使用，打印中心坐标与此处的参数配置匹配，否则可能会打印到平台以外。

5.3.14　回原点的速率

固件的第 480 行，是配置回原点的速率参数，其代码如下所示：

```
#define HOMING_FEEDRATE {50*60, 50*60, 4*60, 0}
```

配置回原点的速率，单位为 mm/min（毫米每分钟）。如果使用的 X、Y 轴是同步带传动，Z 轴是丝杠传动，此参数可以使用默认值，如图 5－63 所示。

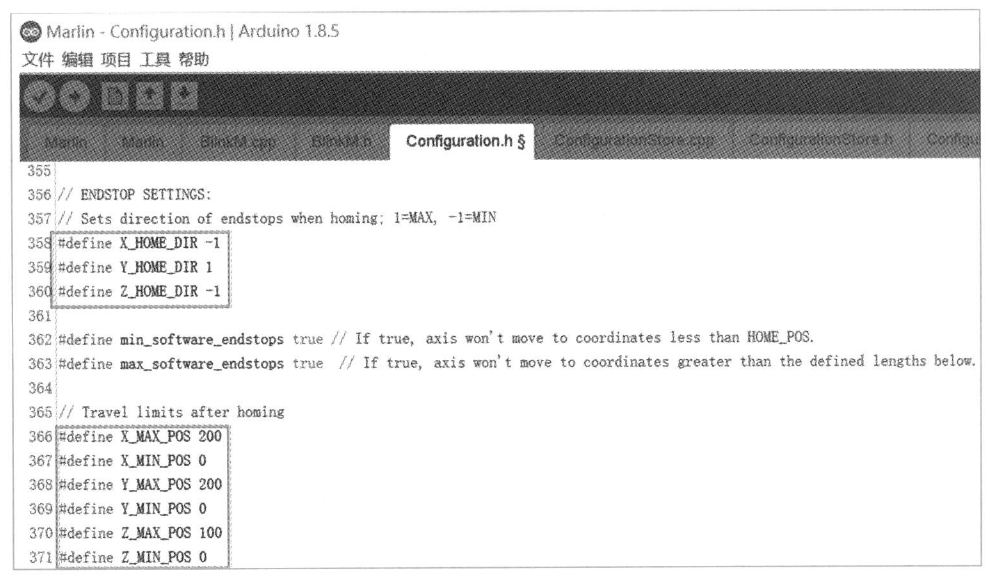

图 5－62　原点位置的配置

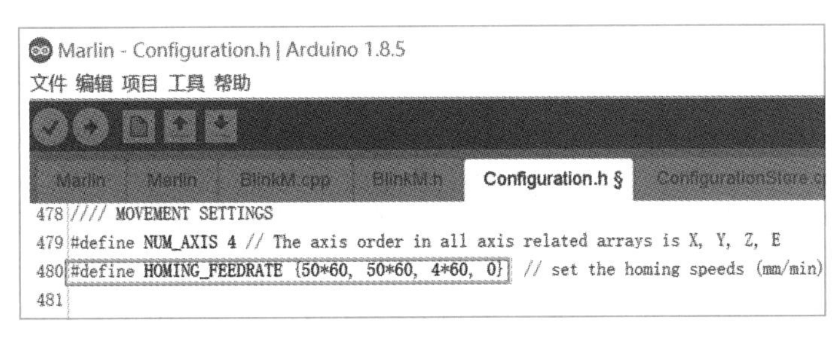

图 5－63　回原点的速率配置

5.3.15　各轴所需脉冲数

固件的第 484 行，是配置各轴所需脉冲数的参数，其代码如下所示：

```
#define DEFAULT_AXIS_STEPS_PER_UNIT {80, 80, 400, 88.62}
```

此参数是关系到打印机打印尺寸是否正确的一个最重要的参数。参数含义为运行 1 mm 时各轴所需要的脉冲数，括号里面的 4个数字，分别对应了 X、Y、Z、E 4 轴的脉冲数值，如图 5－64 所示。

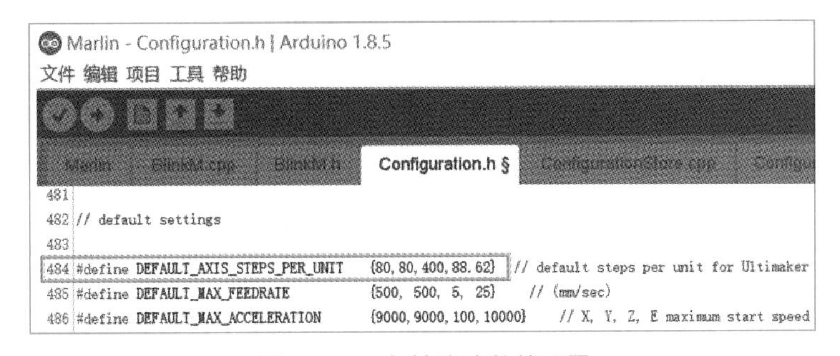

图 5－64　各轴脉冲数的配置

这个数字需要根据自己选择的硬件参数进行计算即可。

1. X、Y 轴同步带传动计算公式

此公式是用来计算打印机运行 1 mm 时，各轴所需要的脉冲数。

如步进电机的步距角为 1.8°，其脉冲个数为 200；步进电机驱动细分为 16 细分；所使用的同步轮有 20 个齿，同步带型号是 GT2，即节距 2 mm 的同步带。

由上述条件可知，根据计算公式得：

$$\frac{\text{脉冲数}}{\text{mm}}=\frac{\text{每转脉冲个数}\times\text{驱动细分数}}{\text{同步带齿间距}\times\text{齿数}}=\frac{200\times16}{2\times20}=80\text{ 个脉冲}$$

所以，同步带带动打印头或者热床前进 1mm 时，所需要的脉冲个数为 80 个。

2. Z 轴丝杠传动计算公式

此公式用来计算 Z 轴上升或者下降 1 mm 时，需要的脉冲信号数。

如步进电机的步距角为 1.8°，其脉冲个数为 200；步进电机驱动细分为 16 细分；所使用的步进电机驱动的丝杠是 4 头且螺距 2 mm，那么导程为 8 mm。

由上述条件可知，根据计算公式得：

$$\frac{\text{脉冲数}}{\text{mm}}=\frac{\text{每转脉冲个数}\times\text{驱动细分数}}{\text{丝杠导程}}=\frac{200\times16}{8}=400\text{ 个脉冲}$$

所以，Z 轴上升或者下降 1 mm 时，所需要的脉冲个数为 400 个。

3. E 轴挤出机计算公式

此公式用来计算挤出机材料移动 1 mm 时，需要的脉冲信号数。

如步进电机的步距角为 1.8°，其脉冲个数为 200；步进电机驱动细分为 16 细分；MK8 挤出机齿轮的参数为，齿轮内孔为 5 mm，D 为 11.5 mm，齿数为 35 齿，所以周长 =πD=3.14 × 11.5=36.11 mm。因此，电机旋转一周，通过 MK8 挤出机的齿轮会推动材料移动 36.11 mm。

由上述条件可知，根据计算公式得：

$$\frac{\text{脉冲数}}{\text{mm}}=\frac{\text{每转脉冲个数}\times\text{驱动细分数}\times\text{挤出机齿轮传动比}}{\text{挤出轮周长}}=\frac{200\times16\times1}{36.11}$$

$$=88.62\text{ 个脉冲}$$

所以，电机旋转一周，挤出机的齿轮推动材料移动 1 mm 时，所需要的脉冲个数为 88.62 个。

5.3.16 2004 LCD 显示器

固件的第 554 行，是配置 2004 LCD 显示器的参数，其代码如下所示：

```
//#define REPRAP_DISCOUNT_SMART_CONTROLLER
```

将前面的 // 删除掉才可以正常使用。

接 12864 显示器时，需要将 //#define REPRAP_DISCOUNT_FULL_GRAPHIC_SMART_CONTROLLER 前面的“//”去掉，但是不能与 2004 显示器的语句同时开启，如图 5－65 所示。

注意：显示屏的两根接线，接线要使 EXP1 和 EXP1 相连，EXP2 和 EXP2 相连。不要接反了位置，否则显示屏会不亮，或者亮了没内容。

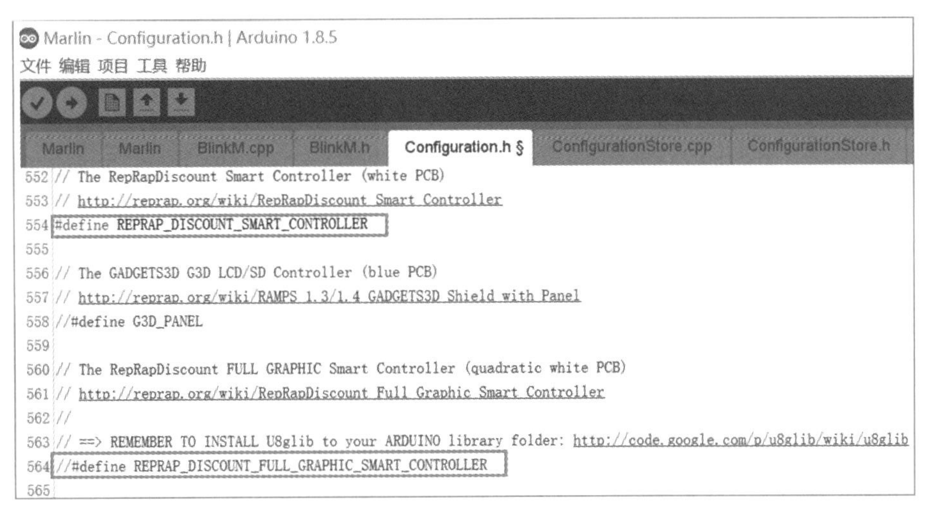

图 5－65　2004 LCD 显示器的配置

5.4　Marlin 固件编译与烧录

Marlin 固件根据硬件参数配置完成后，需要对其进行编译，检查一下有无问题，只有编译正确才能正常烧录。

在编译的过程中常见的错误类型有以下几种，这与使用的 Arduino IDE 的版本等有一定的关系。

5.4.1　固件编译的常见错误类型

1. 出现在 'struct' 之后使用 typedef-name'fpos_t' 错误

编译固件时遇到错误为：在 'struct' 之后使用 typedef-name'fpos_t'。原因是 Arduino IDE 的较新版本“fpos_t”成为保留字，与使用的较旧的固件产生部分冲突。

其解决办法是：将“fpos_t”重命名为其他名称，通常是改为“filepos_t”，然后使用查找与全部替换即可，如图 5－66 所示。

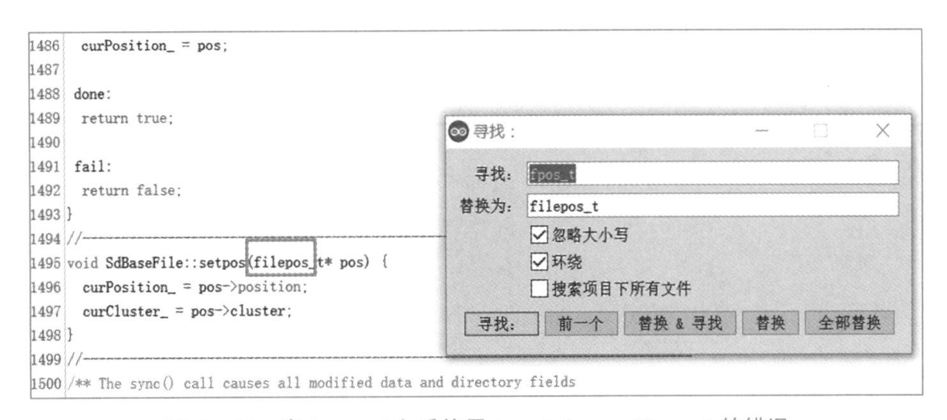

图 5－66　在 'struct' 之后使用 typedef-name'fpos_t' 的错误

注意：不要使用 Arduino IDE 的旧版本，它失去了很多优化和错误修复。

2. 出现 Archiving built core (caching) in 的错误

编译固件时遇到错误为：

Archiving built core (caching) in：C:\Users\vegac\AppData\Local\Temp\arduino_cache_675091\core\core_arduino_avr_mega_cpu_atmega2560_eebe80b08784ba478cff07c27703f803.a。

其解决办法是：多编译几次问题就解决了，下面是成功上传的图片，如图 5-67 所示。

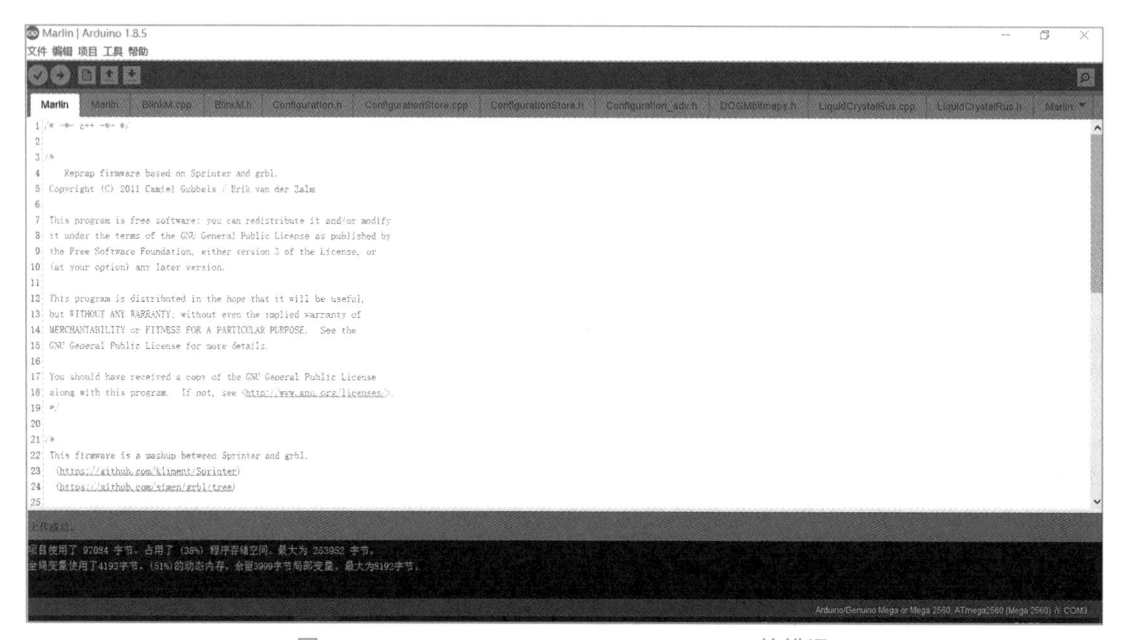

图 5-67　Archiving built core (caching) in 的错误

3. 出现 SdBaseFile.cpp:297 的错误

编译固件时遇到错误为：

SdBaseFile.cpp:297: error: prototype for 'void SdBaseFile::getpos(fpos_t*)' does not match any in class 'SdBaseFile'

其解决办法是：将“fpos_t”重命名为其他名称，通常是改为“filepos_t”，然后使用查找与全部替换即可，如图 5-68 所示。

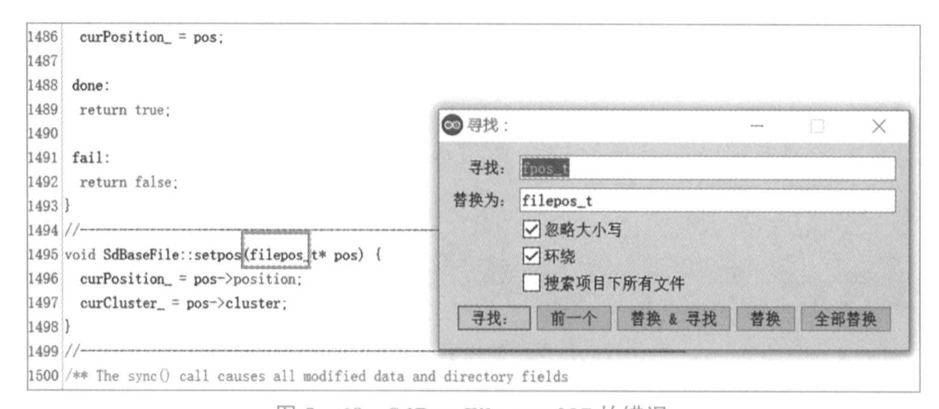

图 5-68　SdBaseFile.cpp:297 的错误

5.4.2 固件烧录

只要固件编译没有问题，如图 5－69 所示，就可以进行固件烧录了。

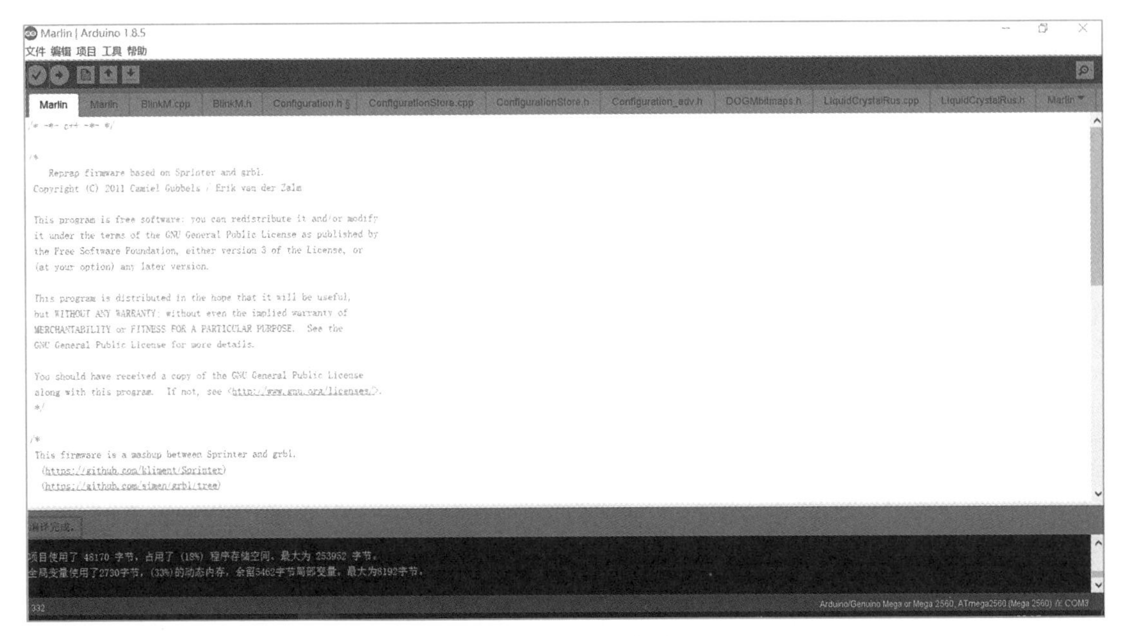

图 5－69 编译完成

如图 5－70 所示，固件上传时，点击上传的图标，屏幕下方开始显示上传及上传进度。

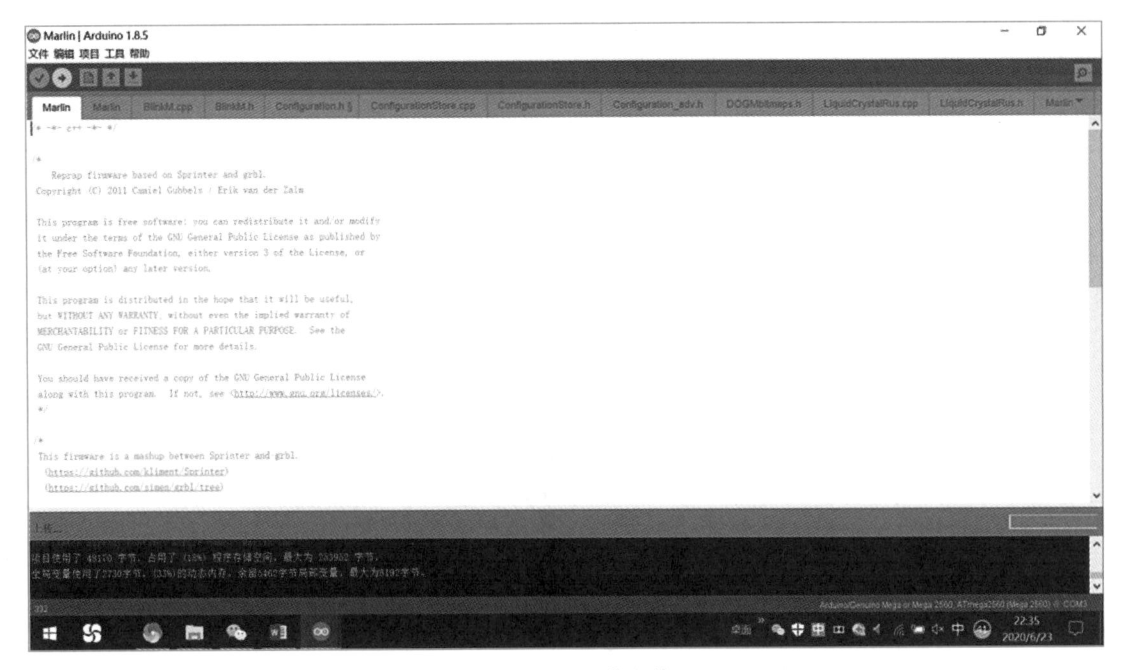

图 5－70 固件上传

直到屏幕下方出现上传成功的提示，如图 5－71 所示，说明上传结束，此时可以进行显示器的操作，对各部分的运行功能进行测试。

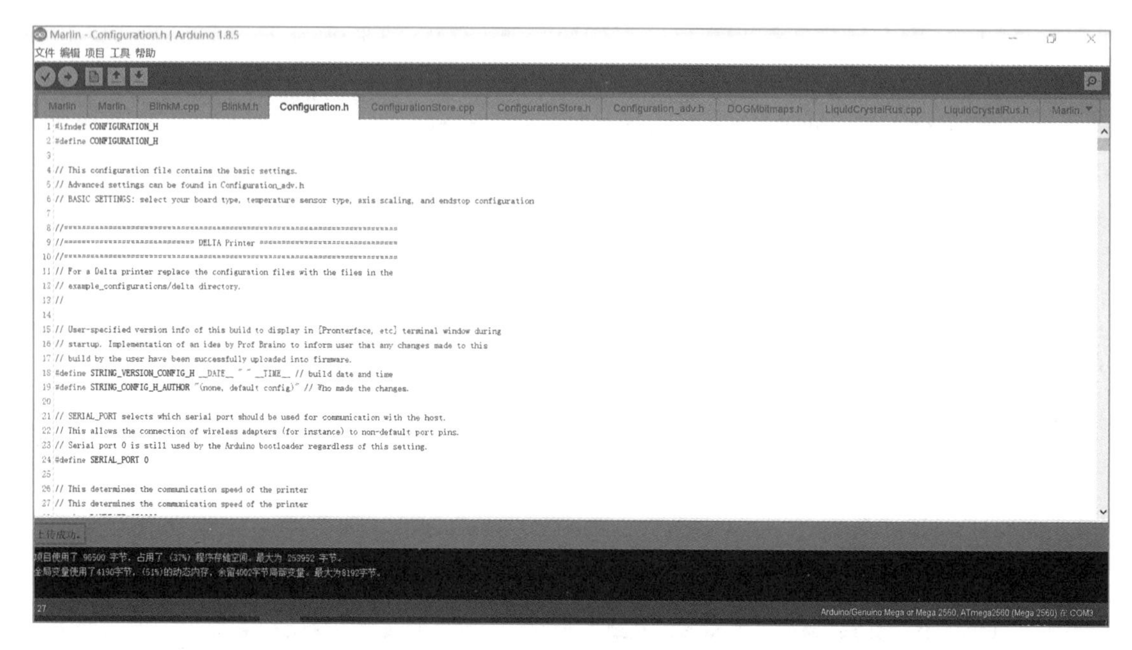

图 5－71　上传成功

5.5　3D 打印机的功能调试

5.5.1　显示器的调试

在固件烧录完成后，可以通过显示器进行各个功能测试，也可以通过 Pronterface 软件进行调机。但是无论采用哪种形式，都可能在测试前遇到屏幕显示的问题。

1. 屏幕无显示

固件烧录完成后，屏幕无任何显示，这说明显示器后面的 EXP1 和 EXP2 接线位置反了，此时将两根线对调一下即可，如图 5－72 所示。

图 5－72　EXP1 和 EXP2 接线位置

2. 屏幕显示不清晰

固件烧录完成后，显示器可能会出现不清晰的现象，这是显示器的背光太暗造成的，如图 5－73 所示。

其解决的办法是调节 LCD mega 2004 控制板后面的可调电阻，如图 5－74 所示。使用十字改锥按照一定的方向顺时针或逆时针旋转，控制器的屏幕会变暗或者变亮，直到满足要求为止。

调整完成后的效果如图 5－75 所示。

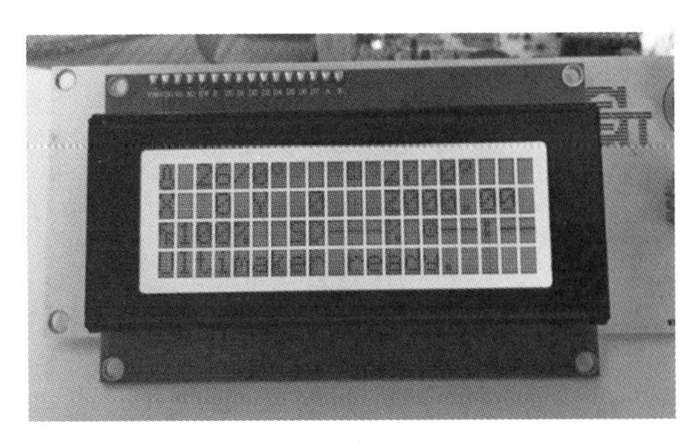

图 5－73　屏幕显示不清晰

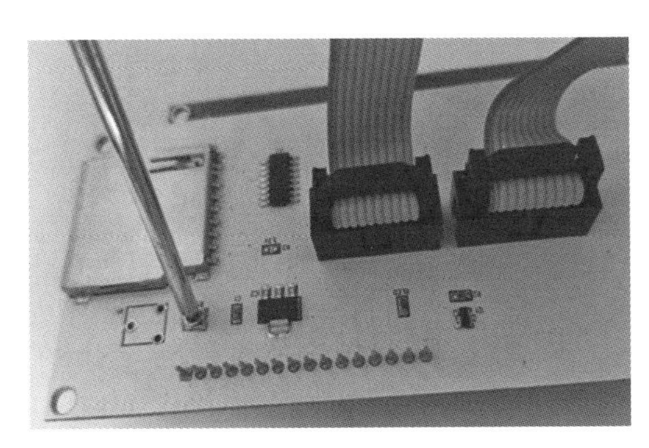

图 5－74　调节背光的位置

图 5－75　调整效果

5.5.2　Pronterface 软件调试

Marlin 固件下载到 GT2560 控制板后，可以对机器进行调试了。为了安全起见，一般先使用 Pronterface 软件进行调机，在连接电源后可以通过该软件检查电机运行方向是否正确。

1. 波特率串口设置

根据打印机中的固件的波特率数值进行设置。如果选择 250000，则与固件中的保持一致即可。

2. 测试挤出机的加热棒与热床

（1）加热棒与热床的测试。

在如图 5－76 所示的界面中，“Heat”是指挤出机的加热棒，通过下拉框可以选择“185(pla)”或“230(abs)”，然后点击“Set”，加热棒就开始加热了。

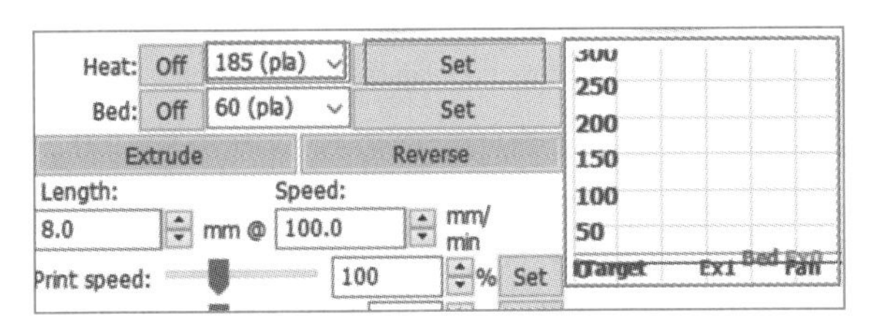

图 5－76　加热棒与热床

再点击后面的坐标图，图形会放大，可以看到加热棒的当前温度和目标温度，如图 5－77 所示。

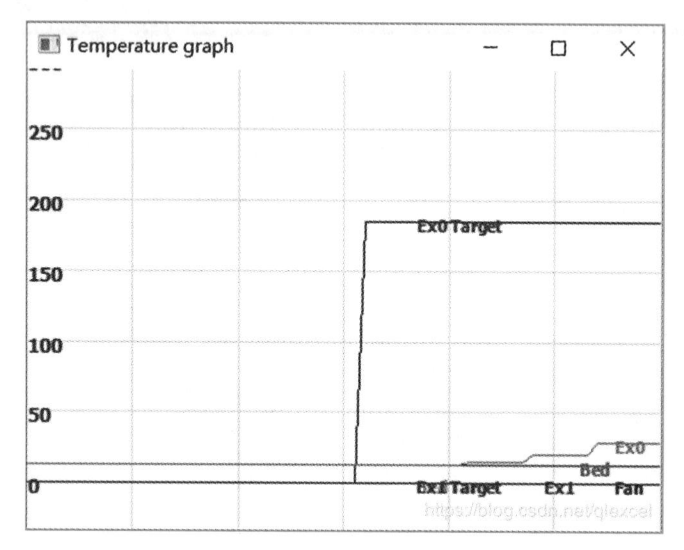

图 5－77　加热棒的温度变化

“Ex0”为加热棒的当前温度，可以观察到温度已经在缓慢上升了。“Ex0 Target”是加热棒的目标温度。同理可以测试热床的加热功能和温度测试功能。测试完成后，点击“Off”即可关闭加热功能。

（2）常见的问题及解决办法。

机器软件和硬件连接好之后，会经常遇到挤出机或者热床不加热的问题，可以参考下面的解决办法进行处理。

解决办法：

1）加热端口有输出时，主板上相应的指示灯会亮，如果不亮，请检查 12 V 供电线路是否接好，或者检查挤出机 / 热床上的热敏电阻是否连接正确。

2）如果当前温度曲线不上升，检查加热棒与 NTC 连接是否正常。可以用万用表电阻挡，测量加热棒和 NTC 的电阻是否正常。

3）热床的热敏电阻固定不牢，容易损坏封装玻璃，从而导致温度测试为零的现象，此时只要更换新的热敏电阻即可。

4）在打印机进料测试时，切勿对加热头的操作用力过大，否则会导致加热棒的接线线路受损，从而出现温度异常现象。

3. 测试 X、Y、Z 轴和挤出电机的方向

（1）步进电机运动方向测试。

将鼠标放在“+X”区域，有 4 个圆环，可以控制电机移动 0.1 mm、1 mm、10 mm、100 mm，如图 5－78 所示。

1）检查电机运动。控制 X 轴电机向“+X”方向移动 1 mm，观察电机的运动。同理，控制 Y 轴电机向“+Y”方向移动 1 mm，控制 Z 轴电机向“+Z”方向移动 1 mm，判断 Y、Z 轴的电机运动方向是否正确。

常见的问题及解决办法如下：

- 如果电机不转动，请检查电机线两端口是否插好，检查 12 V 供电是否正常，电机驱动是否接对；
- 如果驱动接反可能会造成驱动烧毁的故障；
- 如果电机抖动，说明电机的驱动没有插好，或者电机的线没接好；
- 如果电机只往一个方向转，说明限位开关接的方向不对或接触不良；
- 如果电机远离 X min 限位开关位置，说明电机运动方向是对的，否则就反了。

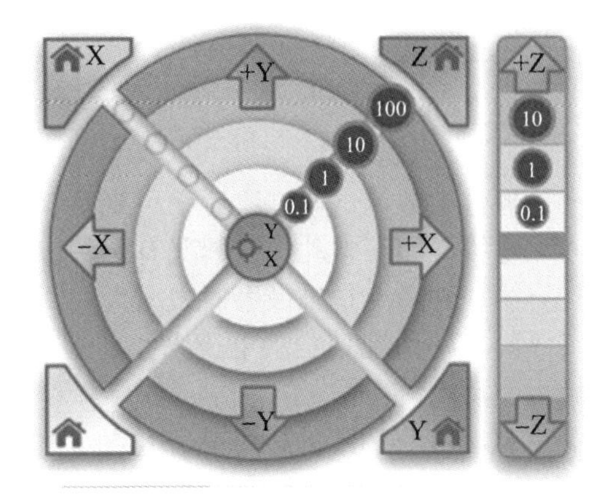

图 5－78 “+X”区域

2）输入命令。在右侧的命令输入框中，输入 M302 允许挤出机冷挤出操作，即挤出机温度没达到目标挤出温度，挤出电机也可以转动，如图 5－79 所示。

点击“ Extrude 挤出”和“ Reverse 反转”测试挤出电机转动方向，“ Extrude”是使耗材向喷头方向推送，如图 5－80 所示。

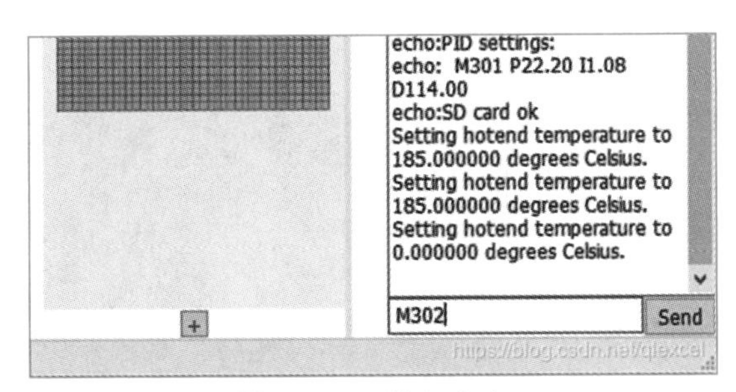

图 5－79 输入命令

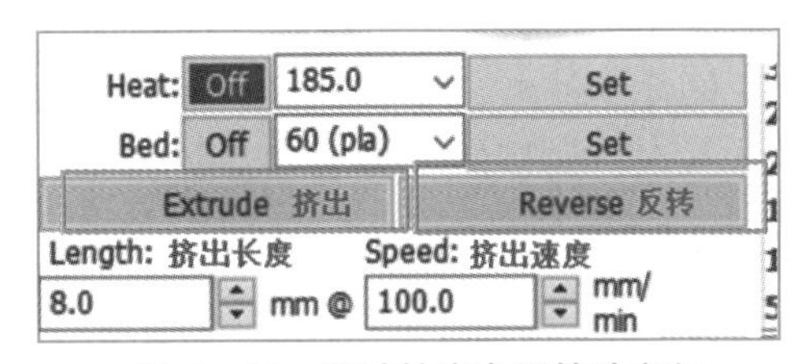

图 5－80 测试挤出电机转动方向

最后，X、Y、Z 轴和挤出机的步进电机运动方向的正误，可以通过修改 Marlin 固件的参数进行调整或者通过一些其他的方式都可以。

（2）步进电机运动方向错误的调整方法。

方法 1：在固件里面修改电机运行方向的参数如下，无非就是 false 和 true 的更换。

```
#define INVERT_X_DIR false
#define INVERT_Y_DIR true
#define INVERT_Z_DIR false
```

方法 2：可以直接交换电机的相线，修改电机的转动方向。交换电机的相线的方法是最方便的一种，但是要熟悉电机的工作原理，知道如何进行换相线。在交换前要点击“ Motors off”把电机关闭，这是在不完全断电的情况下直接交换相线，如图 5－81 所示。

（3）电机运动速度的调试。

转动方向调试好后，可以用不同的速度和移动距离来控制 X、Y、Z 轴电机运动。其运动速度的调试如图 5－82 所示。

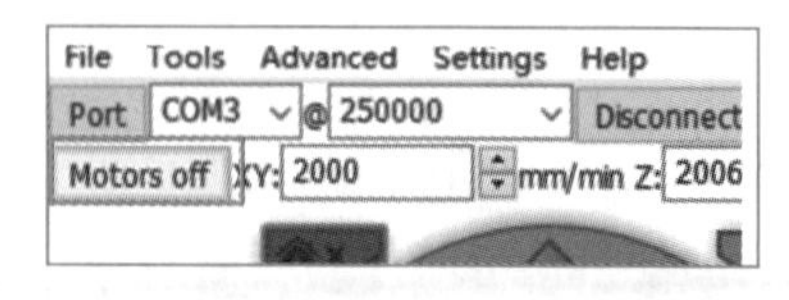

图 5－81　电机关闭

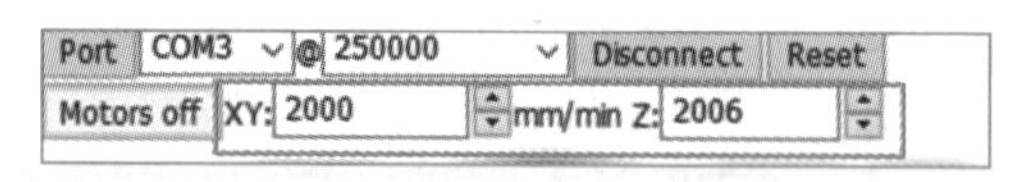

图 5－82　运动速度的调试

经过参数调试与修改后，再观察 X、Y、Z 轴电机和挤出机运动是否正常。

电机不能正常动作的情况有两种：

第一种情况是机械摩擦力太大；

第二种情况是驱动电流太小，要用螺丝刀转动驱动模块上的可调电阻，顺时针旋转增大驱动电流。

驱动电流调节的标准是在电机正常速度运动过程中，用手挡一下，电机很容易就被挡住，说明驱动电流还是太小。

此时，可以打印机 X、Y、Z 轴的实际运动范围测出来，更新到固件配置和切片软件中。

注意：联机后直接让电机往“–X”“–Y”“–Z”方向运动，电机是不会运动的。须往“+X”“+Y”“+Z”的正方向运动一段距离后，才能实现“–X”“–Y”“–Z”负方向的运动。

4. X、Y、Z 轴电机复位

电机左下角是 X、Y、Z 轴的复位按钮，如图 5－83 所示。

复位的过程如下：

首先，让 Z 轴电机抬起一段距离，给 Z 轴留出相应的复位距离。

其次，会按照 X 轴复位、Y 轴复位、Z 轴复位的顺序依次进行。

电机复位时会以正常速度反转，触发最小限位开关后，电机正转一段距离，再以慢速反转触发限位开关，使得复位更准确。

最后，分别控制 X、Y、Z 轴的对应轴的复位按钮，实现复位。

注意：如果点击复位按钮，电机以慢速运动或只运动一小段距离就停止，说明限位开关极性配置反了。

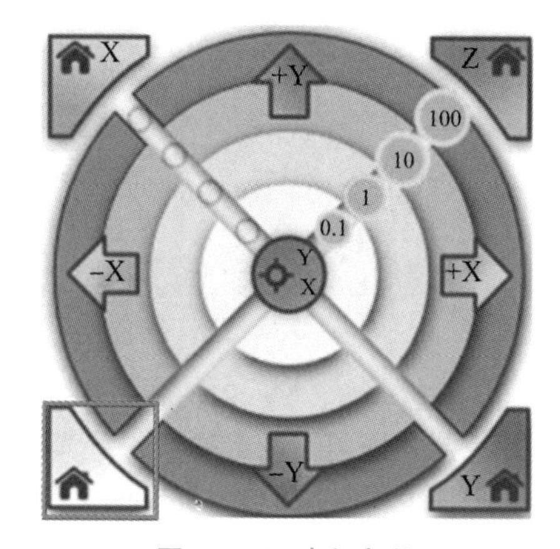

图 5－83　电机复位

5. 测试风扇

在右侧命令框输入 M106 S255，控制风扇转动，如果转动，则说明正常，否则就需要检查线路是否接通。

5.5.3　机械部件调试

将各部分的元器件安装到机架上面进行调试。主要调试电机运转方向及限位开关功能以及最大的行程等，直接使用显示器的控制按钮进行各部分功能测试。

1. 限位开关的 endstops hit 现象

上电操作屏幕时可能会显示 endstops hit：X 或 Y 或 Z 的现象，限位开关的接线是动断端子 NC 和 C 端，如图 5－84 所示。

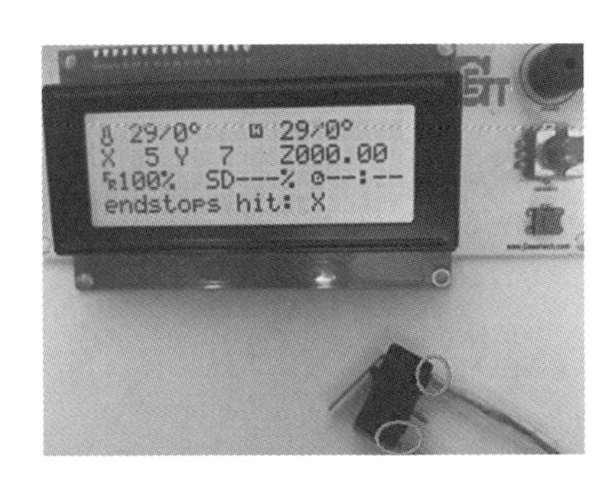

图 5－84　限位开关故障现象

其原固件参数为：

```
const bool X_MIN_ENDSTOP_INVERTING = false;
const bool Y_MIN_ENDSTOP_INVERTING = false;
const bool Z_MIN_ENDSTOP_INVERTING = false;
const bool X_MAX_ENDSTOP_INVERTING = false;
const bool Y_MAX_ENDSTOP_INVERTING = false;
const bool Z_MAX_ENDSTOP_INVERTING = false;
```

后来限位开关的接线改为动合端子 NO 和 C 端，其固件代码参数修改为：

```
const bool X_MIN_ENDSTOP_INVERTING = true;
const bool Y_MIN_ENDSTOP_INVERTING = true;
const bool Z_MIN_ENDSTOP_INVERTING = true;
const bool X_MAX_ENDSTOP_INVERTING = true;
const bool Y_MAX_ENDSTOP_INVERTING = true;
const bool Z_MAX_ENDSTOP_INVERTING = true;
```

这样就使屏幕上的 endstops hit：X 或 Y 或 Z 的现象消失了。

2. 电机不转

如果将驱动板的安装方向看错了，会导致驱动板的方向插反，从而损坏驱动器和控制主板。这时只能返回原厂进行维修，再买几个新的电机驱动进行重新配置，这是新手容易因操作不当而出现的错误。

以 GT2560 主板和 A4988 驱动器为例，正确的插入方向如图 5－85 所示。

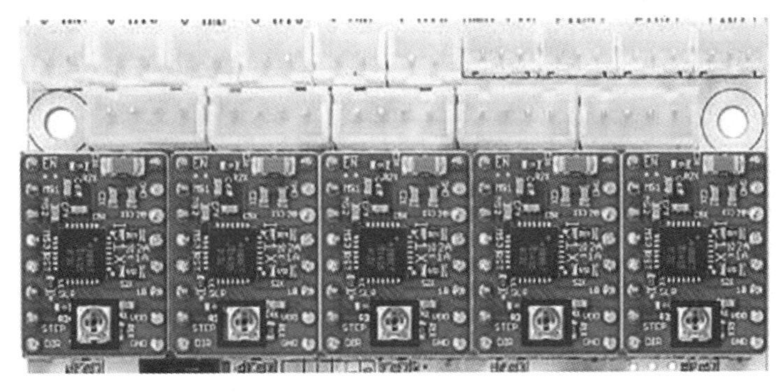

图 5－85　驱动器正确插入方向

注意：要特别注意驱动的方向。

3.固件参数导致电机不转

如果下面的参数为 1，会导致电机不转。大家使用的时候要注意，只要下面的固件参数是 0 即可。

```
#define X_ENABLE_ON 0
#define Y_ENABLE_ON 0
#define Z_ENABLE_ON 0
#define E_ENABLE_ON 0 // For all extruders
```

4. X、Y 轴同时转动的问题

选用 Ultimaker 机型，在修改参数时，如果将下面的语句前的“//”去掉了，会导致每次虽然是移动 X 轴的操作，但是实际上 X、Y 轴会同时转动。

```
//#define COREXY
```

此时，只需要注释掉下面的行，关闭启用 CORXY 运动即可；否则，就会导致 X、Y 轴始终一起运动。

5. 打印机的单轴测试

打印机安装结构如图 5－86 所示。第一次运行切勿直接对机器进行回零操作，防止电机运行方向不对，导致损坏零部件。

在运行前再次使用测量工具（如游标卡尺等），手动调整与检查 Z 轴左右两侧的高度，使之在同一高度上，保证 X 轴的水平。

问题：某个轴的电机里面发出声音却不转动的现象。

解决办法：检查电机的接线，主要是电机接线的相序问题引起的电机不转动。常用的做法是了解电机的接线原理，更改电机一端的接线，如对红色和绿色线路进行对调，如图 5－87 所示。

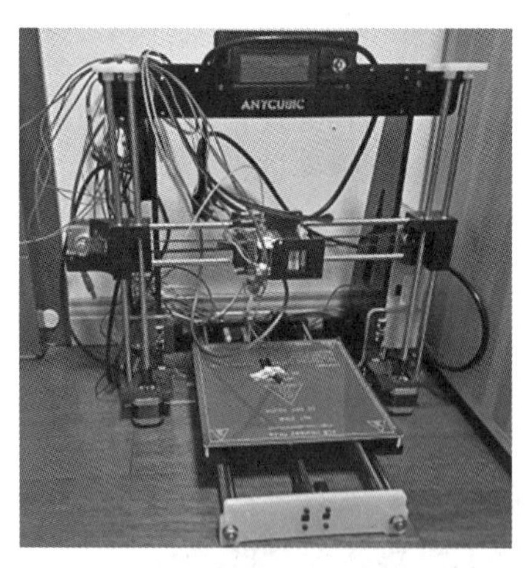

图 5－86　打印机安装结构

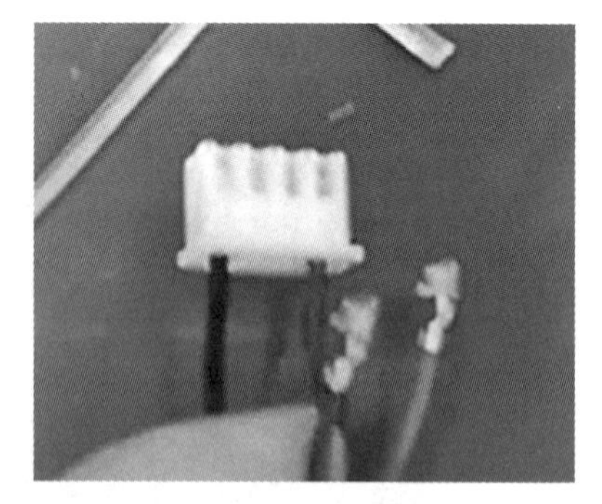

图 5－87　电机接线对调相序

6. 打印机的回零测试

打印机的正常回零模式是先对 X轴进行回零，然后 Y 轴回零，最后 Z 轴回零。在固件里面设置的是X、Y、Z 的最小方向为零点，X、Y 方向的限位开关安装位置如

图 5－88 所示。

Z 轴限位开关位置在打印平台上方，这个将来需要根据实际打印平台的调平，再次调整其上下位置，在此只要测试 Z 轴限位开关能正常工作即可。

问题：在测试 X 轴限位开关时，打印机往相反的位置进行运动。

解决办法：打开固件进行修改配置参数，根据 X 轴的限位方向出现的问题，将 349 行的参数 #define INVERT_X_DIR false 更改为 #define INVERT_X_DIR true，如图 5－89 所示。

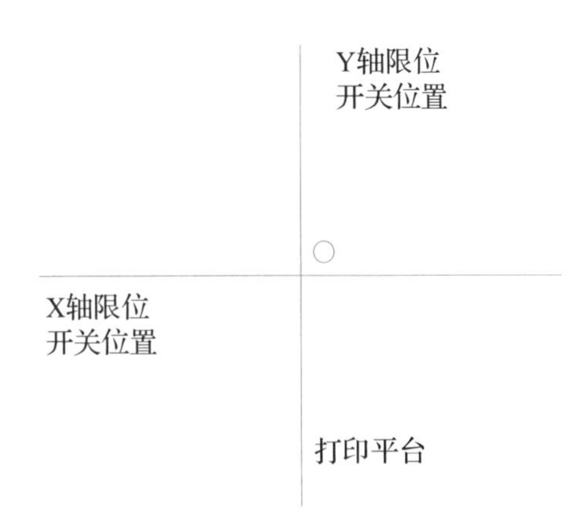

图 5－88　限位开关安装位置

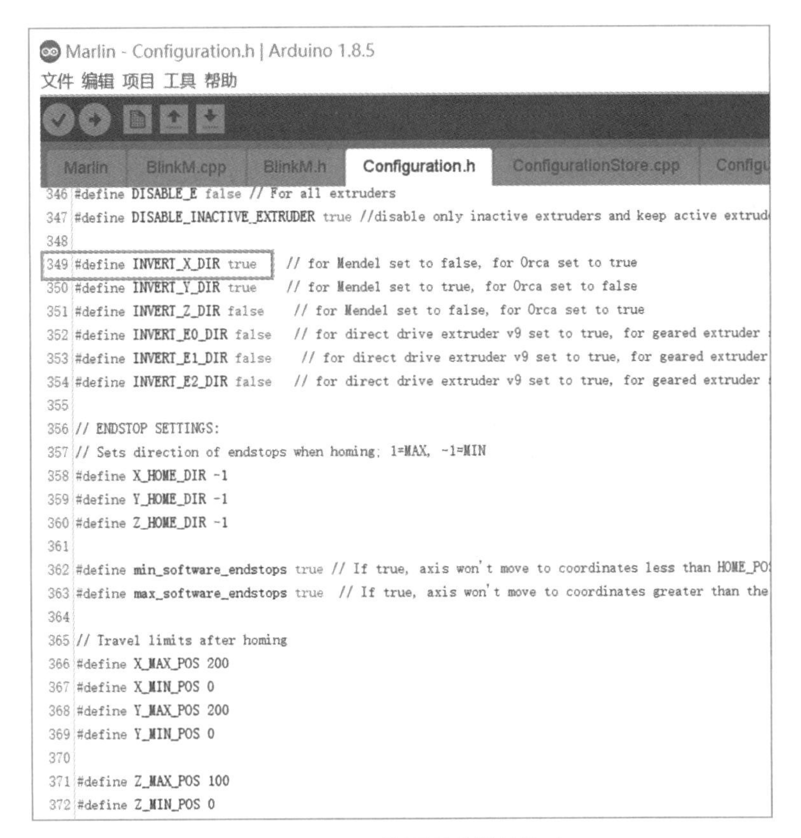

图 5－89　固件配置参数的修改

经过修改后 X 的回零就正常了。大家在测试 Z 轴的时候，一定要根据自己使用的丝杠参数，认真计算其脉冲数值，否则就会发生错误。

7. 挤出材料的测试

在进行挤出材料测试时，需要将挤出机的温度加热到 PLA 材料的温度，才能进行进料操作，否则挤出机在没有达到挤出温度的情况下是不会工作的。

问题：挤出机齿轮的旋转方向与进料不一致。

解决办法：需要对固件配置参数进行修改，将352行的参数由原来的false改为true，如#define INVERT_E0_DIR true，从而改变挤出机齿轮的旋转方向，如图5－90所示。

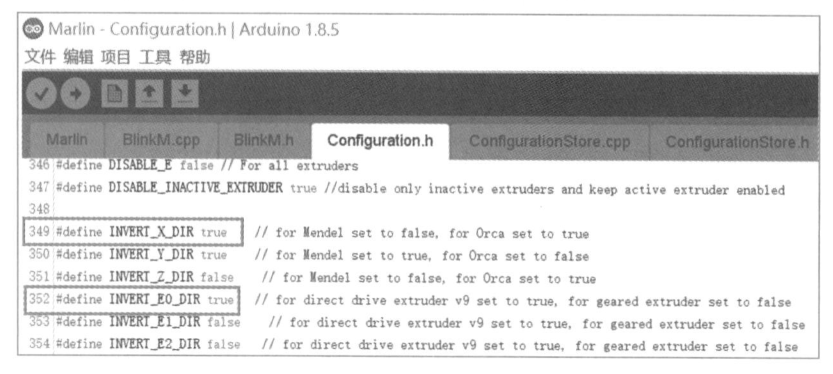

图5－90　固件配置参数的修改

挤出机进料时，容易材料跑偏或者由于齿轮和从动轮之间的间隙太小，发出“咯噔咯噔”的声音。为了方便调整第一次进料，建议大家将前面的风扇拆卸下来，如图5－91所示。

如果进料不畅，则调整挤出套件的螺丝，保证齿轮和从动轮之间的间隙合适，能够顺利将材料推进到导管里面，正常出料，如图5－92所示。

图5－91　进料异常

图5－92　进料顺畅

5.6　3D打印机的打印测试

5.6.1　打印机的调平

1. 安装成功后粗调

第一层是整个模型的基础，所以首层的好坏，直接影响着模型打印的效果；第一次打印前要进行调平，后期打印时不需要每次调整。

（1）检查与调整X轴的水平。

可用工具测量X轴的左右两侧分别到Z电机固定板的距离，使两者相等，如

图 5－93 所示。

（2）检查平台下面的旋钮。

将平台下面的 4 个旋钮拧到较紧的状态，以方便调整，如图 5－94 所示。

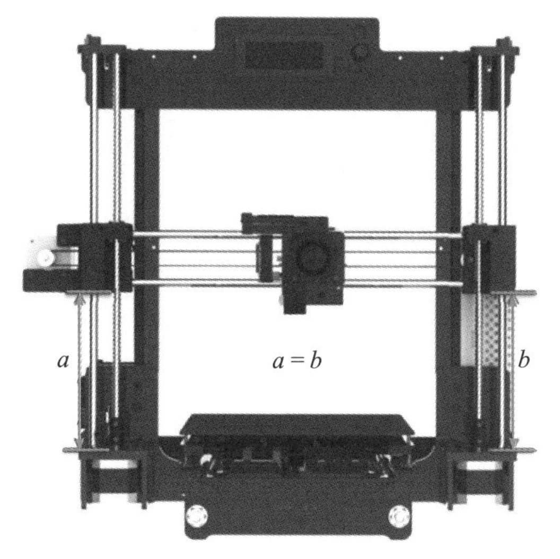

图 5－93　调整 X 轴的水平

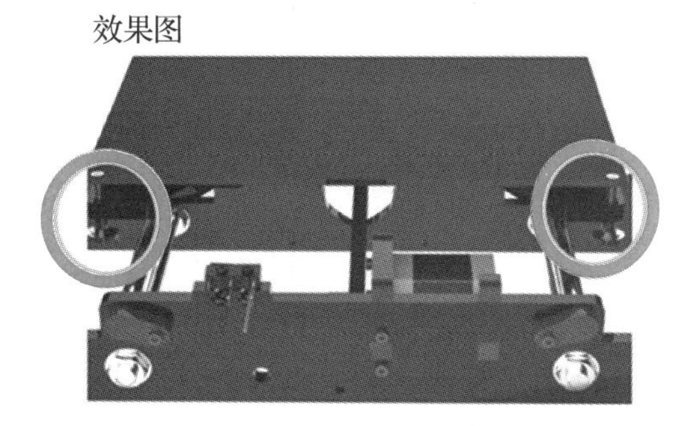

图 5－94　检查旋钮状态

2. 平台调平的步骤

（1）自动回原点。

按显示屏上的旋钮，如图 5－95（a）所示，再进行功能选择，选择准备（Prepare）功能如图 5－95（b）所示，然后选择自动回原点（Auto Home）功能，如图 5－95（c）所示。

（a）

（b）

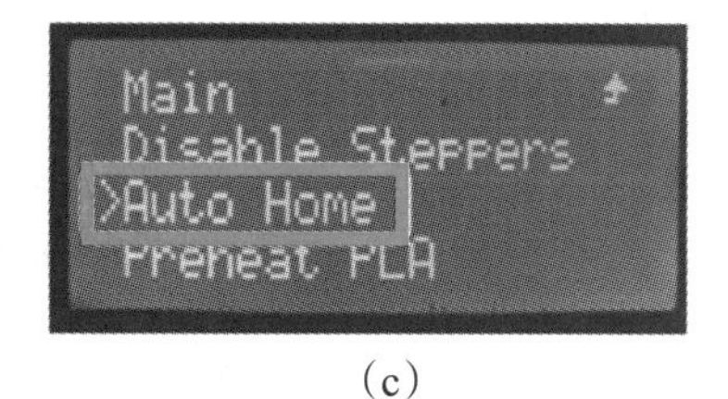

（c）

图 5－95　功能选择

（2）调试 Z 限位开关位置。

Z 轴归零时可能会因为 Z 限位开关位置不合适，而导致喷嘴直接顶到平台，此时要断电，然后向下微调 Z 高度螺丝的位置，增大喷嘴到平台的距离，最后再次回零操作，观察距离是否合适，如图 5－96 所示。

注意：只要调整 Z 高度螺丝的位置，就要进行回零操作。

（3）关闭电源。

关闭电源，能够使 Z 轴高度不变的情况下，自由移动打印的 X、Y 轴方向，实现快速移动，如图 5－97 所示。

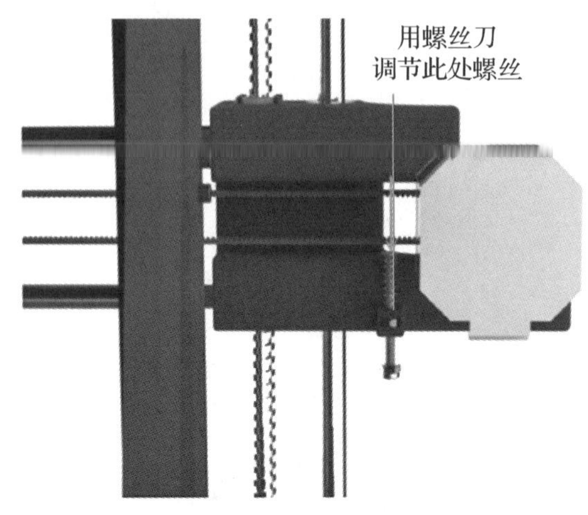

图 5－96　Z 轴限位开关调试

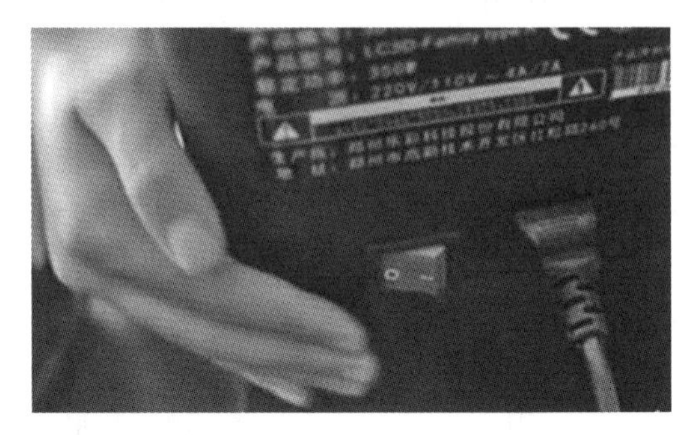

图 5－97　电源开关

注意：通电的情况下需要给定一定轴及移动的距离，通过面板的按钮进行移动，这样操作效率较低。

（4）平台调平的 4 点法。

在打印平台上放一张 A4 纸，进 4 点或 5 点调平，4 个点是自己定义的，尽量保证平台的最大化即可。手动移动打印头和打印平台，使打印头到平台的某一合适位置，如图 5－98 所示。

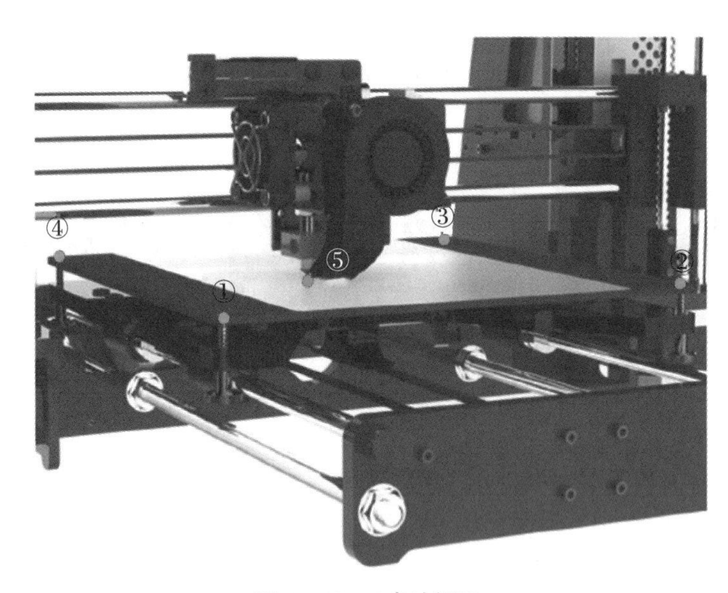

图 5－98　4 点法调平

（5）调整喷嘴与平台的距离。

当打印头移动到①点时，需调整平台底部对应的螺母，根据实际拧松或者拧紧，调整平台和喷嘴之间距离约为一张纸的厚度（0.1 ～ 0.2 mm）即可，此时抽动纸张时要有明显阻力，如图 5－99 所示。

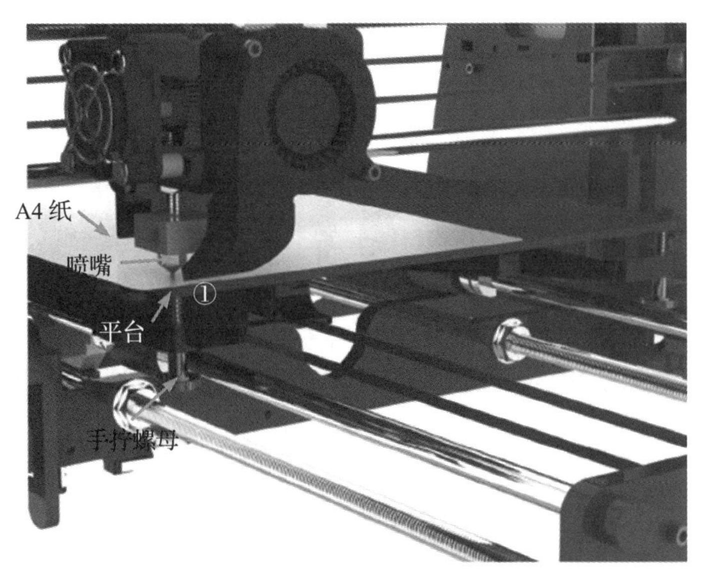

图 5－99　调整喷嘴与平台的距离

然后，对其余的②③④⑤各点进行相同的操作。

（6）回零。

当首次调整完 5 个点后，机器需要再次归零，然后来回移动打印头和平台进行验证，直到平台调平为止。理论上当平台具有完美平整度时，只需调试平台 4 个角至一纸厚度即可得到最佳调平效果。但是实际中因平台种类、材质、加工工艺、使用差异等，可能使平台产生一定的形变。

注意：不能让喷头直接摩擦打印平台，必须用纸片将其隔开。

5.6.2　打印机进退料

1. 开机与材料的选择

（1）打开打印机上的电源开关。

（2）进入程序菜单，旋转旋钮并移动光标至“Prepare”。

（3）按下旋钮，选中“Preheat PLA”。

（4）按下旋钮，进入 Preheat PLA，如图 5－100 所示。

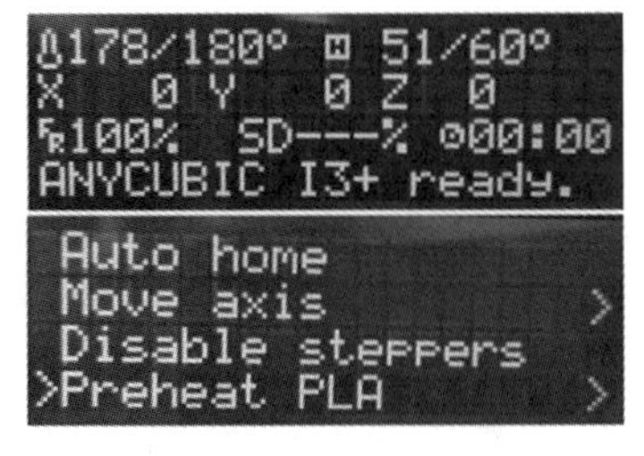

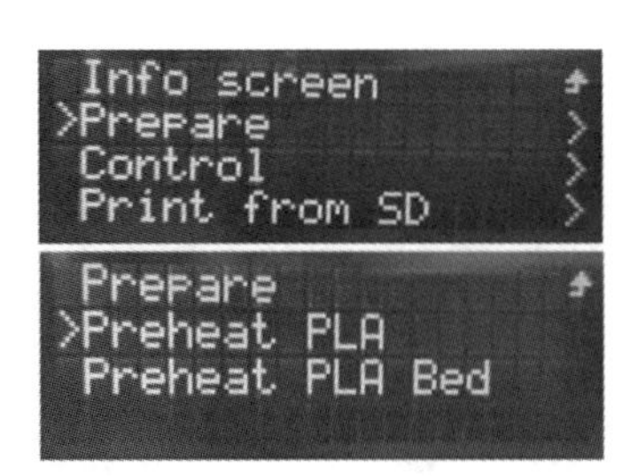

图 5－100　材料选择

2. 加热与轴移动

（1）显示屏界面左上角开始显示喷头自动加温，打印喷头会升温到 180℃。

（2）界面返回到 Prepare。

（3）按下旋钮，选择“Move axis”。

（4）按下旋钮，选择“Move 0.1mm”，如图 5－101 所示。

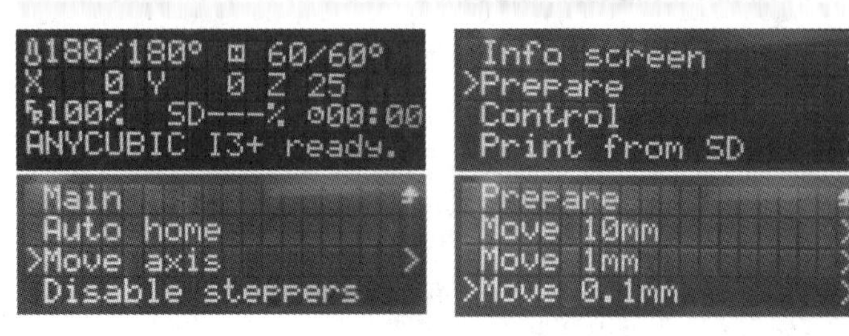

图 5－101　加热与轴移动

3. 进料与退料

（1）按下旋钮，选择“Extruder”。

（2）按下旋钮，开始顺时针或逆时针旋转按钮，“＋”的数值表示进料，相反“－”的数值表示退料，如图 5－102 所示。

图 5－102　进料与退料

注意：无论退料还是进料，都需要加热头在一定的温度下完成。

（3）在打印喷头升温的过程中，将准备好的 PLA 线材抽出 30 cm，剪去不规则的头部端，掰直材料，然后等待上料，如图 5－103 所示。

（4）当屏幕显示打印喷头的温度达到 180 ℃后，如果喷头中有 PLA 残余，PLA 将顺着喷头流下。将 PLA 线材从送料机下方的送料小孔往下直塞顶入两个送料轮之间。

（5）如果感到顶入困难，可以用手轻轻加力推入压紧机构，直到 PLA 线材被两个挤出轮夹住，如图 5－104 所示。

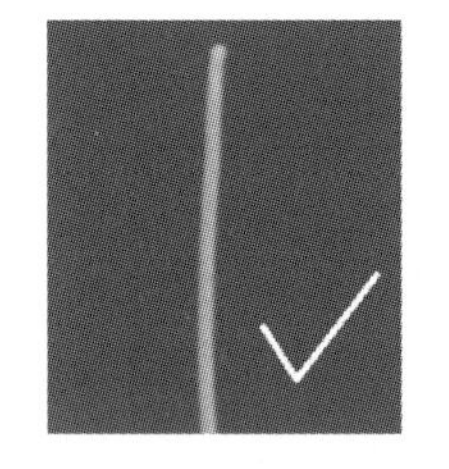
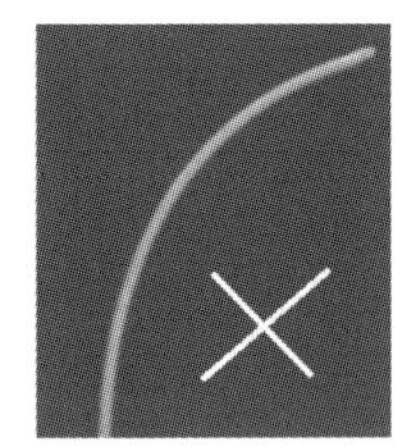

图 5－103　材料准备

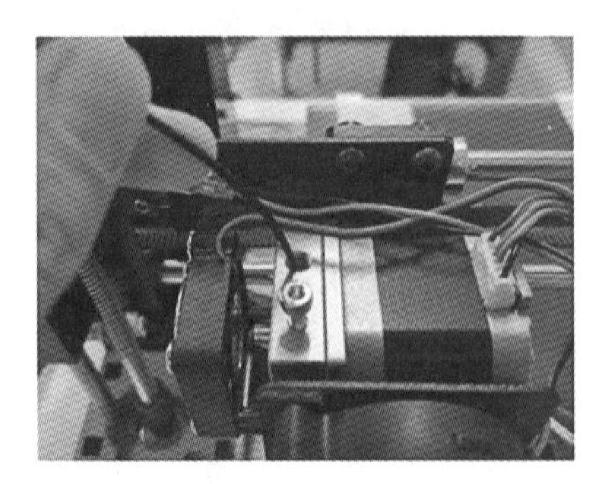
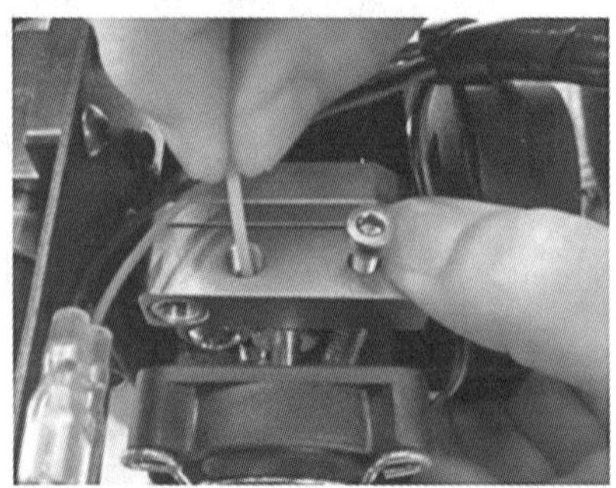

图 5－104　压紧机构辅助送料

（6）由于弯曲无法正常进入导料管时，需要借助工具帮助料进入导料管，如图 5－105（a）所示。

（7）直到料从打印头顺畅地流出来，上料结束，如图 5－105（b）所示。

（a）

（b）

图 5－105　上料

（8）退料的过程与进料的过程相同，只是旋钮的方向不同而已。

5.6.3　打印测试

1. 预热喷嘴和热床

先预热喷嘴，达到预设温度后，依次选择屏幕菜单中的“Prepare”功能和“Preheat PLA”功能，如图 5－106 所示。

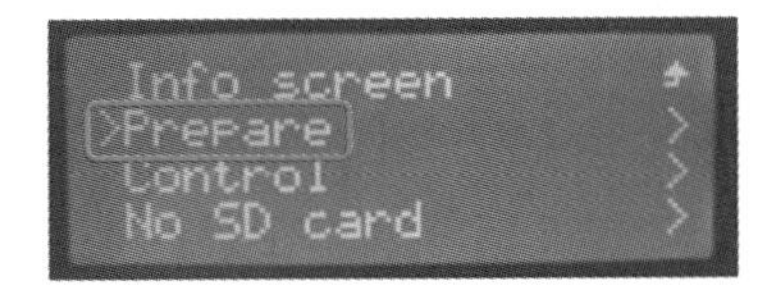

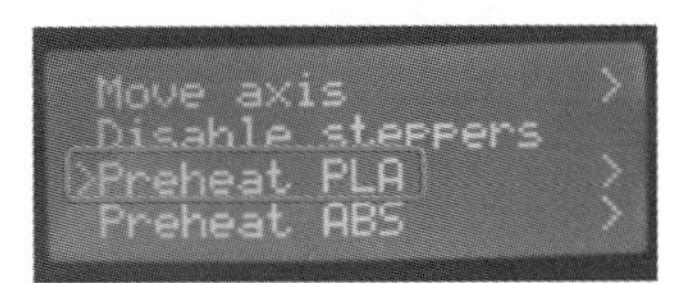

图 5－106　PLA 材料选择

针对不同的耗材，建议热床的打印温度设置为，PLA：50℃～70℃；TPU：50℃～70℃；ABS：90℃～120℃；PETG：90℃～120℃；P P：90℃～110℃；Nylon：90℃～120℃；PC：90℃～120℃。

打印平台具有耐高温、硬度高、平整度高、使用寿命长等特点，打印模型黏附效果佳，打印完成后取模型方便。

2. 打印测试

将 SD 卡插入显示屏背面卡槽内，按下旋钮，选中 SD 卡的模型文件，然后点击开始打印。存到 SD 卡中的 GCODE 文件必须是以英文命名的，打印机能识别是“.GCODE”格式的文件，如果是“.stl”文件，需要用 Cura 软件保存为“.GCODE”格式再存到 SD 卡中。

打印测试模型时，首层打印效果可能会有 3 种情况出现，如图 5－107所示。

（a）挤出不足

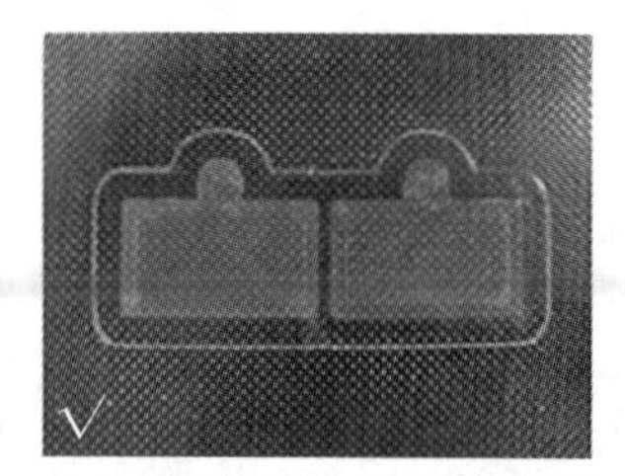

（b）挤出均匀，黏附效果好

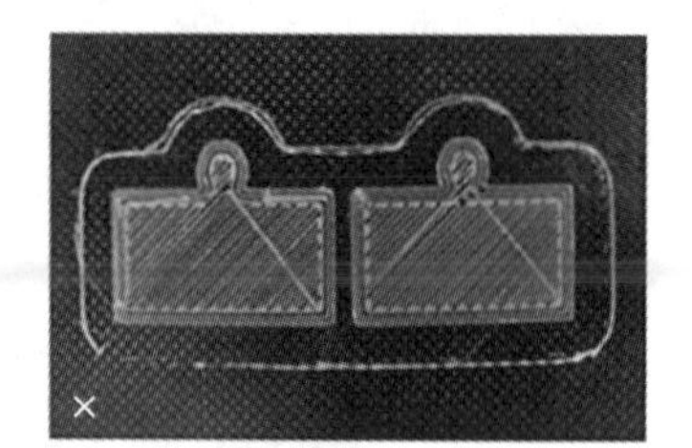

（c）黏附不佳

图 5－107　打印效果

3. 处理办法

（1）当结果如图 5－107（a）所示时，说明碰头和平台的距离较近，此时，需要增大二者之间的距离，手动拧紧螺母进行调节，如图 5－108 所示。

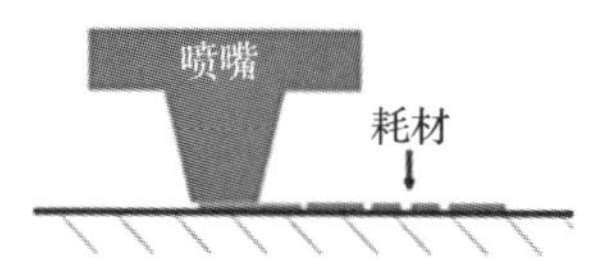

图 5－108　材料挤出不足

一般需要微调数次才能达到最佳效果，调试至图中所示效果。

（2）当结果如图 5－107（b）所示时，说明碰头和平台的距离合适，此时不需要任何调整，如图 5－109 所示。

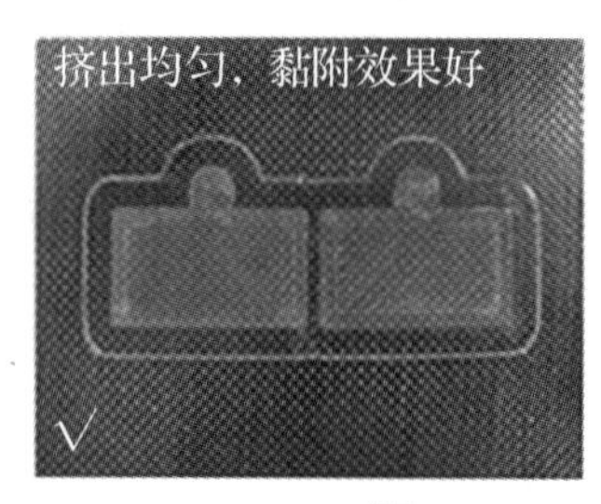

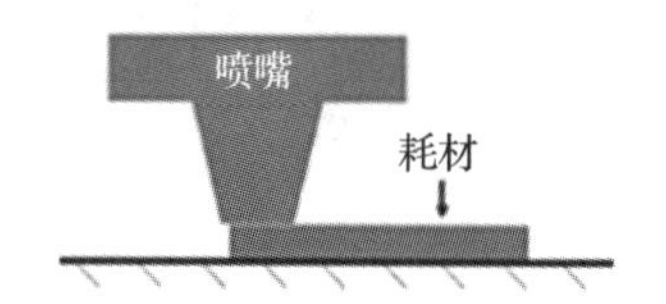

图 5－109　材料挤出均匀

（3）当结果如图 5－107（c）所示时，说明碰头和平台的距离较远，此时，需要减少二者之间的距离，手动拧松螺母进行调节，如图 5－110 所示。一般需要微调数次才能达到最佳效果。

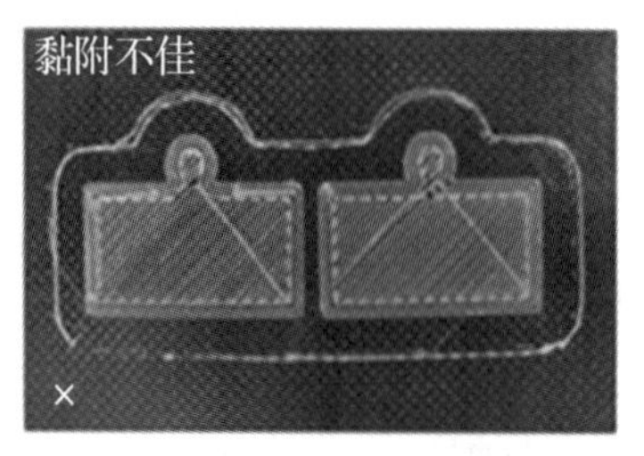

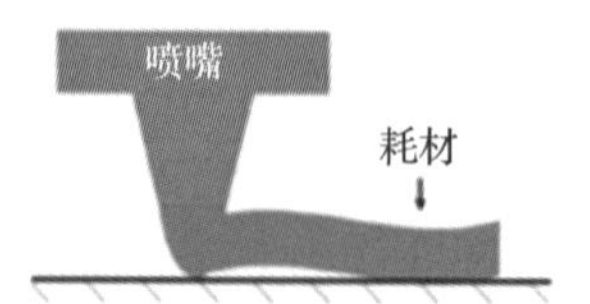

图 5－110　黏附不佳

5.6.4 界面操作

3D 打印机 LED 显示屏的界面信息有打印头温度、打印速度、模型 / 状态显示、底板温度（热床温度）、打印头坐标量、打印时间，如图 5－111 所示。

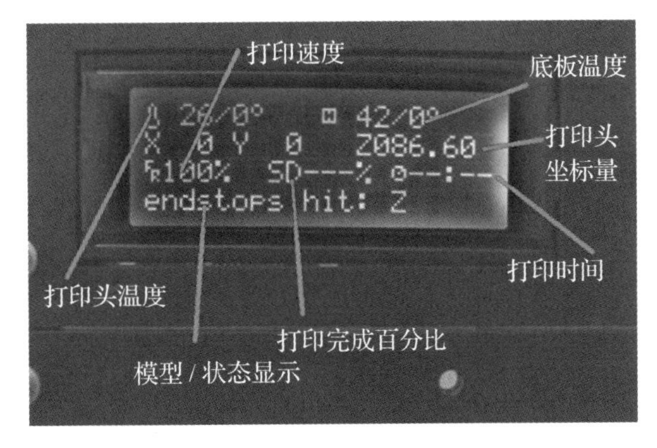

图 5－111　界面信息

点击功能键，进入 LED 控制显示，之后可以调节相关参数，如图 5－112 所示。

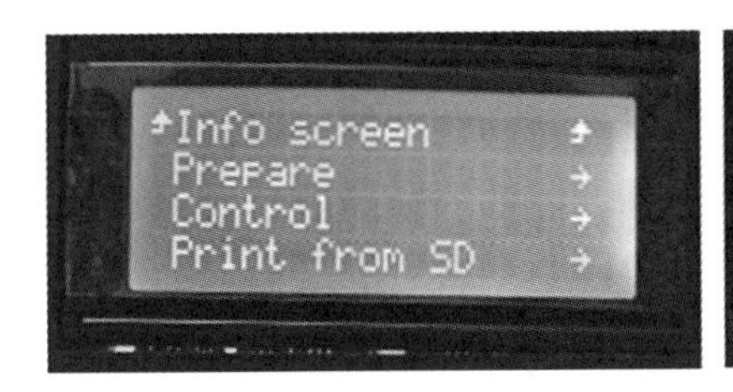

图 5－112　调节参数

1. 打印机的主界面信息

（1）Info screen：返回屏幕显示。

（2）Prepare：打印前准备工作。

（3）Control：控制设置中心。

（4）Print from SD：读取 SD。

2. Prepare（打印前准备工作）的界面

（1）main：返回上一层。

（2）Auto home：初始打印原点。

（3）Preheat PLA：预热 PLA。

（4）Preheat ABS：预热 ABS。

（5）Cool down：冷却。

（6）Move axis：移动各轴。

1）Prepare：返回上一层。

2）move 10mm：以 10 mm 单位量移动。

- move axis：返回上一层。
- move x：移动 X 轴。
- move y：移动 Y 轴。

3）move 1mm：以 1 mm 单位量移动。

- move axis：返回上一层。
- move x：移动 X 轴。
- move y：移动 Y 轴。
- move z：移动 Z 轴。

4）move 0.1mm：以 0.1mm 单位量移动。

- move axis：返回上一层。
- move x：移动 X 轴。
- move y：移动 Y 轴。
- move z：移动 Z 轴。

3. Control（控制设置中心）的界面信息

（1）main：返回上一层。

（2）Temperature：温度。

1）control：返回上一层。

2）nozzle：打印头温度。

3）bed：底板温度。

4）Fan speed：风扇转速。

5）Auto temp：温度显示。

6）Preheat PLA conf：预热 PLA。

- Temperature：返回上一层。
- Fan speed：风扇转速。
- Nozzle：打印头温度。
- Bed：底板温度。

4. 打印环节点击功能键，调节相关参数

（1）Info Screen：返回主显示。

（2）Tune：调优。

1）main：返回上一层 0。

2）speed：打印速度。

3）Nozzle：打印头温度。

4）Bed：底板温度。

5）Fan speed：风扇转速。

6）Flow：下料量。

7）Change fiament：更换打印料。

（3）Control：控制调节。

（4）Pause Print：暂停打印。

（5）Stop Print：停止打印。

思考题

1. Prusa i3 打印机的主要结构有哪些？
2. 简述 Prusa i3 打印机组装的主要过程。
3. 判断和调整皮带松紧度的方法是什么？
4. 粘贴散热片时要注意什么？
5. EXP1 接口和 EXP2 接口位置错误时会发生什么？
6. 安装完所有部件后，主要检查打印机的哪些方面？
7. 配置串口波特率的参数需要注意什么？
8. 配置温度传感器类型需要注意什么？
9. 配置限位开关方向控制参数需要注意什么？
10. 配置各轴所的需脉冲数时，需要进行哪些计算？
11. 2004 LCD 显示器与 12864 显示器配置的不同点是什么？
12. 常见的固件编译错误类型有哪些？
13. 简述固件烧录的过程。
14. 屏幕显示不清晰，如何进行调整？
15. Pronterface 软件的作用是什么？
16. 如何解决调试限位开关 2 出现的“endstops hit”现象？
17. 电机不转的原因有哪些？
18. 如何解决限位开关的位置不正确现象？
19. 如何解决挤出机齿轮的旋转方向在进料的时候方向相反的现象？
20. 为什么第一次打印要调试 Z 轴限位开关位置？
21. 简述 4 点法调平打印平台的方法。
22. 打印测试模型时，首层打印效果可能出现哪 3 种情况？如何解决？

单元 6

打印工艺

单元导读

本单元主要讲述3D打印工艺的类型、打印模型的制作原则和后处理工艺技术。首先，对打印模式的种类进行了深入的分析，主要包含填充实体的打印、空心壳体的打印模式、单层面体的打印模式以及拆分模型的打印模式，深入分析不同打印模式所具有的不同特点和适用范围。然后，让学生在充分了解打印模式的基础上，掌握打印模型制作方面的一些原则，有助于提高打印模型的质量和打印的效率。最后，模型打印结束后需要相应的后处理工艺技术对模型进行抛光、打磨、上色等处理，所以熟悉和掌握常用的后处理技术，有助于解决打印产品的表面质量问题，提高产品质量。

学习目标

- 学习3D打印模式的几种类型，能够熟练掌握其区别，会根据实际情况有效地选择打印类型。
- 了解打印模型制作的一些原则，有助于提高打印质量和效率。
- 学习3D打印的后处理工艺技术，掌握一些常用的后处理技术。

难点与重点

- 难点：3D打印模式的几种类型。
- 重点：打印模型的制作、3D打印的后处理工艺技术。

6.1 3D打印模式

3D打印不但可以打印内部有填充的实体模型，而且还可以打印表面封闭而内部无填充（即空心）的壳体模型，也可以根据需要进行单层面体的打印。

下面以圆柱体为例，介绍 3 种打印模式。圆柱体的尺寸为直径 50 mm，高度 50 mm，如图 6－1 所示。

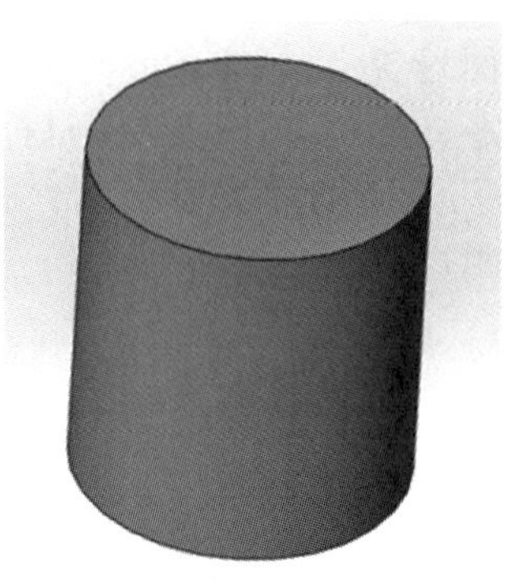

图 6－1　圆柱体

6.1.1　打印模式的种类

1. 填充实体的打印模式

选择支撑类型和黏附平台的参数形式为无，填充密度为 20%，打印时间为 2 小时 19 分钟，材料消耗 37 克。打印圆柱填充实体模型底面，喷头沿与 Y 坐标成 45° 的方向打印，如图 6－2 所示。

打印圆柱填充实体模型主体，侧表面为两层密封层，内部为填充网格，如图 6－3 所示。

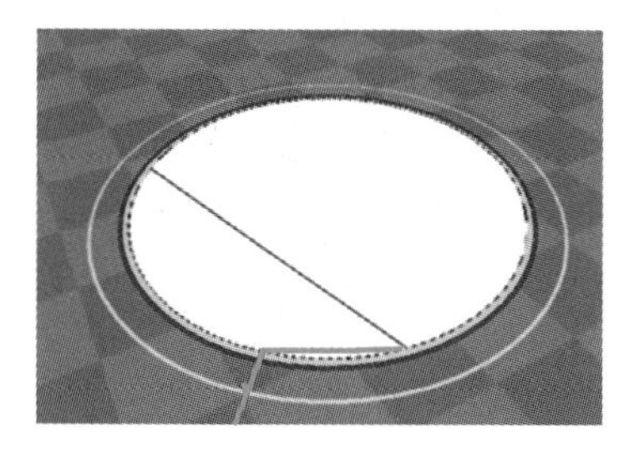

图 6－2　最底层密封面的打印

图 6－3　填充打印

打印圆柱填充实体模型顶面，喷头沿与 Y 坐标成 45° 的方向打印三层模型表面密封层，如图 6－4 所示。

填充实体模型刚度较高，可用于装配检查、运动分析等。填充实体模型内部填充网格的疏密程度可以指定，网格间隔越小，模型刚度越高，打印时间越长。

2. 空心壳体的打印模式

选择支撑类型和黏附平台的参数形式为无，填充密度为 0，打印时间为 1小时，材料消耗 15 克。由此可见比打印填充实体节省 1 小时 19 分钟，材料消耗节省了 22 克。

打印圆柱空心壳体模型底面，喷头沿与 Y 坐标成 45° 的方向打印 3 层模型表面密封层，如图 6－5 所示。

图 6－4　封顶打印

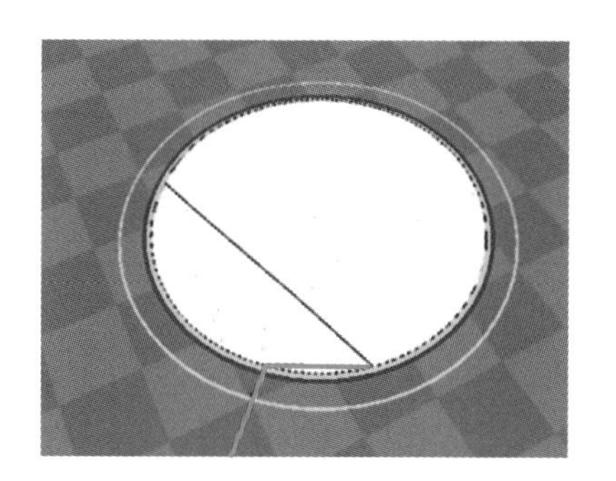

图 6－5　底层密封面的打印

打印圆柱空心壳体模型主体，侧表面为两层密封层，内部为空心，如图 6－6 所示。

打印圆柱空心壳体模型顶面，喷头沿与 Y 坐标成 45°的方向打印 4 层，模型表面密封层，如图 6－7 所示。从打印预览中看没有任何问题，但是由于模型内部空心，顶面第 1、2 层密封层可能存在破损，需要后续打印的密封层将其覆盖。因此，为了保证顶面完全密封，打印控制系统默认将顶面增加一层密封层（即顶面为 4 层密封层）。

图 6－6　填充为 0的打印

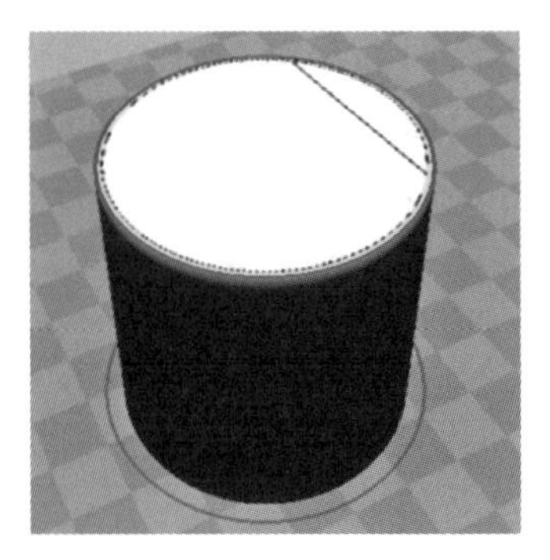

图 6 －7　模型表面密封层

在实际打印结束并等待打印平板冷却后，将打印平板连同打印模型从打印机上取下。用小铲先将空心壳体模型从基底铲下，然后将基底从打印平板上铲下。

空心壳体圆柱刚度较低，底面和顶面与侧面连接强度较差，打印时间适中，一般用于模型外观评价。

3. 单层面体的打印模式

除了填充实体和空心壳体打印模式外，打印机还可以打印单层面体。此时需要将软件的壁厚参数设置为喷嘴直径大小 0.4 mm，底层和顶层厚度设置为 0，在高度方向沿轮廓仅打印一层，与高度方向垂直的平面不打印，如图 6－8 所示。其打印时间为 22 分钟，耗材为 4 克。

打印圆柱单层面体模型侧表面，喷头挤出的丝材沿圆柱侧表面轮廓移动，打印一层侧表面厚度约为 0.4 mm、内部空心、底部和顶部均开口的薄环，如图 6－9 所示。

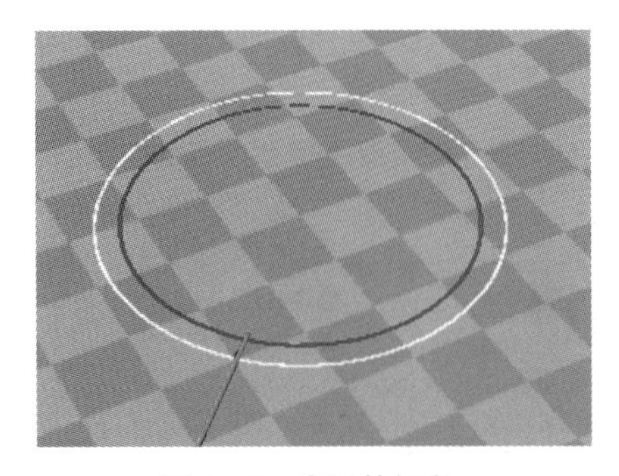

图 6－8　底层的打印

图 6－9　侧表面的打印

完成打印圆柱单层面体，如图 6－10 所示。

打印结束并等待打印平板冷却后，将打印平板连同打印模型取下。用小铲先将三维模型零件从基底铲下，然后将基底从打印平板上铲下。

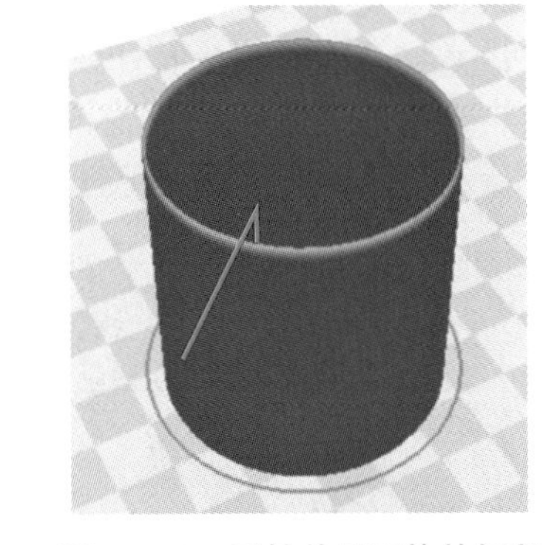

图 6－10　圆柱单层面体的打印

单层面体模型仅打印一层侧表面层，速度更快，表面质量优于填充实体和空心壳体，打印时间短，一般用于模型某些面的快速成型与外观评价。

6.1.2　拆分模型的打印

1. 打印模型的拆分

3D 打印笔筒，其模型的直径为 120 mm，高度为 150 mm。打印时可以将模型进行拆分打印，分割成两部分，然后再拼接成为一个整体。笔筒模型如图 6－11 所示。

模型由笔筒盖和笔筒底座组成，因此把模型分别存为两个 STL 文件，如图 6－12 和图 6－13 所示。

图 6－11　笔筒模型

图 6－12　笔筒底座

2. 美纹纸和胶水

采用无基底打印模式时，需在打印平板上粘贴美纹纸或铺一层打印胶水，以增加模型底部与打印平台的附着力，防止模型在打印过程中会产生翘边和变形。

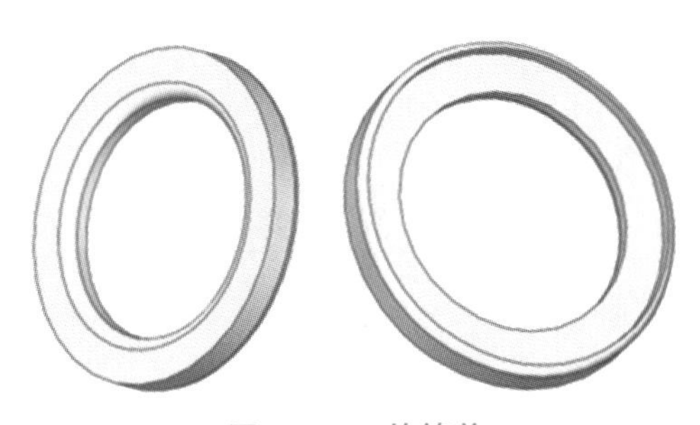

图 6－13　笔筒盖

（1）美纹纸的选择与使用。

美纹纸胶带是以美纹纸和压敏胶水为主要原料，在美纹纸上涂覆压敏胶粘剂，另一面涂以防粘材料而制成的卷状胶粘带，具有耐高温、抗化学溶剂佳、高黏着力、柔软服贴和再撕不留残胶等特性。

目前 3D 打印使用的耐高温美纹纸，如图 6－14 所示，耐热温度达 120℃。该胶带表面具有较粗糙的纹理，有利于 3D 打印材料的吸附。

美纹纸一方面保护打印平台，防止喷嘴磨损，延长其使用寿命；另一方面防止模型翘边。在打印过程中，将美纹纸粘在打印平台上能大大增加打印耗材与平台之间的附着力，有效减少 ABS、PLA 等耗材在打印时出现的翘边、变形等问题。这类纸可反复使用，直到破损或者明显粘不住模型为止。

粘贴美纹纸前，确保打印平台干燥和干净，否则会影响到胶带的黏合效果。先裁剪出与加热板长度基本一致的胶带段，然后依次平整地粘在打印板上。美纹纸胶带与打印平台应黏合良好无气泡，避免气泡影响模型成型效果，如图 6－15 所示。

图 6－14　美纹纸

图 6－15　粘贴美纹纸

（2）3D 打印机专用胶水。

3D 打印机专用胶水，为白色胶状液体，如图 6－16 所示，适用于 PLA 等打印材料，具有耐高温、环保无毒、提高成型率、解决 FDM工艺的翘边问题等特点。

使用前确保加热平台干净光滑，将胶水均匀涂上即可。可多次打印，打印结束后，容易取下模型。热床上面的胶可用清水擦洗干净。

3. 模型的打印

（1）笔筒底座的打印。

根据模型的特征，为了获得高质量的模型底部平面，可选用打印机的无基底打印模式，即在打印模型前不会产生基底。采用 PLA 打印材料对笔筒的底座和笔筒盖分别进行打印，打印温度约为 210℃。笔筒底座的打印如图 6－17 所示。

图 6－16　3D 打印机专用胶水

图 6－17　笔筒底座的打印

（2）笔筒盖的打印。

不同的放置会产生不同的打印效果，如果让笔筒的上表面在下，那么由于下表面是平的，没有任何悬空的部分，不需要增加支撑设置，因此打印的时间共计耗时为 3 小时 34 分钟，材料消耗为 37 克，笔筒盖的放置与打印预览如图 6－18 所示。

图 6-18　笔筒盖上表面在下的放置与打印预览

如果让笔筒的上表面在上，那么由于下面有悬空的部分，就需要增加支撑设置，因此打印的时间就会增加，共计耗时为 3 小时 59 分钟，材料消耗为 41 克，笔筒盖的放置与打印预览如图 6-19 所示。

图 6-19　笔筒盖上表面在上的放置与打印预览

6.1.3　打印模型的制作

1. 遵循支撑临界角原则

支撑的临界角设置角度，在支撑类型后面的省略图标中，如果上面设置了支撑临界角为 45°，那么打印的模型超过 45° 的部分，都需要额外的支撑材料。如图 6-20 所示为打印 40° 的模型。如图 6-21 所示为打印 50° 的模型，需要大量的支撑材料，打印时间增加一倍多。

图 6-20　打印 40° 的模型

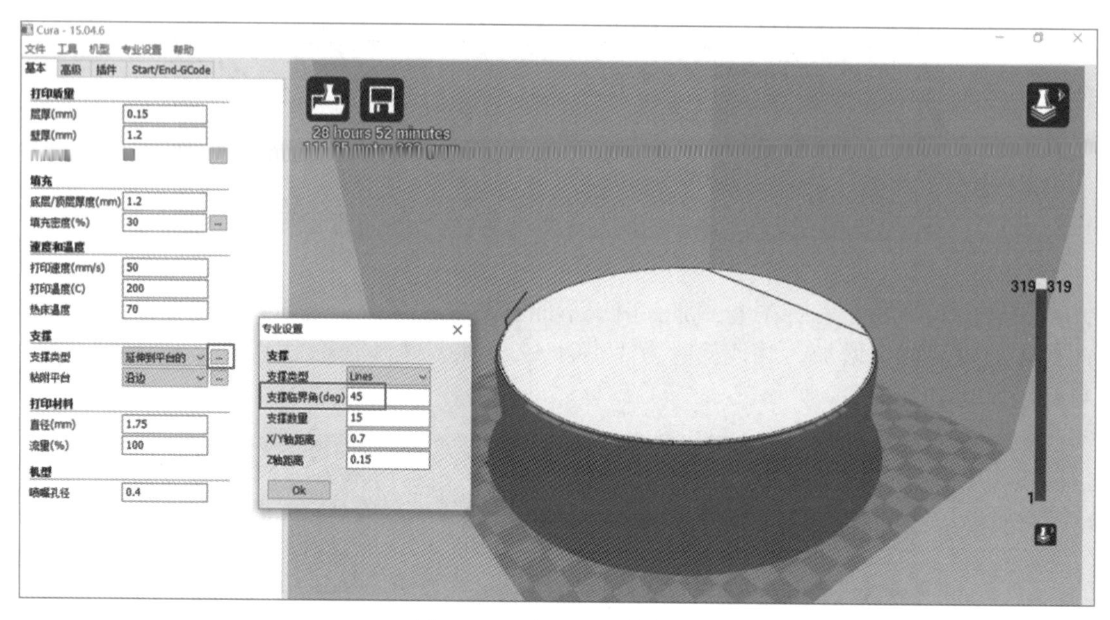

图 6－21　打印 50° 的模型

如图 6－22 所示模型的 3 种打印角度对打印材料的影响，若角度太大，则打印的材料会自行坠落，所以根据模型的角度来判断是否加支撑是非常重要的。

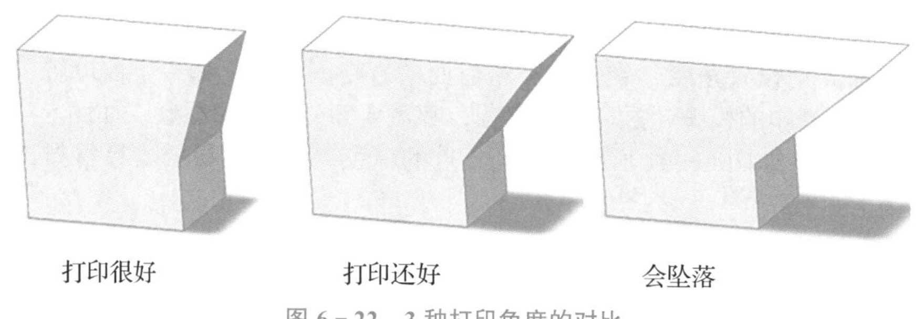

图 6－22　3 种打印角度的对比

2. 减少支撑材料

在设计模型时尽量避免使用支撑材料，虽然支撑材料可以去除，但是会在模型上留下一些印记，而且去除过程非常耗时。

3. 设计模型底座

模型底部和平台接触面积大可以有效减少翘边。在设计模型时可以考虑自己设计打印的底座，建议不要使用内建的打印底座，会非常耗时，降低打印速度和打印效率，且内建的打印底座可能会难以去除并且损坏模型的底部。如图 6－23 所示为圆盘状或是圆锥状的底座，可增加抓地力。

4. 调整打印方向以求最佳精度

在打印模型时，要注意调整打印方向以求最佳精度，以最佳分辨率方向作为模型的打印方向。如果有需要，可以将模型切成几个区块来打印，然后再重新组装，如图 6－24 所示。

图 6－23　设计模型底座

图 6－24　保证最佳精度

对于使用熔融沉积技术的打印机来说，只能控制 Z 轴方向的精度，因为 X、Y 轴的精度已经被线宽决定了。如果模型有精细设计，则需要确认模型的打印方向是否能打印出精细特征。

所以设计模型时，细节部位最好放在竖着打印的位置。实在不行，可以将模型切割开来打印，然后再重新组装。

5. 调整打印方向以承受压力

根据压力来源调整打印的方向，当受力施加在模型上时，保持模型不被毁坏，确保打印方向以减少应力集中在部分区域，可以调整打印的方向让打印线垂直于应力施加处。同样的原理可以运用在打印大型模型的 ABS 树脂上，在打印的过程中，大型模型可能会因为在打印台上冷却而沿着 Z 轴的方向裂开，如图 6－25 所示。

6. 合理设置公差

建模时应根据受力方向，适当加厚承受压力的位置。Z 轴方向的打印使得层与层之间黏结力有限，承受压力的能力不如 X、Y 轴方向的打印。

普通打印出来的模型，误差是肯定有的，尤其是多个连接的活动部件、内孔等部位。对精度要求比较高的，设计模型时要合理设置公差，比如内孔给出补偿量，如图 6－26 所示。

图 6－25　承受压力

图 6－26　合理设置公差

想要找到正确的公差比较麻烦，需要对打印的模型做测试。大部分的公差设置原则是紧密接合的地方，如压合或连接物件处预留 0.2 mm 的宽度；较宽松的地方，如枢纽或是箱子的盖子处预留 0.4 mm 的宽度。

7. 善用线宽

在打印机中有一个很重要的参数是线宽，如图 6 - 27 所示。线宽是由打印机喷头的直径来决定的，大部分的打印机拥有直径为 0.4 mm 或 0.5 mm 的喷头。

实际中 3D 打印机画出来的圆，大小都会是线宽的两倍。例如，一个 0.4 mm 的喷头画出来的圆最小直径是 0.8 mm，而 0.5 mm 的喷头画出来的最小直径则是 1 mm，最小物件不会小于线宽的两倍。

所以建模时善加利用线宽，如制作弯曲或厚度较薄的模型，需要将模型厚度设计成一个线宽厚。

图 6 - 27　线宽的使用

8. 正确摆放模型

打印时要正确摆放模型，把设计物件放在打印平台上，连接这些邻近的物件，并在间隔处小心打印。如果是很多堆模型一起打印，模型的摆放需要注意下间隔，防止距离太近。

9. 适度使用外壳

一些精度要求高的模型上，设置外壳时不要使用过多，尤其是表面印有微小文字的模型，外壳设置过多，会让这些细节处模糊。

10. 打印机的极限

全面了解模型的细节，确定有无微小的凸出物，或因为零件太小而无法使用桌面型3D打印机打印。

6.2　后处理工艺技术

3D 打印的工作原理是通过逐层打印叠加成型，在分层制造中会产生台阶效应。虽然每一层都很薄，但在微尺度下仍会有一定厚度的多层台阶。模型打印的表面质量与打印材料、机器精度、打印速度、温度、三维数据模型质量、切片参数等有关，为更好地解决打印产品的表面质量问题，需要对模型进行后处理。

6.2.1　常用的后处理技术

1. 砂纸打磨

抛光包括物理抛光和化学抛光。虽然 FDM 技术设备能够生产出高质量的零件，但部件上的逐层纹理是肉眼可见的，有大量的支撑。此时可用砂纸进行后处理，砂纸研磨时遵循先粗后细的原则，如图 6 - 28 所示。

另外可以使用化学抛光，把 3D 打印零部件浸渍在蒸气罐里，其底部是达到沸

图 6 - 28　砂纸

点的液体。蒸气上升可以融化零件表面约 2 μm（微米）的一层，几秒钟就变得光滑闪亮，如图 6－29 所示。

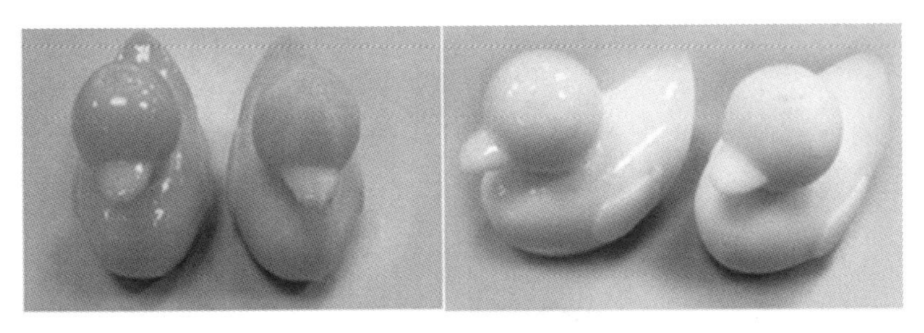

图 6－29　化学抛光

ABS 材料可以用丙酮蒸气抛光，也可以在通风处煮沸熏蒸打印成品，还可以选择市场上的其他抛光机；PLA 材料不能用丙酮抛光，有特殊的 PLA 抛光油。化学抛光要注意掌握程度，因为所有的表面都在被腐蚀。从整体上看，目前化学抛光技术还不够成熟，应用还不够广泛。

3D 打印抛光机（见图 6－30）采用材料转移技术，将零件表面突出部分的材料转移到凹槽部分，对零件表面的精度影响非常小。抛光过程中不产生废料，是一种新型抛光技术。

目前抛光机因为价格高、技术要求高、操作较复杂等原因还未被市场普遍接受。

2. 表面喷砂

表面喷砂是一种常见的后处理工艺，将介质珠高速喷向抛光物体，达到抛光效果。珠光处理一般比较快，5 ～ 10 分钟即可完成，处理过后产品表面光滑，有均匀的亚光效果，是 3D 打印通用后处理工艺，如图 6－31 所示。

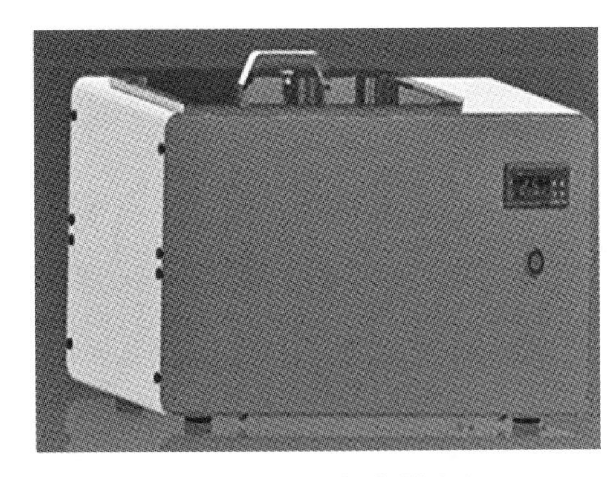

图 6－30　3D 打印抛光机

图 6－31　表面喷砂

其优势是珠光处理比较灵活，可用于大多数 FDM 材料，也可用于产品开发到制造的各个阶段，从原型设计到生产都能用。

其缺点是处理的对象是有尺寸限制的，一般能够处理的最大零部件的大小为 24 × 32 × 32 英寸。一次只能处理一个，不能大规模应用。

3. 表面上色

使用不同的颜料对 3D 打印的物体进行表面上色，如 ABS 塑料、光敏树脂、尼龙、金属等，如图 6－32 所示。

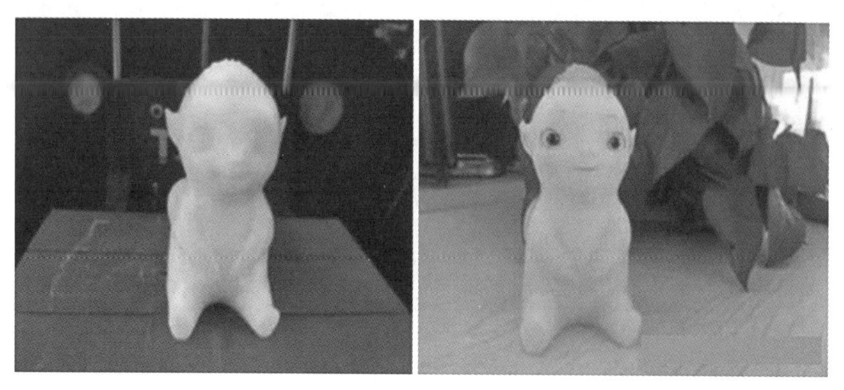

图 6－32　上色前与上色后

上色的主要步骤：

（1）上底色。选择合适的喷枪，使用接近成品颜色的底漆，喷涂薄涂层和逐层涂覆。细节部分和与整体颜色对比度大的部分可先预留，不需喷涂。

（2）色块上色。上色时遵循较大面积尺寸的工艺，先喷涂大面积色块，再手工绘制小面积色块，喷涂和手工绘制完成整体色彩渲染，这有利于提高效率。

（3）色彩调整。在喷淋点缀阶段，主要通过层层叠加、重叠色彩、覆盖染色、渐变、过渡等色彩调整，强调色彩结构和细节。

（4）局部细节上色。局部细节上色主要体现在描写人物的五官、服饰、制旧、仿铜等细节。通过对模型的详细描述，高度恢复模型的原始图像，突出建模特征，形成最真实的模型。

（5）光感调整。光感的精细调色分为哑光处理和亮光处理。使用哑光油或亮光油进行纹理调整，打造整体哑光或亮光，部分哑光或亮光实现高度模拟模型纹理。

6.2.2　3D 打印的后期处理案例

下面以 3D 打印钢铁侠为例，介绍如何仅使用填充物、涂料便能达到好的表面精度效果。主要的关键性步骤是接合、打磨和上色，通过对 3D 打印品的后期加工，达到良好的表面质量。

1. 接合

钢铁侠模型比较大，需要将钢铁侠模型拆成如图 6－33 所示的几部分进行打印，等工序完成后再接到一起。

图 6－33　钢铁侠模型

2. 打磨

磨砂的方式处理模型表面粗糙的问题，所有部件被磨光后，开始上底漆。涂上一层薄薄的厚浆型底漆，手移动要快，在 30 cm 的范围内滑动，一定不要在某个定点停留。涂完底漆之后将其放置一晚，让其自然风干。

底漆处理完后，可对其进行打磨，如图 6－34 所示。先选择 400 粒度的砂纸，然后使用 1000 粒度的砂纸进行打磨。

3. 上色

打磨完成后开始上色，如图 6－35 所示，与上底漆的操作是一样，手部移动要快。涂完第一种颜料后，要用遮盖胶带盖住重要区域，以防模型在后续的操作步骤中受到破坏。

图 6－34　打磨

图 6－35　上色

思考题

1. 打印模式有哪几类？
2. 支撑类型与填充密度对打印效率有何影响？
3. 打印模型拆分的意义何在？
4. 简述美纹纸的作用和要求。
5. 粘贴美纹纸时需要注意哪些问题？
6. 3D 打印机专用胶水的特点是什么？
7. 打印模型的原则有哪些？
8. 常用的后处理技术是什么？
9. 上色的主要步骤是什么？

单元 7

3D 打印机的常见问题与维护

单元导读

本单元主要讲述了 3D 打印机的常见问题及处理方法，所包含的内容比较多，主要结合实践中遇到的问题，进行深入分析，为大家提供一定的处理思路与技巧。首先，介绍 3D 打印机中常见问题，主要包含打印质量、机械电子、机器运行等方面，如：挤出机堵了、打印平台水平差、机械或电子等常见的一些故障。我们应能够结合实践，根据故障现象，判断故障的问题所在，掌握一些处理技能。然后，介绍在进行打印模型时所遇到的一些问题，以打印水壶的问题为例，进行深入的分析与讲解，为大家提供了相应处理技巧。最后，介绍 3D 打印机的维护技能，这对于保证机器能长期稳定运行、提高工作效率、延长机器的使用寿命具有重要作用。

学习目标

- 了解 3D 打印机的常见问题，掌握相应的处理方法，如：挤出机没有装填耗材、打印头离平台太近、挤出机堵了、打印平台水平差、机械或电子等问题的一些处理技能。
- 了解打印模型时的常见问题，掌握解决的办法。
- 了解打印头的常见故障，如热敏电阻和加热棒的故障，能够根据故障现象解决相应的问题。
- 掌握 3D 打印机的维护要点。

难点与重点

- 难点：各类故障的处理方法。
- 重点：3D 打印机的维护。

7.1 3D 打印机的常见问题及处理方法

7.1.1 开始打印但耗材无挤出

开始打印但耗材无挤出，是一个比较常见的问题，如图 7－1 所示。挤出机挤不出耗材，可能有 3 种情况。下面将逐一说明各种情况，并提出解决办法。

1. 挤出机没有装填耗材

（1）问题与现象。

大多数挤出机都有一个问题：当挤出头处于高温静止状态时，会漏料，如图 7－2 所示。打印头中加热的耗材，总是倾向于流出来，导致打印头内是空的。

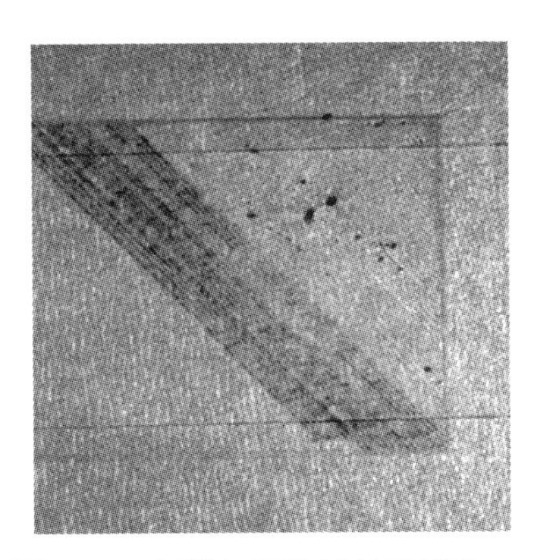

图 7－1 开始打印但耗材无挤出

图 7－2 高温垂料

这种静止垂料的问题，可能在打印开始阶段，预加热挤出头的时候，也有可能发生在打印结束后，挤出机慢慢冷却时。

如果挤出机因为垂料，流出了一些耗材，那么下次挤出时，可能需要多等一会儿，耗材才开始从打印头中挤出。

（2）解决办法。

需要保证挤出机填充满料，打印头中充满了耗材。

在 Cura 中解决这个问题的通常做法是，使用“沿边”的选项。沿边是在模型的底边周围增加数圈薄层，在打印沿边时，会让挤出机中充满耗材。

如果需要填充更多，可以在 Cura 的“支撑”中设置增加沿边，如图 7－3 所示。有时也可以在开始打印前，操作打印机的进料选项，手动挤出耗材。

2. 打印头离平台太近

（1）问题与现象。

如果打印头离平台太近，将导致没有足够的空间，让耗材从挤出机中挤出。打印头顶端的孔会一直被堵住，耗材无法出来。识别这种问题的一个简单方法是：观察第 1 层或第 2 层没有挤出材料，第 3 层或第 4 层又开始正常挤出了。

（2）解决办法。

可以在 Cura 的 G 代码（G-Code）中，通过修改 G 代码偏移设置来解决。这种方法能非常精确地调整 Z 轴坐标原点，而不必去修改硬件。比如设置 Z 轴的 G 代码偏移量为

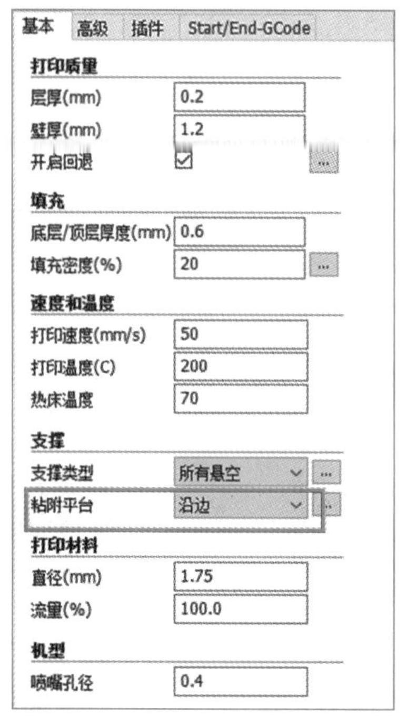

图 7－3　设置沿边

0.05 mm，那么打印头将远离平台 0.05 mm，如图 7－4 所示。每次增加一点，来增大这个值，直到打印头与平台之间有足够的空间让耗材挤出。

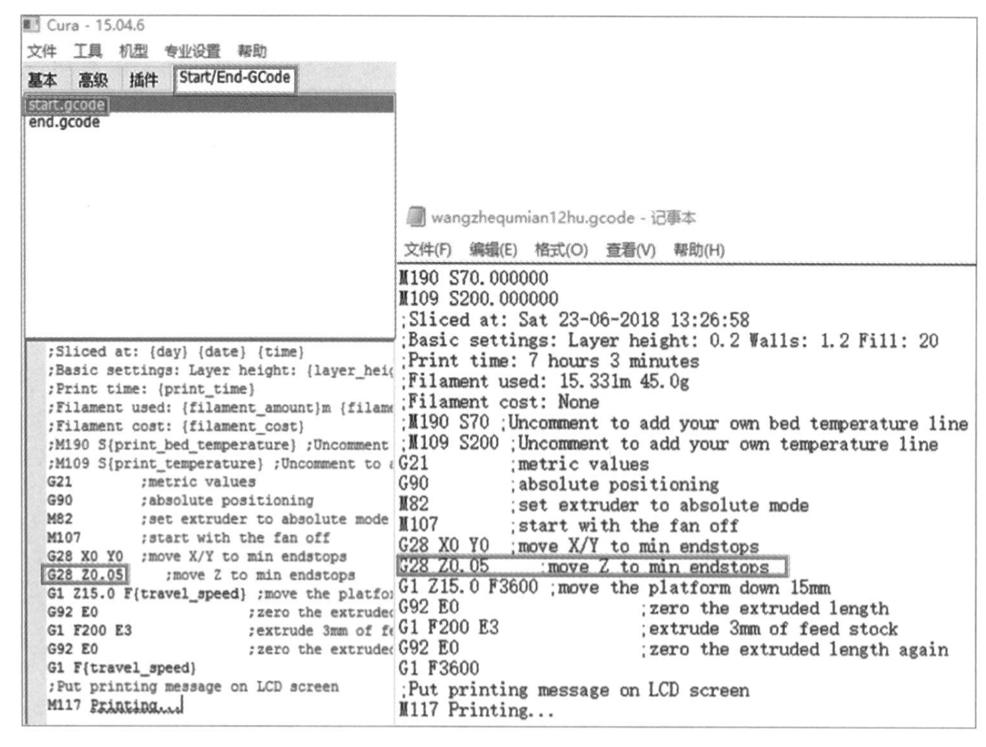

图 7－4　Cura 软件中的设置与代码中 Z 轴坐标值的改变

3. 挤出机堵了

（1）问题与现象。

如果上面的建议都没法解决问题，那么有可能是挤出机堵了，如图 7－5 所示。3D 打印机在其生命周期里，需要熔化和挤出数千克的耗材。耗材在挤出机中堆积太多或者挤出机散热不充分，耗材在预期熔化的区域之外，就开始变软，阻碍耗材正常挤出。

（2）解决办法。

1）手工推送线材进入挤出机。

打开 Cura 的设备控制面板，加热挤出机到耗材需要的温度。然后使用控制手柄，挤出少量耗材，如 10 mm。当挤出机电机旋转，用手轻轻地帮助推送线材进入挤出机。

2）重新安装线材。

如果线材仍然没有移动，接下来要做的事就是拆下线材。确认挤出机温度正确，然后使用 Cura 的控制面板，回退线材，将其从挤出机中拔出。线材被拔出后，使用剪刀剪掉线材上熔化或损坏了的部分，然后重新安装线材，观察新的线材能不能挤出。

3）清理打印头。

解决喷嘴堵塞的问题，需要拆开挤出机，拆卸打印头，使用相应的工具清理喷嘴，使之保持畅通。

方法 1：将喷头温度手动调节至 240℃，将前风扇拆下，温度达到后，手动往进料喉管中挤压胶丝，使喷嘴正常出丝。接着拔出胶丝，再次进入进料喉管，稍等胶丝熔化后拔出胶丝，使半熔化的胶丝将喷嘴中的残留物带出，反复操作几次。

方法 2：使用 0.3 mm 钢丝或者专用清理钻头（见图 7－6）疏通喷嘴，然后重复第一种方法。

图 7－5　喷头堵塞

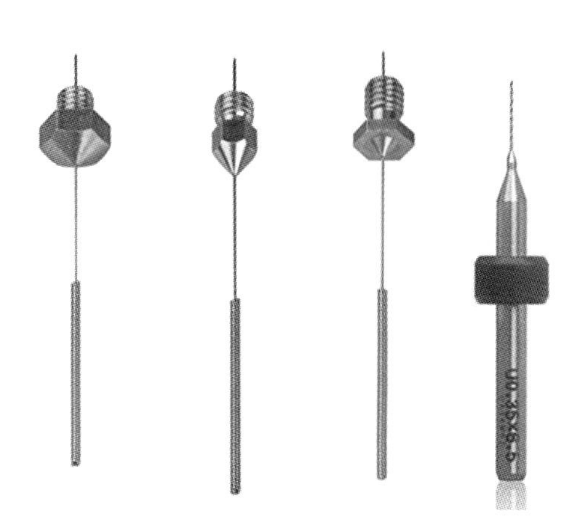

图 7－6　疏通工具

方法 3：将喷头拆下，放在丙酮溶液中清洗。由于丙酮溶液可以溶解塑料，因此可以将喷头放入溶液同时配合进行方法 2。由于丙酮溶液是化学液体，因此在清洗过程中最好戴上专用的防护手套。

清理打印头的同时，进一步检查喉管及里面的导料管是否因高温而产生变形，如果变形极其容易造成进料不顺畅，此时需要更换喉管及导料管。

喉管与黄铜喷嘴如图 7－7 所示。

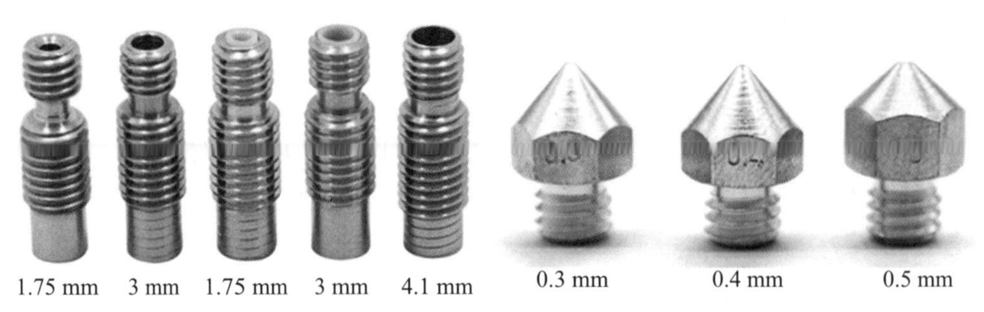

图 7－7　喉管与黄铜喷嘴

7.1.2　打印耗材无法粘到平台上

打印第一层要与平台紧密粘住，接下来的打印层才能在此基础上建构出来。如果第一层没能粘住平台，将导致后面的打印层出现问题，如图 7－8 所示。下面针对几种常见的情况，说明如何解决。

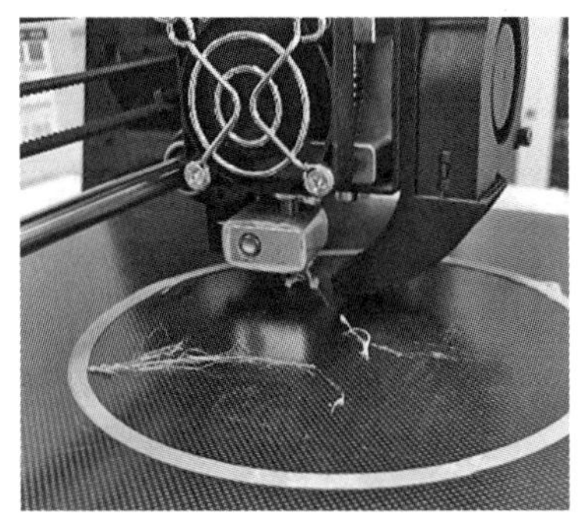

图 7－8　耗材没法粘到平台上

1. 打印平台不水平

（1）问题与现象。

打印机的加热板下面都有几个螺丝，是用来调整打印平台的位置。此时需要确认平台本身是不是平的，是否水平放置。如果打印平台不水平，平台的一边会接近打印头，而另一边会距离打印头太远。

（2）解决办法。

Cura 中有一个非常有用的平台调平指南可引导操作。可以参考前面机械调试部分的打印平台调平的内容进行调试。

2. 打印头距离平台太远

（1）问题与现象。

当平台已经调平后需要确定打印头的起始位置，与平台的间距是否合适。需要将打印头定位到与平台距离合适的位置，使耗材轻轻粘在平台上，以获得足够的附着力。

（2）解决办法。

一方面可以通过调整硬件来实现，参考前面打印平台调平的相关内容。

另一方面通过修改 Cura 中的设置，点击“Start/End-Gcode”来打开设置界面，选择“Start Gcode”，修改 Z 轴偏移 G 代码，调整打印头的位置。在 Z 轴偏移中输入 –0.05 mm，如 G28 Z-0.05，打印头将从靠近平台 0.05 mm 的位置开始打印，如图 7－9 所示。

注意：每次只做微调整即可，由于打印件每层只有 0.2 mm 左右，微小的调整带来的实际影响会很大。

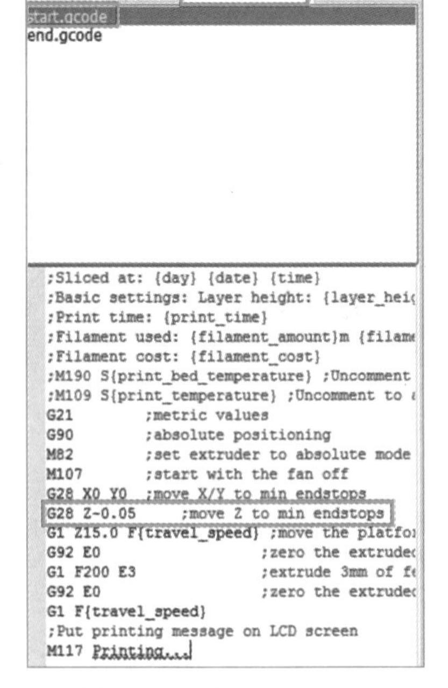

图 7－9　修改 Z 轴偏移量

3. 第一层打印太快

（1）问题与现象。

挤出机打印第一层时，希望耗材能粘在平台的表面上，以便接下来打印其他层。如果第一层打印太快，耗材就没有足够多的时间粘在平台上。

（2）解决办法。

常用的解决方法是将第一层的打印速度降低。Cura 提供了相应的设置，点击“高级”，修改“速度”选项的“底层速度”的数值即可。

例如，设置底层的速度为 30%，那么第一层的打印速度，会比其他层打印速度慢。如果打印机第一层打印得太快，影响打印质量就试着减少底层速度的数值，如图 7－10 所示。

图 7－10　修改底层速度数值

4. 温度或冷却设置有问题

（1）问题与现象。

当温度降低时耗材会收缩。如 100 mm 宽的 ABS 耗材打印件，挤出机打印时的温度是 230℃。由于平台温度比较低，耗材从打印头中挤出后会快速地冷却。此时，如果启动打印机的冷却风扇，则会加速耗材的冷却过程。当打印件冷却到室温 30℃时，100 mm 宽的打印件，产生收缩 1.5 mm，而且耗材冷却时，总倾向于脱离平台。所以在打印第一层时好像很快粘到平台上，但是后来随着温度降低又脱离了，那么很可能与温度和冷却的设置有关。

（2）解决办法。

1）打印耗材为 ABS 材料时，需要加热平台，保持在 100℃～ 120℃，使第一层保持一定的温度，进而保证材料不会收缩。

2）打印耗材为 PLA 材料时，热床需要加热到 60℃～ 70℃。

3）可以在 Cura 中修改“基本”设置中的“速度和温度”，修改热床的温度。

4）可以在前几层打印时，禁用冷却风扇，以使这几层不致冷却得太快。点击“高级”，点击“开启风扇冷却”后面的省略号，如图 7－11 所示，打开“专业设置”，如图 7－12 所示。里面有 4 个参数，即风扇全速开启高度、风扇最小速度（在开启高度以下的速度）、风扇最大速度（在开启高度以上的速度）、最小速度。

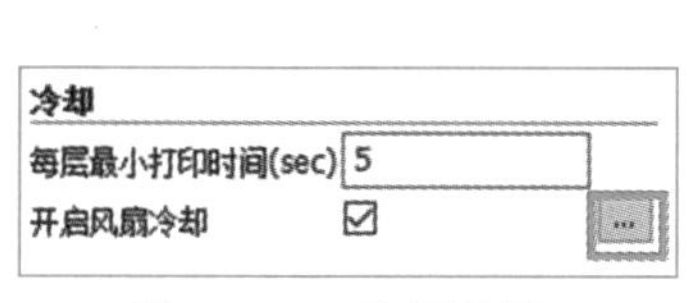

图 7－11　冷却设置

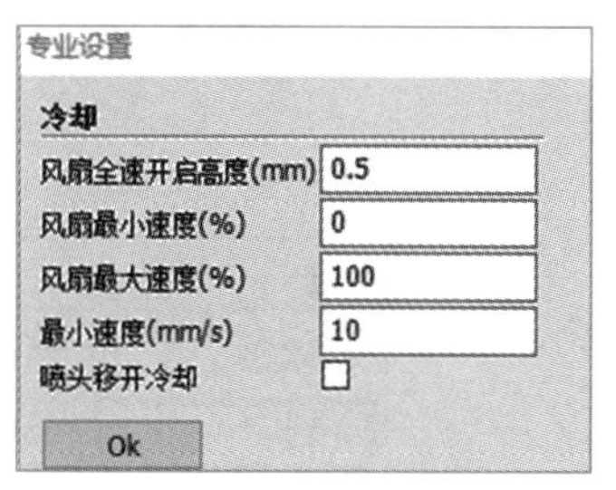

图 7－12　冷却风扇参数

如果希望第一层打印时，禁用风扇，然后到第 5 层时，全速开启风扇，那就首先设置风扇全速开启高度 0.5 mm 左右，其次设置风扇最小速度为 0，最后设置风扇最大速度为 100%。如果使用的是 ABS 耗材，通常是在整个打印过程中都禁用风扇。

5. 平台表面的处理

不同的耗材与不同的材质材料黏合度不一样，因此不同款的 3D 打印机都有一个特别材质的平台，专门来适用它们的耗材。有些打印机生产商，则选择经过热处理的硼化硅玻璃平台，这种玻璃在加热后，能与 ABS 很好地黏合。

如果在这些平台上直接打印，那么在打印开始前，要检查平台上面是否有灰尘、油脂之类，或者使用水或酒精清理平台。

如果打印平台不是特殊材料，那么使用美纹胶带能与常用的 3D 耗材进行黏合。条形胶带能方便地粘到平台表面，同时也能轻松地移除或更换，以适应打印不同的耗材。

如 PLA 就与蓝色美纹胶带黏合得很好。ABS 则与 Kapton 胶带（也称聚酰亚胺树脂胶带）黏合得好。也可以使用胶水均匀地涂在平台表面。胶水和美纹纸如图 7 - 13 所示。以上几种方法供大家参考。

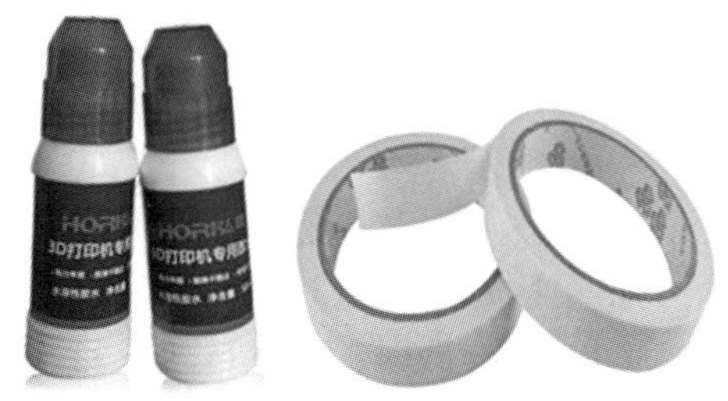

图 7 - 13　胶水和美纹纸

6. 沿边和底座

模型表面如果没有足够的面积与平台表面黏合，可以通过 Cura 的设置，增加与平台的附着面积。

一种叫“沿边”，是在打印件外围增加额外的边。点击“粘附平台”后面的省略号，打开专业设置，设置边沿走线圈数，如图 7 - 14 所示。

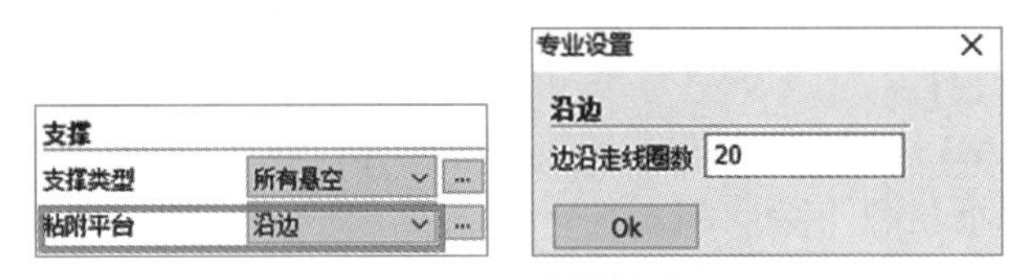

图 7 - 14　设置沿边

另外一种“底座”在打印件底部，增加一层底座以增大着床面积，如图 7 - 15 所示。

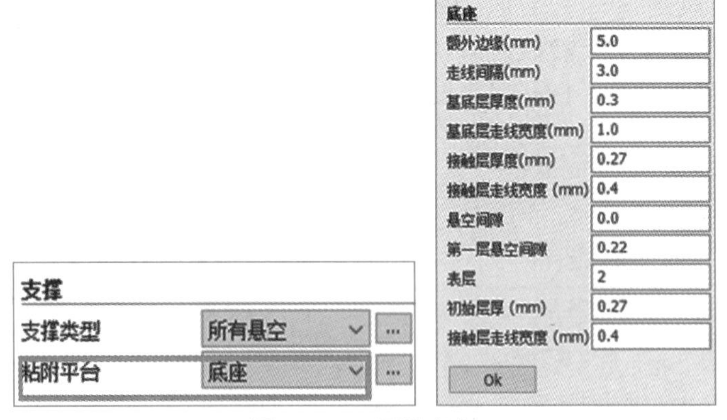

图 7 - 15　设置底座

7.1.3　边角卷曲和毛糙

在打印后期，发现卷曲问题，通常存在过热或耗材没有粘到平台上。

从挤出机挤出的耗材，至少有 190℃～240℃，所以它是柔软的，可以轻易地塑造成不同的形状，冷却后迅速变成固体并且定型。这需要在温度和冷却之间取得正常的平衡，进而耗材能顺利地从打印头中流出，又能迅速凝固成，以获得打印件尺寸的精度。

如果未能达到平衡，就会遇到一些打印质量问题，如打印件的外型不精准，如图 7－16 所示，金字塔顶部挤出的线材，没能尽快冷却定型。打印件的边缘发生卷曲，如图 7－17 所示。这些都可以通过对每层快速的冷却来解决，这样它在凝固前，没有机会变形。

图 7－16　过热

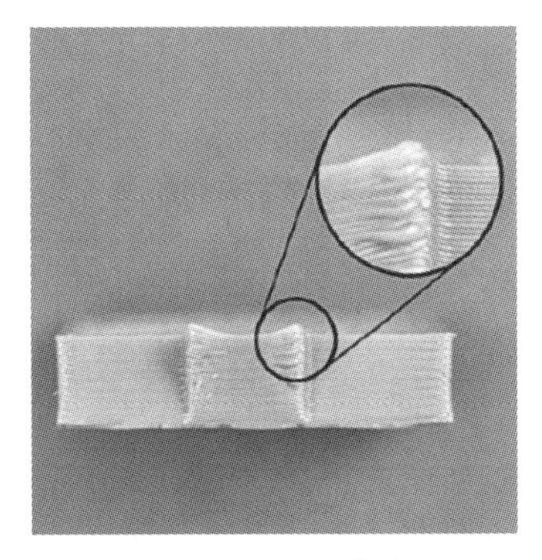

图 7－17　边角卷曲和毛糙

1. 散热不足

最常见的导致过热的原因，是耗材没能及时冷却。冷却缓慢时，耗材很容易被改变形状，因此要快速冷却已经打印的层，防止变形。如果有冷却风扇，试着增加风扇的风力来使耗材冷却更快。

可以在 Cura 软件中，点击“修改切片设置（Edit Process Settings）”，打开“冷却（Cooling）标签页”，做相应设置。双击需要修改的风扇的控制点，这个额外的冷却，有助于耗材成型。如果打印机没有完整的冷却风扇，需要装配一个风扇，或者使用手持风扇来加快层的冷却。

2. 打印温度太高

如果使用了冷却风扇，但仍然有问题，则需要降低打印温度。如果耗材以低一些的温度从打印头中挤出，它将可能更快地凝固成型。降低打印温度 5℃～10℃，点击“修改切片设置（Edit Process Settings）”，打开“温度（Temperature）标签页”，做相应设置，需双击要修改的温度控制点。

注意：不要降温太多，会导致耗材不够热，而无法从打印头孔中挤出。

3. 打印太快

打印每个层都非常快，导致没有足够的时间完全冷却，又开始在它上面打印新的一层。在打印小模型时每层的打印时间比较短，在使用冷却风扇的情况下，仍需要降低打印速度，确保有足够的时间让每一层进行凝固。

可以在 Cura 软件中点击“修改切片设置（Edit Process Settings）”，打开“冷却（Cooling）标签页”，对“速度重写（Speed Overrides）”项进行重新设置。该选项在打印小的层时会自动降低速度，确保打印下一层时有足够的时间进行冷却和凝固。

例如，在打印时间少于 15 s 的层时，软件调整打印速度，程序会为这些小层自动降低打印速度，解决高热的问题。

4. 一次打印多个件

如果尝试了以上 3 种方法，仍然在冷却方面有问题，还有一种方法可以试一下。将要打印的模型复制一份（编辑 > 复制 / 粘贴（Edit > Copy/Paste）)，或者导入另一个可以同时打印的模型。同时打印两个模型，为每个模型提供更多的冷却时间。打印头将需要移动到不同的位置，去打印第二个模型，这就提供让第一个模型冷却的时间，这是一个很有效的解决过热问题的方法。

7.1.4　层错位

对于桌面级的 3D 打印机，大部分使用的是开环控制系统，缺少喷头移动位置的信息反馈。如果出现打印的实际位置与理论给定的位置不符合时，打印机是无法发现的。

例如，在打印模型的时候，突然遇到撞击打印机的问题，那么会导致喷头移动到一个新的位置，如图 7－18 所示。因为机器缺少位置反馈，所以无法识别，就会继续打印，最终会导致打印的层错位。

图 7－18　层错位

1. 喷头移动太快

（1）问题与现象。

如果高速度打印超过了电机承受的范围，通常会听到“咔咔”的声音，电机没法转动到预期的位置，接下来打印的层会与之前打印的所有层错位。

（2）解决办法。

试着降低 50% 的打印速度。

在 Cura 软件中，点击“基本设置”，调整默认的“打印速度”，如图 7－19 所示，因为该速度决定了挤出头挤出耗材时的速度。

点击“高级设置”，调整打印头在空行程时的速度，即非打印状态的速度，如图 7－20 所示，因为该速度太快会导致电机丢步。

上述两个速度中，任意一个速度太快，都会导致错位。其实，还可以通过降低打印机固件中的加速度设置，使加速和减速更加平缓。

速度和温度	
打印速度(mm/s)	50
打印温度(C)	200
热床温度	70

图 7－19　调整打印速度

2. 机械或电子问题

（1）问题与现象。

如果降低打印速度还是未能解决错位问题，那么可能打印机存在机械或电子问题。

例如，多数 3D 打印机使用同步带来作电机传动，以控制喷头的位置。同步带是由橡胶制成，再加某种纤维来增强。长时间使用同步带会松弛，进而影响同步带带位喷头的张力，可如图 7－21 所示调整 X 轴的同步带。

速度	
移动速度 (mm/s)	150.0
底层速度 (mm/s)	30
填充速度 (mm/s)	100
顶层/底层速度 (mm/s)	30
外壳速度 (mm/s)	40
内壁速度 (mm/s)	80

图 7－20　调整打印头的速度

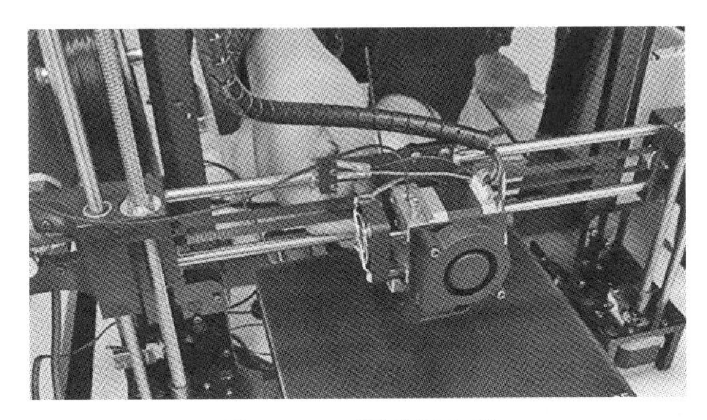

图 7－21　调整同步带

如果张力不够会引起同步带在同步轮上打滑，这说明同步轮转动时同步带却没有动。如果同步带安装得太紧，也会导致此问题。过度绷紧同步带，会使轴承间产生过大的摩擦力，从而阻碍电机转动。

皮带调试的理想状况是让皮带足够紧，既能防止打滑，又不至于太紧而阻碍系统运行。所以在处理打印错位的问题中，需要确认同步带的张力是合适的，不要太松或太紧。

（2）解决办法。

3D 打印机包括同步带和驱动同步带的同步轮，在同步轮上使用顶丝固定到电机上。顶丝将同步轮锁紧在电机的轴上，保证二者可以同步旋转。因此，如果顶丝松动了，同步轮不再与电机轴一同旋转，会出现电机在旋转，而同步轮和同步带却没有运动，喷头达不到预期的运动位置导致层错位的现象。所以如果层错位的问题重复出现，需要确认电机上的所有紧固件是否已经紧固。

还有一些常见的电子方面的问题导致电机失步。例如，电机的电流不足，没有足够的力矩转动。其中，电机驱动板过热，也会导致电机间歇性地停止转动，直到电路冷却下来，会好转。

7.1.5　层开裂或断开

3D 打印通过一次打印一层来构建模型，需要确保每层之间充分地黏合，否则会使打印件开裂或断开，如图 7－22 所示。下面探讨一下出现层开裂或断开的原因及相应的解决办法。

图 7－22　层开裂或断开

1. 层高太高

多数 3D 打印机打印头直径都在 0.3 ～ 0.5 mm 之间，耗材从孔中挤出形成非常细的挤丝，构建细节丰富的打印件。而小的打印头也导致层高的限制，如果要保证两层很好地黏合在一起，就要确保选择的层高比打印头直径小 20%。

例如，打印头直径是 0.4 mm，使用的层高不能超过 0.32 mm，否则每层上的耗材将无法正确地与它下面的层黏合。

如果发现打印件开裂，说明层与层之间没能黏合在一起。首先要检查层高与打印头直径是否匹配。试着减少层高会有助于层与层之间黏合得更好。可以点击“修改切片设置（Edit Process Settings）”，打开“层（Layer）标签页”来设置。

2. 打印温度太低

相比冷的耗材，热的耗材能更好地黏合在一起。如果发现层与层之间不能很好黏合，并且确定层高设置合适，那么可能是线材需要以更高的温度来打印，才能更好地黏合。

例如，190℃时打印 ABS 耗材，会发现层与层之间很容易分开。因为 ABS 耗材需要在 220℃～ 235℃时打印，才能使层与层有力地黏合。所以应确认线材的类型，使用正确的打印温度。尝试增加温度，每次增加 10℃，观察黏合是否有所改善。可以点击“修改切片设置（Edit Process Settings）”，打开“温度（Temperature）标签页”来设置。

7.1.6　侧面线性纹理

3D 打印件的外表由成百上千层组成。如果打印正常，这些层会看起来像是一个整体平滑的表面。如果仅仅是某一层出现问题，那么会在打印件的外表面上清楚地显示出来。打印的不正确的层，会导致打印件的外表看起来像线性纹理，如图 7－23 所示。这种瑕疵周期性、有规律地出现，如每 15 层出现一次。下面将讨论几种常见的原因。

图 7－23　侧面线性纹理

1. 挤出不稳定

引起这个现象有可能是线材质量不佳。如果线材公差较大，会在打印件的外壁发现这种变化。如整卷耗材直径只波动 5%，从打印头中挤出的耗材线条宽度将改变 0.05 mm。这种额外的挤出量，将导致相应层比其他层更宽，在外壁处会看到一条线。为了产生一个平滑的表面，打印机需要一个稳定的挤出条件，因此需要高质量的耗材，获得稳定的挤出。

2. 温度波动

大多数 3D 打印机，使用针脚来调节挤出机的温度。如果针脚调谐不正常，挤出机的温度将会随着时间流逝而波动。鉴于针脚控制的原理，这种波动会频繁重现，这说明温度会像正弦波一样波动。

当温度太高时，耗材的挤出顺畅度，与更冷一些的时候相比是不同的。这会导致打印机挤出的层不一样，从而使打印件外表面出现纹理。

一个正确调谐的打印机，应该将挤出机的温度控制在 –2℃～ 2℃。在打印过程中可以使用 Cura 的设备控制面板，监控挤出机的温度。如果波动超过 2℃，需要重新校准针脚控制器。

3. 机械问题

如果排除这种现象不是不稳定的挤出和温度波动引起的，那么有可能是机械故障导致打印件表面的线性纹理。如果打印平台在打印过程中晃动，会导致打印头位置波动，造成有的层会比其他层更厚，较厚的层将在打印件外表产生线性纹理。

另一个常见的现象是 Z 轴丝杠安装不正确。如，回差问题或者电机细分控制不足，导致平台出现很小的变化，从而影响每层的打印质量。

7.2 打印模型的问题

7.2.1 打印水壶的问题

下面是一个使用 Proe 进行建模的水壶模型，但是在打印的时候遇到了破洞的问题，如图 7 – 24 所示。在此主要探讨使用不同的软件所产生的相应问题。

图 7 – 24 打印水壶模型

在实际操作中使用 Proe 和 Solidworks 两种软件进行格式转换，通过 Cura 软件进行切片，使用同一款打印机进行打印。

1. 两种软件的模型格式转换

（1）使用 Proe 软件导出参数的弦高决定三角面的大小。弦高值越小，模型导出精度越高，当然文件也很大，产生的三角面也越多。在此选择 0.001 mm 的弦高，能够导出高质量的模型。但是 0.001 mm 弦高并不能提高打印质量，因为 3D 打印机的打印精度并没有那么高。所以在此使用默认的参数进行模型导出即可，存为 STL 格式的文件。

（2）使用 Solidworks 软件导出模型时，按照默认的参数即可，存为 STL 格式的文件，如图 7 – 25 所示。

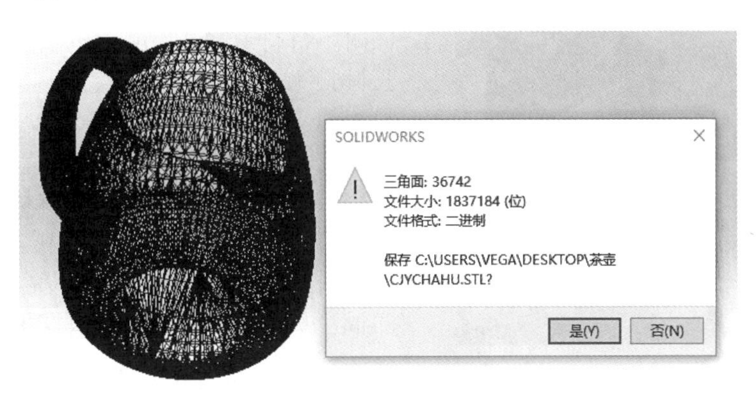

图 7－25　Solidworks 导出模型的参数

2. 模型的打印问题

（1）导入 Proe 软件保存的 STL 模型，模型 1∶1，打印时间 6 小时 58 分，如图 7－26 所示。

但是在进行切片预览时发现一个小的缺口，如图 7－27 所示。

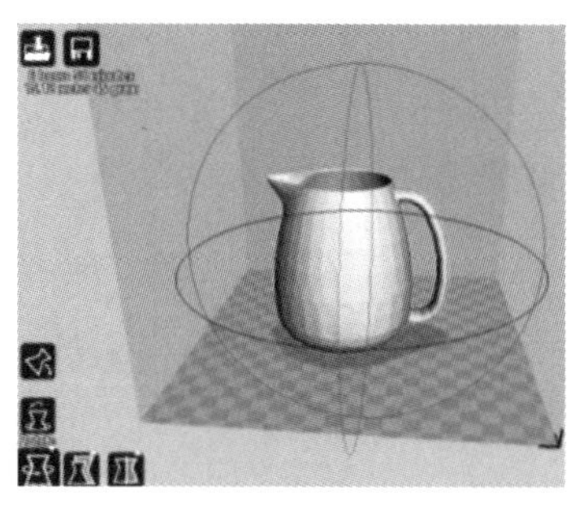

图 7－26　Proe 软件的 STL 模型

图 7－27　切片预览（一）

（2）导入 Solidworks 软件保存的 STL 模型，模型 1∶1，打印时间 5 小时 33 分，如图 7－28 所示。

进行切片预览时未发现缺口，如图 7－29 所示。

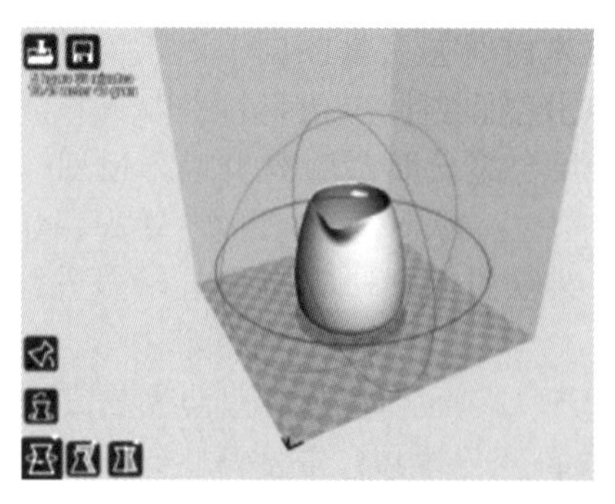

图 7－28　Solidworks 软件的 STL 模型

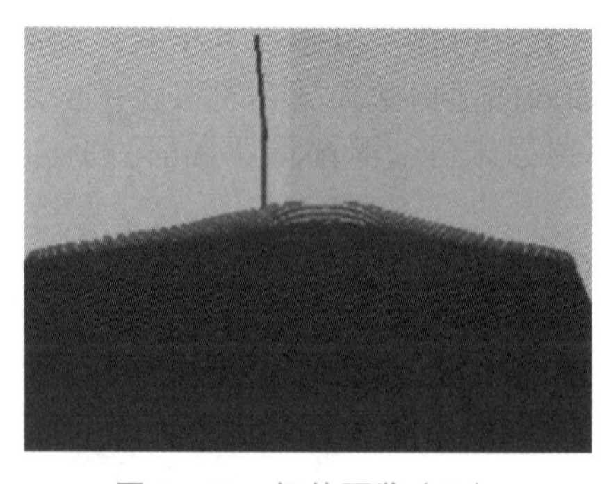

图 7－29　切片预览（二）

3. 解决措施

不同的软件在进行模型转换时引起模型线面的丢失，一方面可以使用修补软件进行修补，另一方面可以改换一种软件进行格式转换。

7.2.2　打印圆形物体呈椭圆形

下面是一个圆盘形的端盖，在进行打印时发现圆形物体被打印成椭圆的形状，如图 7－30 所示。

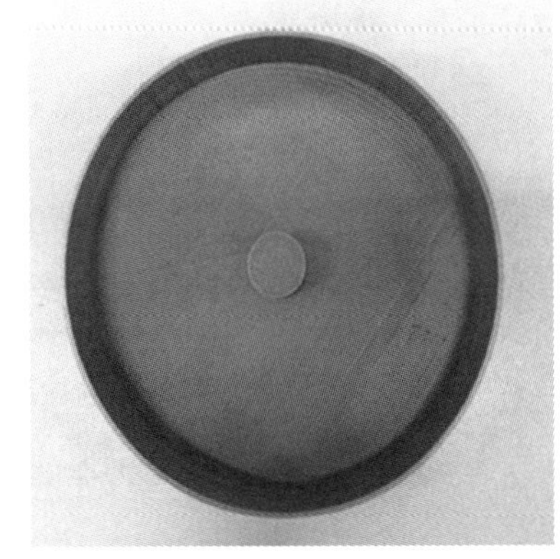

图 7－30　圆盘形端盖

可能出现的问题有如下几个：

（1）X、Y 轴的步进不一致。

（2）打印机的光轴不直或者 X、Y 坐标轴不垂直，与另一侧的光轴不平行或弯曲，会卡住，超过电机的运行负荷，造成步进电机不能正常运转。可以用直角尺检查打印机的垂直度或将电机断电，用手拨动打印头，观察其移动是否顺畅。

（3）X 轴皮带或者 Y 轴皮带过松，这会导致电机移动不顺畅或者丢步。

（4）机器打印的零件不够圆还与主板的写入程序有关，开源的板子程序中缺少 G2 和 G3 这两个代码。

解决的办法如下：

结合上面可能出现的几个方面的问题，经过检查发现，X 方向的皮带过松，经过调试，皮带的松紧合适后再次进行打印就正常了，如图 7－31 所示。

图 7－31　调试皮带

7.3　打印头热敏电阻的故障

打印机的打印头是由温度传感器进行检测温度，温度传感器再将检测和测量的热度及冷度转换为电信号的设备。3D 打印机使用的是 NTC、100 kΩ 热敏电阻，如图 7－32 所示。

1. 故障现象

启动打印机后，只要进行打印头的升温操作，显示屏界面就出现“Err：MINTEMP”的报错信息，如图 7－33 所示。再次重启系统进行验证，其他操作一切正常，只有打印头升温操作不了。

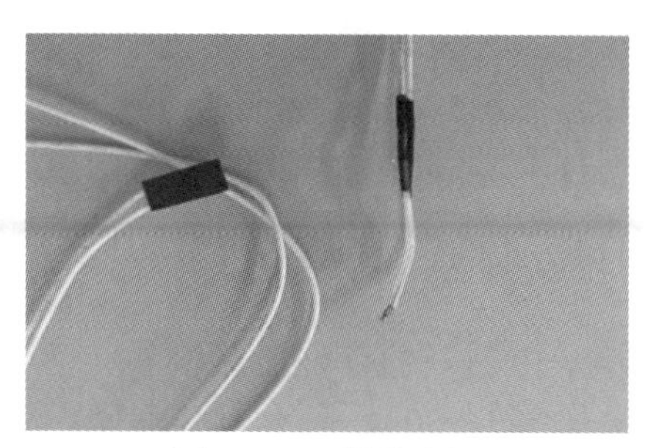

图 7－32　热敏电阻

图 7－33　报错信息

2. 故障诊断方法

（1）检查温度传感器线路是否折断，特别是靠近喷头铝块的部位。如果温度传感器本身损坏，需要更换温度传感器。

（2）在没有折断的情况下，检测温度传感器与延长线的连接器是否脱落。如果脱落，则重新插好连接器，适当使用扎带进行固定。

（3）使用万用表进行测量，检测温度传感器两端是不是通路，通则出现“滴”的声音，不通则没有声音，说明温度传感器损坏，存在断路，需要更换新的温度传感器。

3. 更换打印头热敏电阻

经过上述检查，发现线路和连接部分都没有问题，再使用万用表检测热敏电阻的两端，发现断路。于是更换打印头的热敏电阻，先拆卸打印头的热敏电阻固定螺丝，然后进行接线与连线，如图 7－34 所示。

更换后，再次上电检查，显示器显示信息正常，如图 7－35 所示。

图 7－34　更换热敏电阻

图 7－35　显示信息

7.4　打印头加热棒的故障

打印机的打印头是由加热棒进行加热的，一般使用的规格是 6 mm、12 V、30 W，如图 7－36 所示。

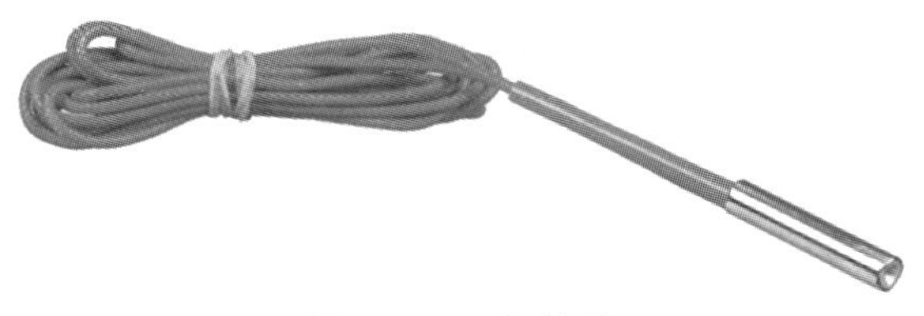

图 7－36　加热棒

7.4.1　故障现象

启动打印机后，只要进行打印头的升温操作，显示屏界面就出现“Err：MAXTEMP”的报错信息，如图 7－37 所示。

111/180° 44/70°
X 0 Y 0 Z000.00
100% SD---% --:--
Err: MAXTEMP

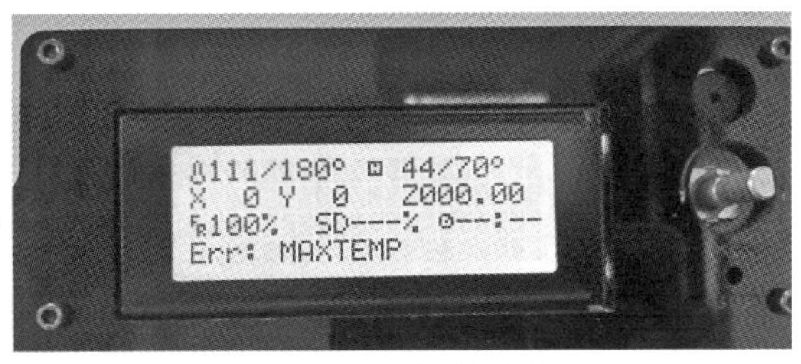

图 7－37　报错信息

7.4.2　故障诊断方法

（1）加热棒的检查。确定加热棒是否被损坏，特别是靠近打印头铝块的部位。如果加热棒损坏，则需要更换加热棒。

（2）在线路完好的情况下，检测加热棒与延长线的连接器是否脱落。如果脱落，则重新插好连接器，适当使用扎带进行固定。

（3）使用万用表进行测量，检测加热棒两端是不是通路，线路通则出现“滴”的声音，线路不通则没有声音，说明加热棒损坏，存在断路，需要更换新的加热棒。

7.4.3　更换打印头的加热棒

经过上述检查，发现线路和连接部分都没有问题，再使用万用表检测加热棒的两端，发现断路。于是更换打印头的加热棒，需要先拆卸加热棒的固定螺丝，然后进行接线与连线，如图 7－38 所示。

更换后，再次上电检查，显示器显示信息正常，如图 7－39 所示。

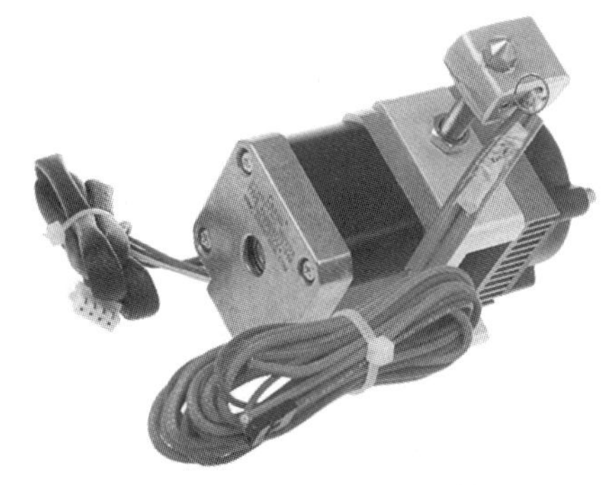

图 7－38　更换加热棒

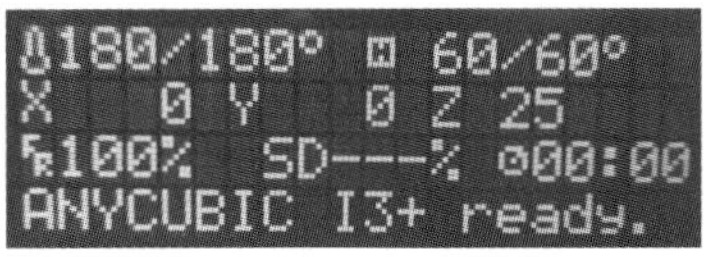
180/180° 60/60°
X 0 Y 0 Z 25
100% SD---% 00:00
ANYCUBIC I3+ ready.

图 7－39　显示信息

7.5 3D 打印机的维护

为了保证机器能长期稳定运行，提高工作效率，延长机器的使用寿命，通常需要对打印机进行日常的维护与保养。其实对于 3D 打印机来说，不需要专门的维护。但是有的机器部件，特别是一些不断运动的部分，随着运行时间的增加，会出现一定的磨损。如果想使机器一直处于良好的运行状态，就应该注意日常的保养，以避免打印过程中出现异常。

7.5.1 调整传动带松紧度

一般来说，传动带不能太松，但也不能太紧，不要给电机轮轴和滑轮太多的压力。传动带安置好之后，感觉一下转动滑轮是否有太多的阻力。拉动传动带时，如果传动带发出比较响的声音，表明传动带太紧了。

3D 打印机运转时应该几乎是无声的。如果电机发出噪声，则表明传动带太紧。但如果传动带自然下垂，则表示传动带过松。

传动带的松紧机制取决于固定电机的插槽，多数的 3D 打印机选用的是插槽而不是固定的圆孔，这样可以让电机平行于滑动轴转动。拧松螺钉，移动电机，可以调整传动带的松紧度，当达到适当的程度时，再拧紧螺钉，如图 7－40 所示。

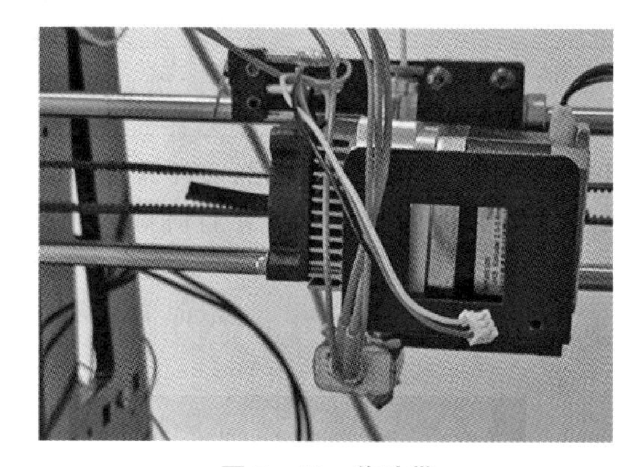

图 7－40　传动带

7.5.2 清理光杠和丝杠

当机器运行起来振动有些大时，需要清理一下光杠。所有的轴杠在没有任何振动的情况下，保证能够平行滑动。添加一些润滑油可以清理光杠，减少摩擦，使套管和光杠之间的磨损最小化，如图 7－41 所示。

3D 打印机的 Z 轴是非常重要的，它控制着打印工件的高度、厚度，其精度是由母件与丝轴配合来决定的。一般 3D 打印机（立体成型机）的 Z 轴与母件配合精度为 0.05 mm，所以在 Z 轴上不可有污物或油泥。Z 轴的母件中间有润滑油，两端有自清洁母件，如图 7－42 所示。但其自清洁能力不够，还需要人工清理，通常半年清理一次。

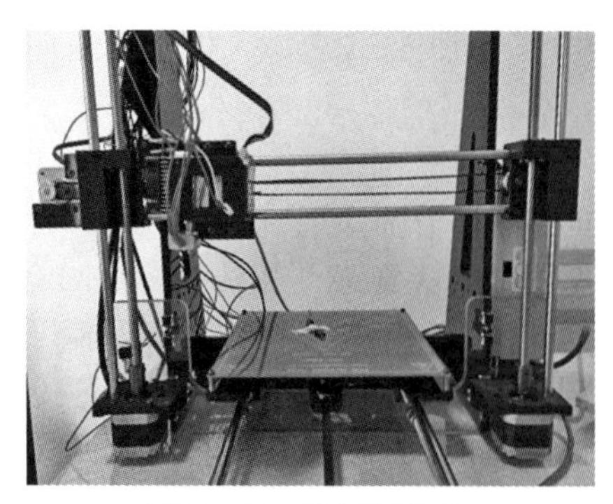

图 7－41　光杠和丝杠

图 7－42　丝杠母件

清理方法很简单，用干净的牙刷横向轻扫 Z 轴，从上至下即可，不要用布或者纸类，会容易残留线头或纸屑，影响 Z 轴转动。

7.5.3 紧固螺栓

螺栓可能会慢慢地变松，特别是在 X、Y、Z 轴上。变松的螺栓可能会引起一些问题或者噪声。如果遇到这样的问题，拿工具把螺栓拧紧即可。

7.5.4 保护打印平台

在打印平台上贴上胶带，这样可以防止从平台取下打印物体时破坏平台上的贴膜。如果取下物体时不小心将胶带划坏，则只需要将坏胶带揭下，然后重新贴上胶带，如图 7－43 所示。

图 7－43 贴胶带

7.5.5 注意事项

（1）机器在正常打印过程中不能直接断电，如需要停电，应先关闭系统，再关闭电源。

（2）加换材料时，先暂停打印，然后换上新的材料再继续打印。如果在打印进行中而又不暂停打印就进行加换材料盒，则必须在 1 min 之内装上材料。

（3）3D 打印机的固件需要经常进行升级，以保证长期的正常运作。

思考题

1. 开始打印但耗材无挤出的处理办法是什么？
2. 打印头离平台太近的处理办法有哪些？
3. 如何处理挤出机耗材堵的现象？
4. 哪些方面会影响打印耗材无法粘到平台上？
5. 如何处理打印零件边角卷曲和毛糙的现象？
6. 哪些方面会产生打印层错位？
7. 层开裂或断开的现象如何解决？
8. 打印零件的表面产生侧面线性纹理的现象，该如何解决？
9. 如何解决打印机显示屏界面出现“Err：MINTEMP”的报错信息？
10. 3D 打印机的维护都有哪些方面？

单元 8

3D 打印的项目案例

单元导读

本单元主要讲述了 3 个 3D 打印的项目案例。针对打印机部件的问题进行模型重建，为大家提供设计的思路与方法，使大家在掌握相应打印技术的情况下，对打印完成的部件进行装配与调试。

学习目标

- 了解 3D 打印机轴承座的设计、打印与装配，掌握一定的设计方法与技巧，熟悉打印和装配技术。
- 了解 3D 打印机面板旋钮的设计、打印与装配，掌握一定的设计方法与技巧，熟悉打印和装配技术。
- 了解 3D 打印机进料装置的设计、打印与装配，掌握一定的设计方法与技巧，熟悉打印和装配技术。

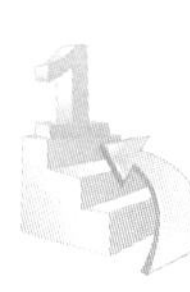

难点与重点

- 难点：部件设计的思路与方法。
- 重点：打印与装配技术。

8.1 3D 打印机轴承座的设计、打印与装配

3D 打印机的 X 轴方向主要是皮带传动，皮带带动安装在光杠上的轴承进行运动，而轴承依靠支座进行固定并与挤出机部件相连，如图 8－1 所示。

图 8－1　轴承座

由于轴承座是塑料材料制成的，因此在长期的使用中，容易开裂与损坏，此时大家可以自行设计并且打印该部件。

8.1.1　轴承座的设计

1. 设计思路

轴承座的设计有两种方法，一种是根据一个完好部件进行测绘，取得数据后进行建模，然后打印并试装配等；另一种是根据几个关键尺寸，自己进行设计。

比如该轴承座的关键尺寸有两个部分，一个安装轴承的孔的尺寸，应该做成过盈尺寸，否则轴承固定不住，或者单独设计其固定部分也可以。还有一个关键尺寸是与打印机固定架装配的 4 个小孔的定位尺寸，这个尺寸一定要准确。其直径可以稍微大一点，这样方便用小螺栓固定。

2. 设计过程

Solidworks 软件具有强大的机械部件设计功能，综合考虑选择使用 Solidworks 软件进行设计与建模。轴承座的设计步骤如下：

（1）打开 Solidworks 软件，选择上视基准面为草图绘制平面，绘制底座草图的尺寸，并对底座进行拉伸，深度为 4.5 mm，如图 8－2 所示（本单元图中单位均为 mm）。

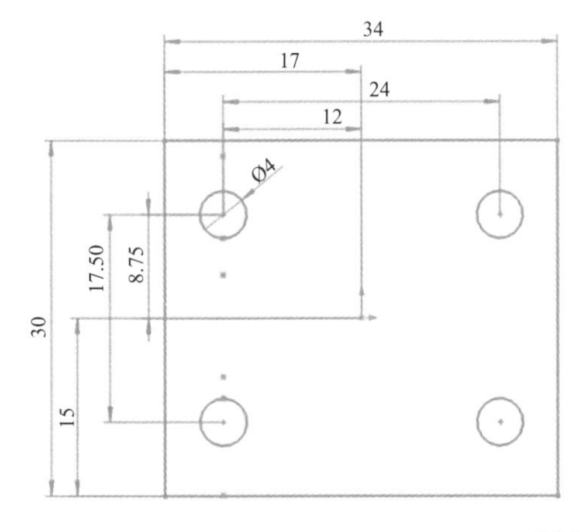

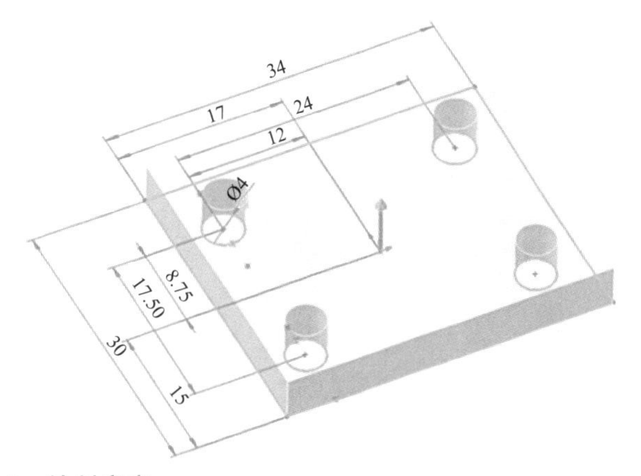

图 8－2　绘制底座

（2）选择前视基准面为草图绘制平面，绘制轴承孔外圆的草图尺寸，并对轴承孔外圆进行拉伸，方向为两侧对称，深度为 30 mm，如图 8－3 所示。

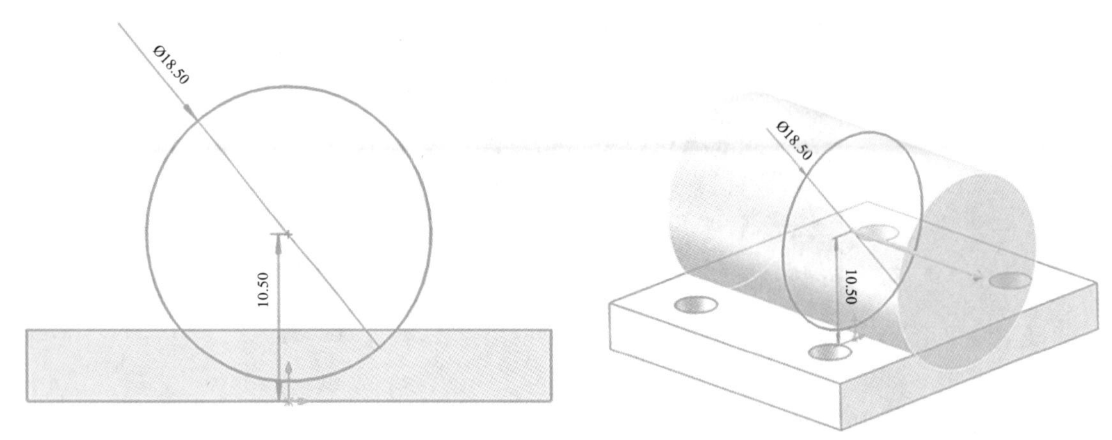

图 8－3　绘制轴承孔外圆

（3）选择前视基准面为草图绘制平面，绘制轴承孔内圆的草图尺寸，并对轴承孔的内圆进行切除，方向为给定深度，深度为 30 mm，如图 8－4 所示。

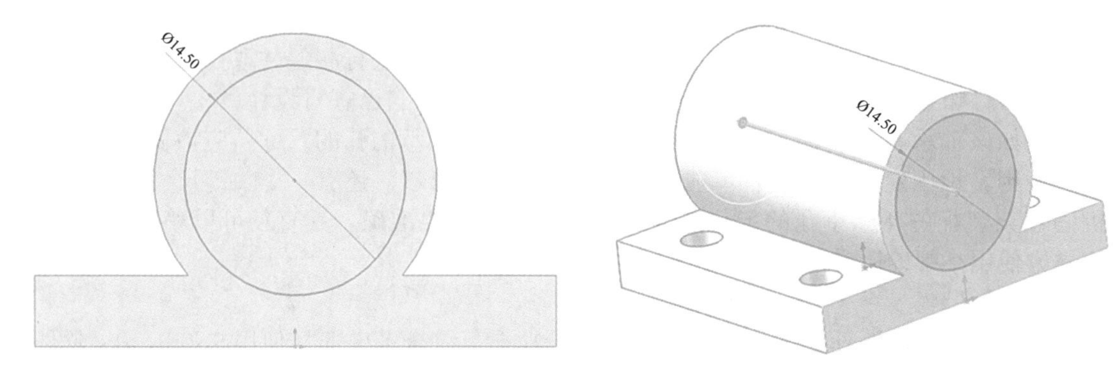

图 8－4　绘制轴承孔内圆

（4）选择右视基准面为草图绘制平面，绘制轴承孔的缺口，使用矩形命令，距离最下面的坐标系为 17 mm；对轴承孔的缺口进行拉伸切除，方向为两侧对称，深度为 4 mm，如图 8－5 所示。

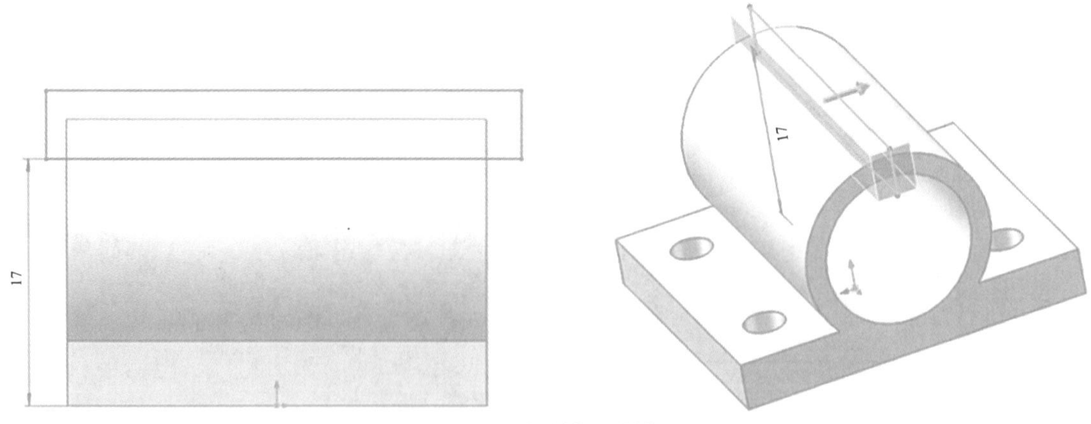

图 8－5　绘制轴承孔缺口

（5）对底座的四条边进行倒圆角，其半径为 3 mm，如图 8－6 所示。

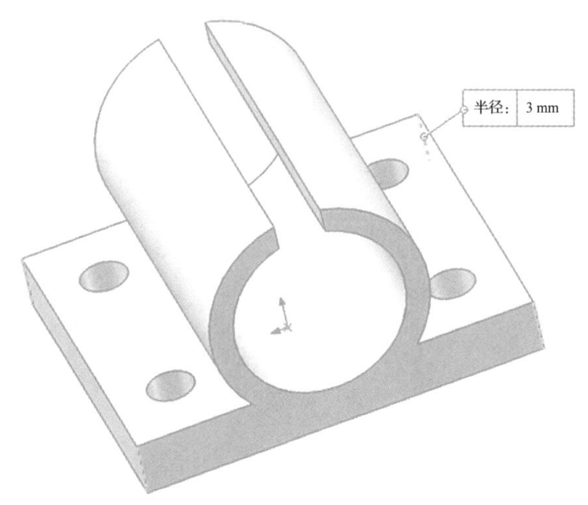

图 8－6　倒圆角

（6）选择底座的上表面为绘图基准面，创建草图，采用等距实体命令，等距为 1.5 mm；再拉伸切除等距绘制的圆，方向为给定深度，深度为 1.5 mm，如图 8－7 所示。

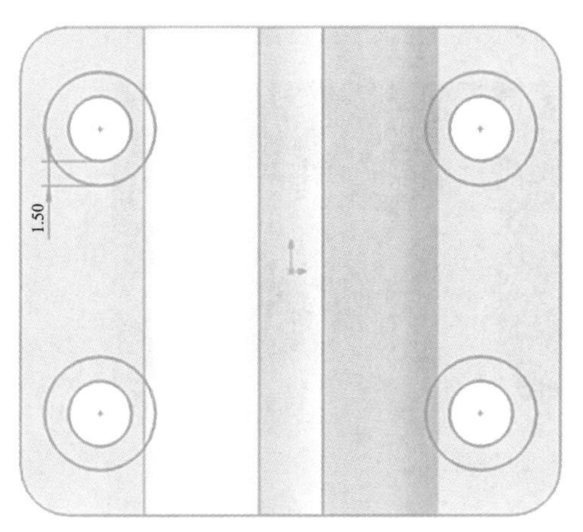

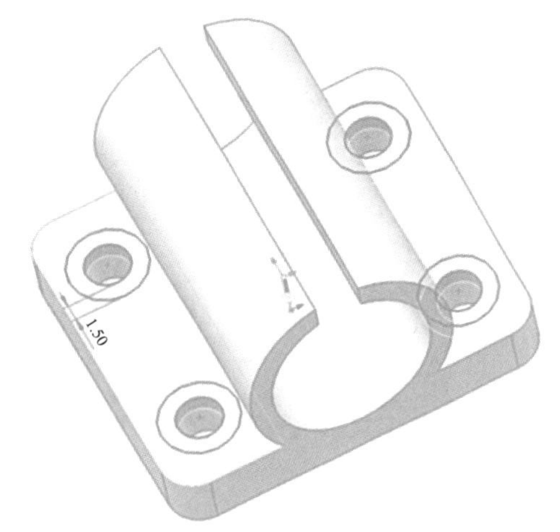

图 8－7　等距绘圆

（7）绘制完成的轴承座模型，其效果如图 8－8 所示。

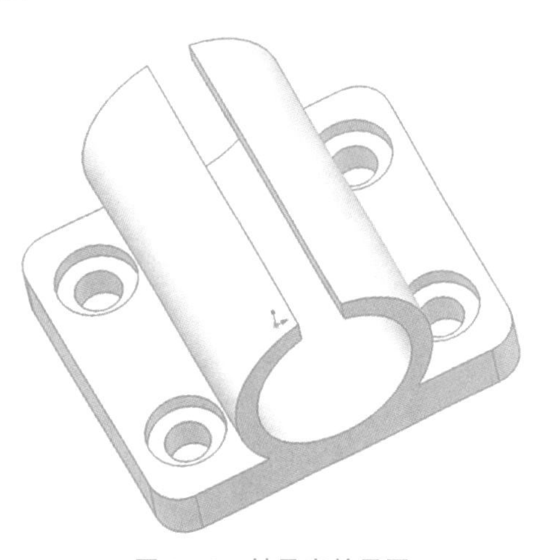

图 8－8　轴承座效果图

8.1.2　轴承座的打印

1. 切片软件

轴承座的切片使用的是 Cura 软件。打开软件设置好本机器的参数，如长、宽、高等。使用 PLA 材料，其打印的主要参数，层高为 0.1 mm，打印温度为 200 ℃，填充密度为 20%。打印预览如图 8－9 所示。

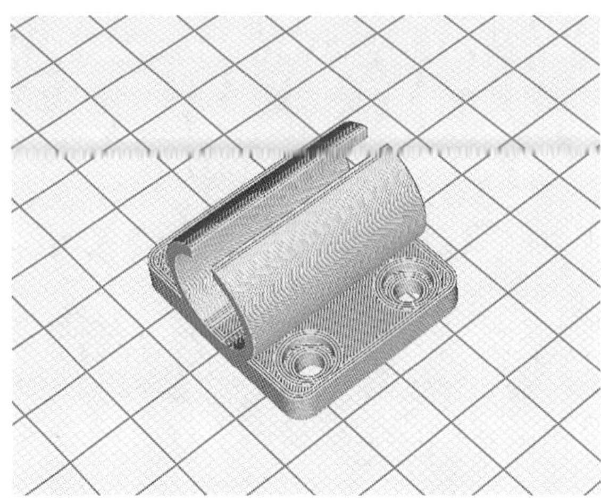

图 8－9　Cura 软件切片

2. 打印设备

轴承座的打印使用的是本教材调试的设备，同时也是对该设备的一个功能检验。使用 SD 卡进行打印，打印时间为 59 分钟，其打印完成的部件如图 8－10 所示。打印完成后需要对轴承座去除毛刺等，可以使用锉刀或者砂纸等工具，小心操作。

图 8－10　开源打印设备

8.1.3　轴承座的装配

1. 尺寸检验

对轴承座的长、宽、高等主要尺寸进行测量，分别为 34 mm、30 mm、19.5 mm，如图 8－11 所示。这与建模设计的尺寸是一致的。可以对轴承座进行试装配。

图 8－11　测量尺寸

2. 装配

在装配轴承座之前，需要拆卸一部分零件，一定要按照顺序进行拆卸，防止蛮力操作，如图 8－12 所示。将装配好的部件沿着 X 轴试运行，其固定的松紧度等应符合要求。

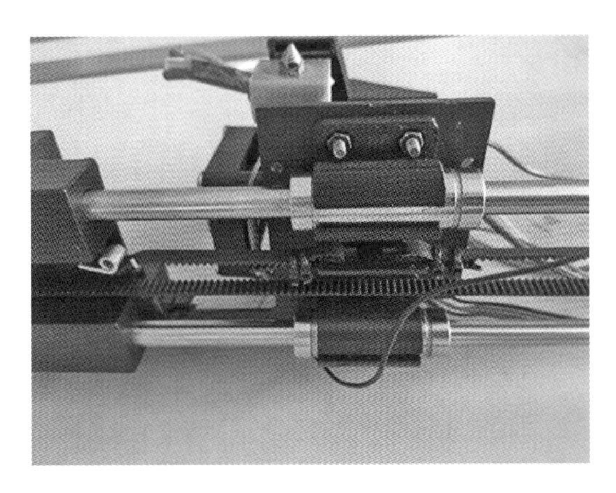

图 8－12　装配轴承座

8.2　3D 打印机面板旋钮的设计、打印与装配

3D 打印机的显示器缺少旋钮外壳，如图 8－13 所示，旋钮的主要功能是控制面板菜单功能的选择。在此增加一个外壳，能够更方便地控制旋钮的动作，所以旋钮外壳需要与旋钮很好地贴合，且承受一定的力，才能保证其正常工作。

图 8－13　面板旋钮

8.2.1　面板旋钮的设计

1. 设计思路

设计方法有两种，一种是根据实际部件的尺寸，对其进行测量并实现建模。另一种是根据现有的部件，进行尺寸测量与建模。无论哪种方法都需要试装配与尺寸调整。

2. 设计过程

选择使用 Solidworks 软件进行设计与建模。面板旋钮的设计步骤如下：

（1）选择上视基准面为草图绘制平面，绘制直径为 14 mm 的外圆；对其进行拉伸，给定深度为 16 mm，拔模角度为 4，如图 8－14 所示。

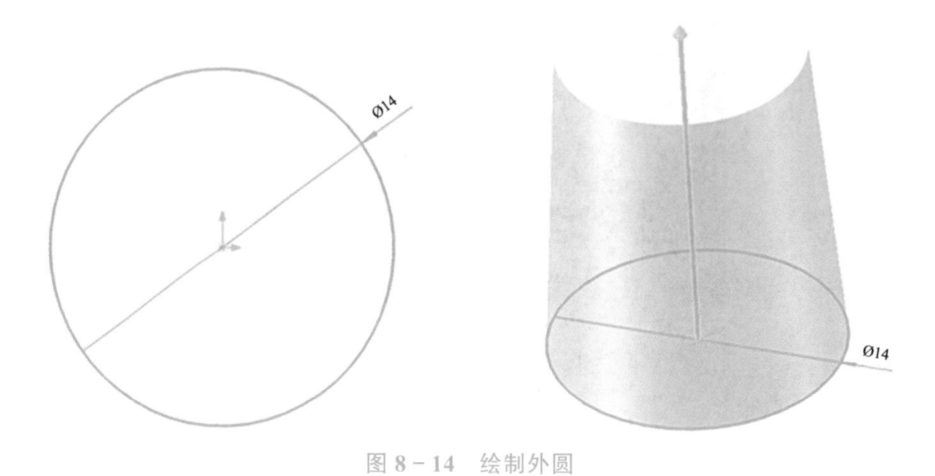

图 8－14　绘制外圆

（2）依然选择上视基准面为草图绘制平面，绘制外缘的直径为 16 mm；对其进行拉伸，给定深度为 3 mm，如图 8－15 所示。

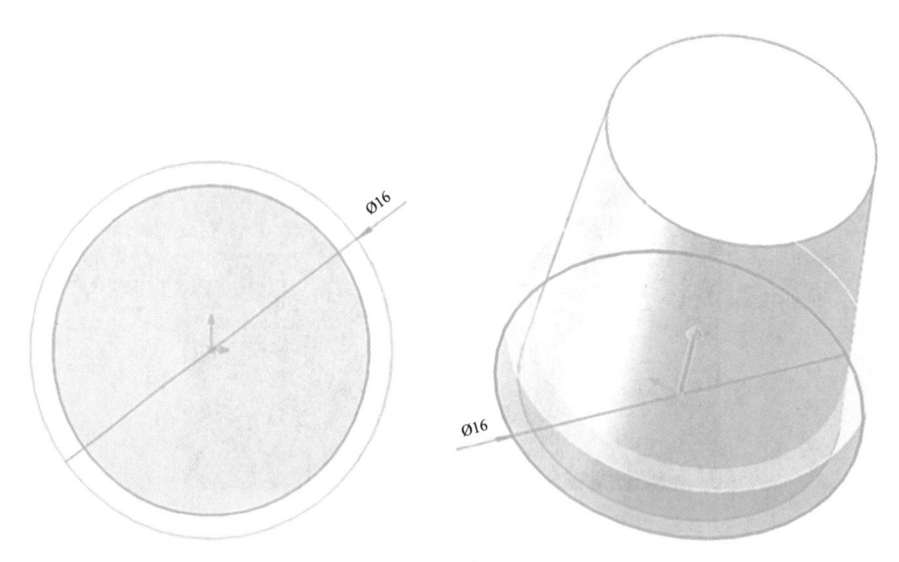

图 8－15　绘制外缘

（3）倒直角 1 mm、45°，选择的边如图 8－16 所示。

（4）选择最底下的平面，对其进行抽壳，厚度为 1.5 mm，如图 8－17 所示。

（5）倒圆角半径为 1.5 mm，选择的两条边如图 8－18 所示。

（6）选择孔的底平面为绘图平面，创建草图，直径为 6.1 mm 的圆，并且等距出一个 1 mm 的外圆；对其进行拉伸，给定深度为 10 mm，如图 8－19 所示。

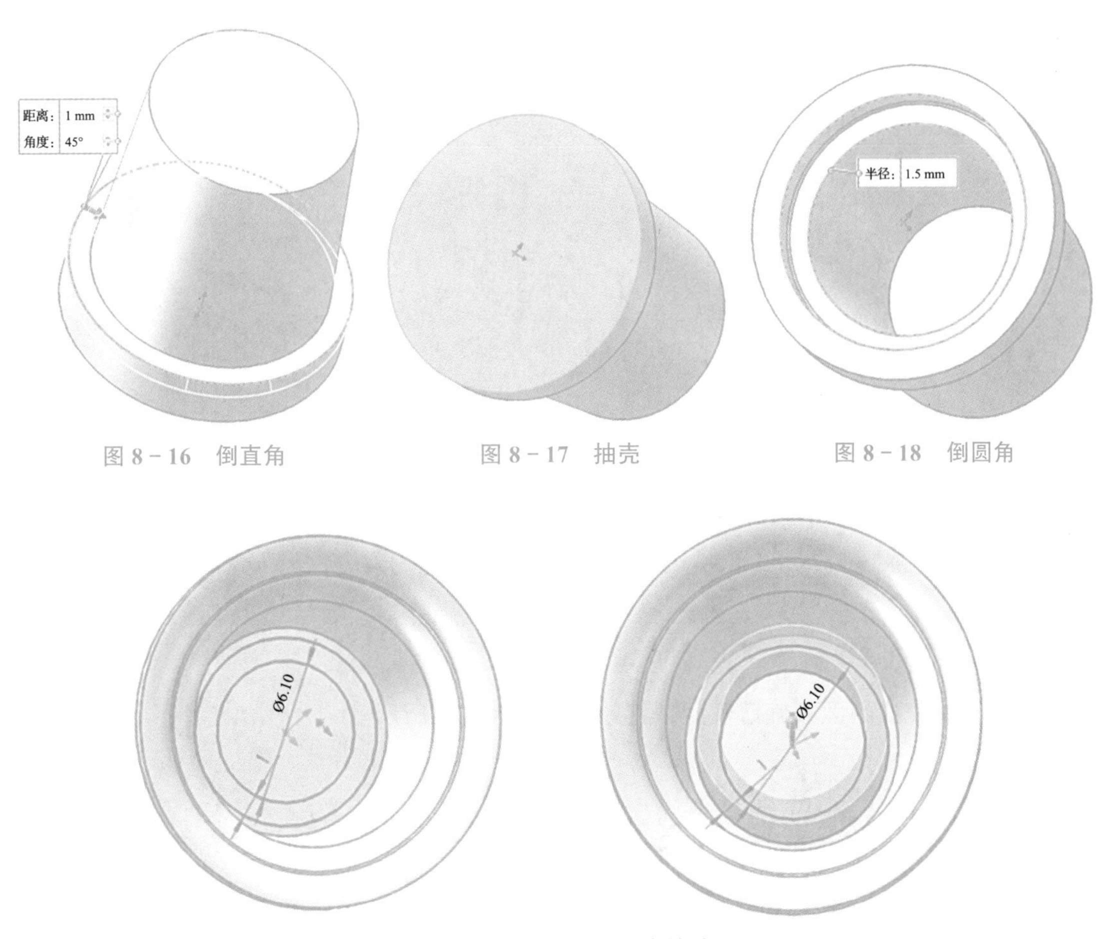

图 8－16　倒直角　　图 8－17　抽壳　　图 8－18　倒圆角

图 8－19　绘制与轴配合的孔

（7）绘制缺口。以第（6）步拉伸的上表面为草图基准面，创建草图绘制平面，绘制宽度为 2 mm，长度自定即可；对其进行切除，给定深度为 8 mm，如图 8－20 所示。

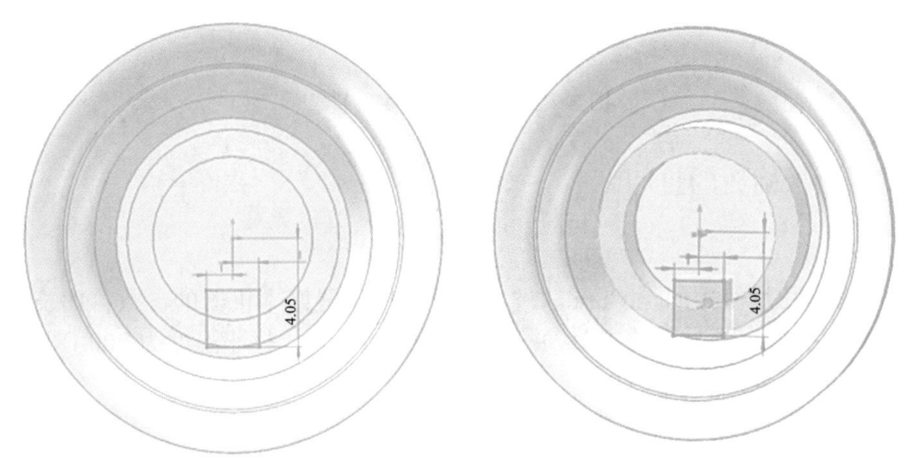

图 8－20　绘制缺口

（8）绘制旋钮顶部的缺口。这个缺口的位置与第（7）步中缺口的位置一致，这是使用中的一个标志点；选择旋钮顶部平面为绘图基准面，创建草图绘制宽度为 1 mm，长度自定缺口，如图 8 - 21 所示。

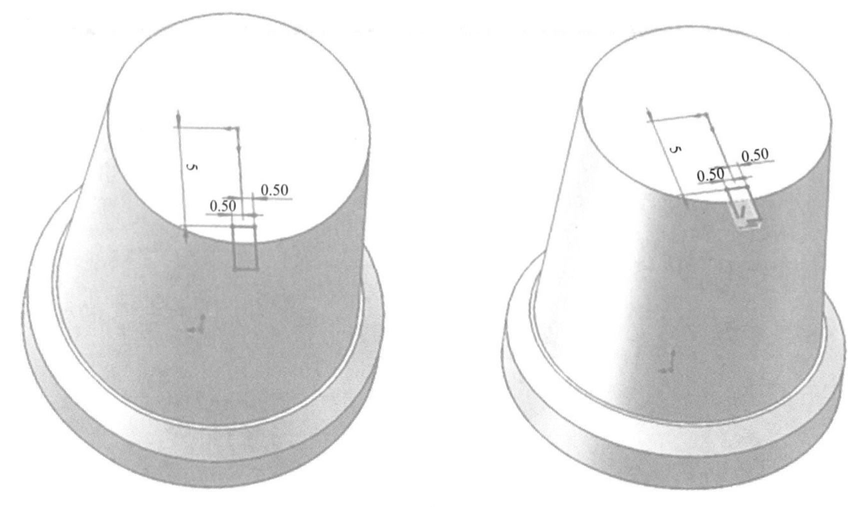

图 8 - 21　绘制顶部缺口

（9）绘制完成的面板旋钮模型，其效果如图 8 - 22 所示。

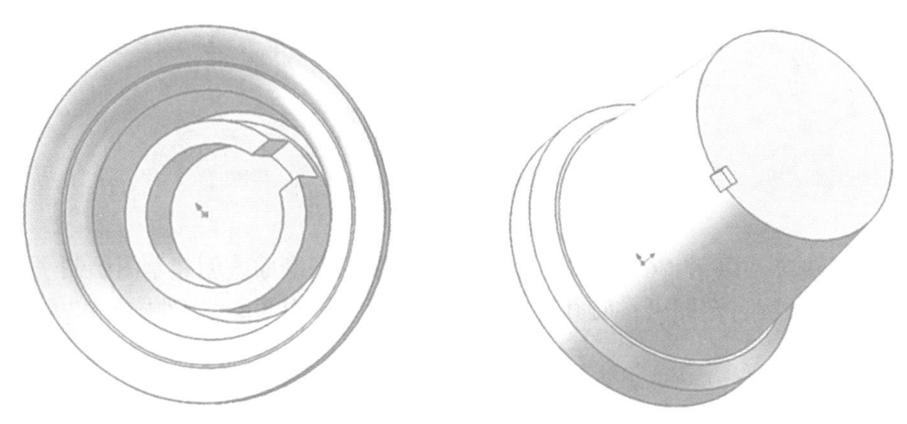

图 8 - 22　面板旋钮模型效果

8.2.2　面板旋钮的打印

1. 切片软件

面板旋钮的切片使用的是 Cura 软件。打开软件设置好本机器的参数，如长、宽、高等。使用 PLA 材料，其打印的主要参数，层高为 0.1 mm，打印温度为 200℃，填充密度为 20%。打印预览如图 8 - 23 所示。

2. 打印设备

面板旋钮的打印使用的是本教材调试的设备，同时也是对该设备的一个功能检验。使用 SD 卡进行打印，打印时间为 18 分钟，其打印完成的部件如图 8 - 24 所示。打印完成后需要对面板旋钮去除毛刺等，可以使用锉刀或者砂纸等工具，小心操作。

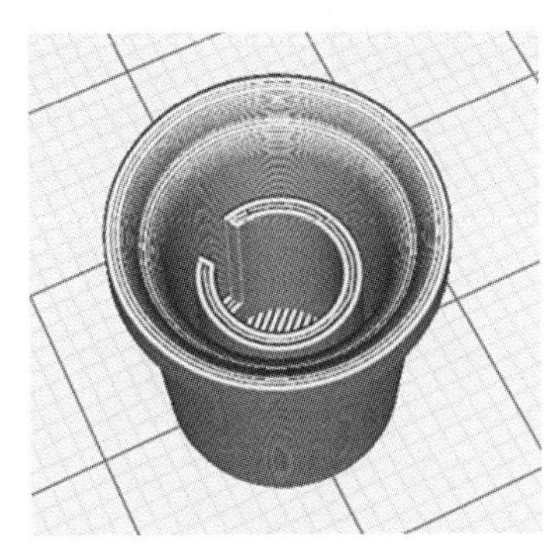

图 8－23　Cura 软件切片

图 8－24　开源打印设备

8.2.3　面板旋钮的装配

1. 尺寸检验

使用游标卡尺对面板旋钮的长、宽、高等主要尺寸进行测量，分别为直径 18mm、高度 16mm。这与建模设计的尺寸是一致的，可以进行试装配。

2. 装配

在装配面板旋钮之前，需要将内部有缺口与旋钮平面处卡住，否则会不起作用。只要卡住了，稍用力将面板旋钮推到底即可，如图 8－25 所示，然后拧动旋钮就能够正常工作了。

图 8－25　装配面板旋钮

8.3　3D 打印机进料装置的设计、打印与装配

桌面级 3D 打印机的进料装置主要有齿轮、惰轮和喉管，如图 8－26 所示。材料通过齿轮的旋转带动并在惰轮的协同下，向下运行，进入喉管中。但是在实际操作中，由于其机构和线材的特点，进料时往往没有那么容易，在接近喉管的地方材料易于跑偏，不能正常进入。

8.3.1　进料装置的设计

1. 设计思路

根据进料机构的特点，需要在材料跑偏的位置安装一个辅助装置，使材料能够顺利进入。因为材料是缠绕在材料轴上面的，所以材料会形成自然弯曲状，尽管用手或工具对其进行掰直，但是材料经过齿轮的挤压后还是容易变得更加弯曲，从而导致其不易进入喉管里。

进料装置的设计，一方面要考虑机构的空间大小，需要根据齿轮、惰轮和喉管之间的实际距离，确定装置的直径和高度；另一个

图 8－26　进料装置

方面需要考虑安装方便，因为空间距离小，宜采用从侧面推入的方式。

根据实际部件的空间尺寸，对其进行测量并实现建模，最后再进行试装配与尺寸调整。其中本机采用喉管的尺寸如图 8－27 所示。

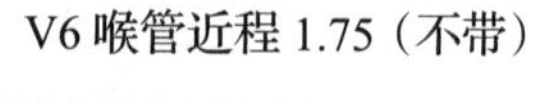

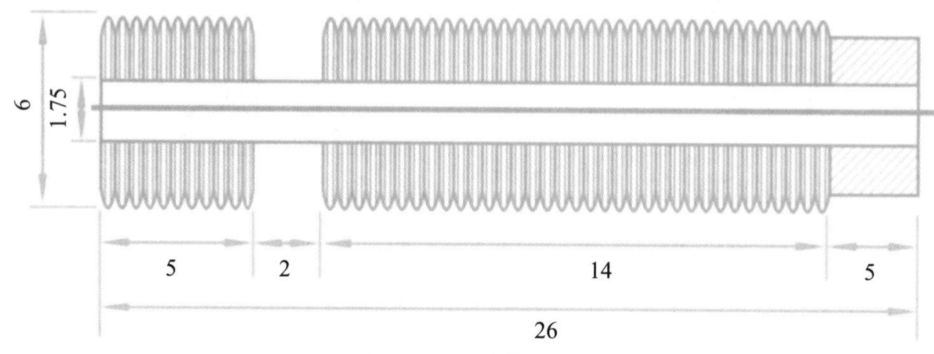

图 8－27　喉管尺寸

2. 设计过程

选择使用 Solidworks 软件进行设计与建模。进料装置的设计步骤如下：

（1）选择上视基准面为草图绘制平面，绘制直径为 9 mm 的外圆；对其进行拉伸，给定深度为 1.5 mm，如图 8－28 所示。

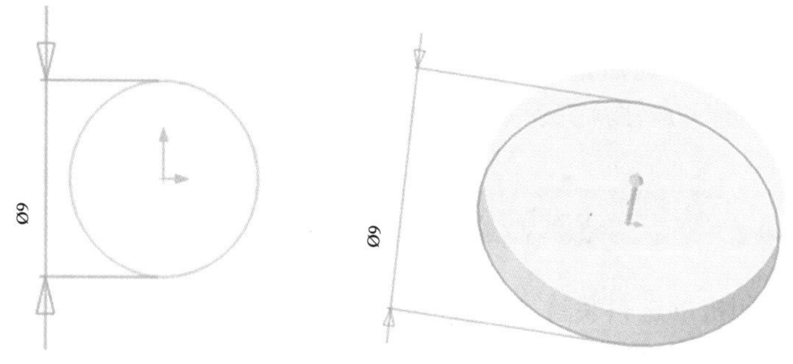

图 8－28　直径 9 mm 的外圆

（2）选择直径为 9 mm 的外圆为草图绘制平面，绘制直径为 8 mm 的外圆；对其进行拉伸，给定深度为 3 mm，如图 8－29 所示。

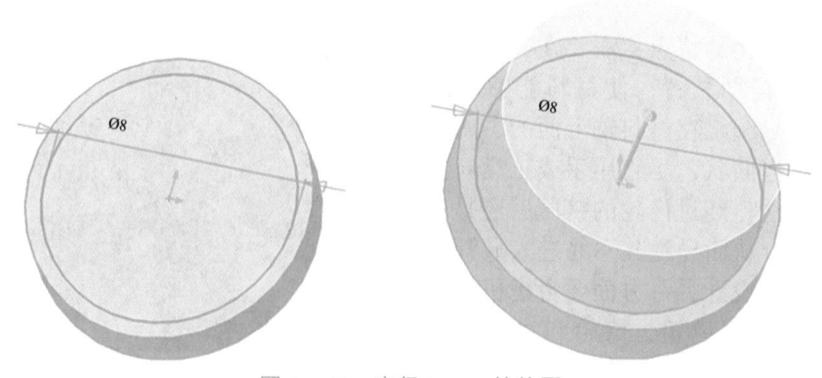

图 8－29　直径 8 mm 的外圆

（3）选择如图 8－30 所示的边进行倒圆角，半径为 1 mm。

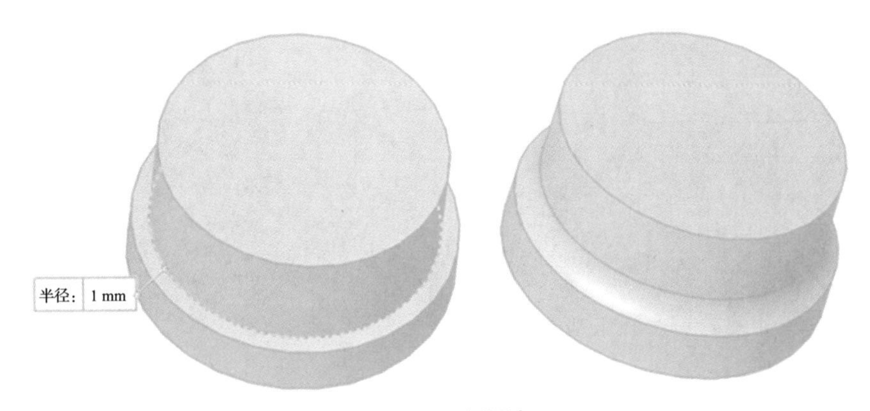

图 8－30　倒圆角

（4）选择如图 8－31 所示的上表面为草图基准面，创建直径为 6 mm的圆，然后拉伸除料深度为 2 mm。

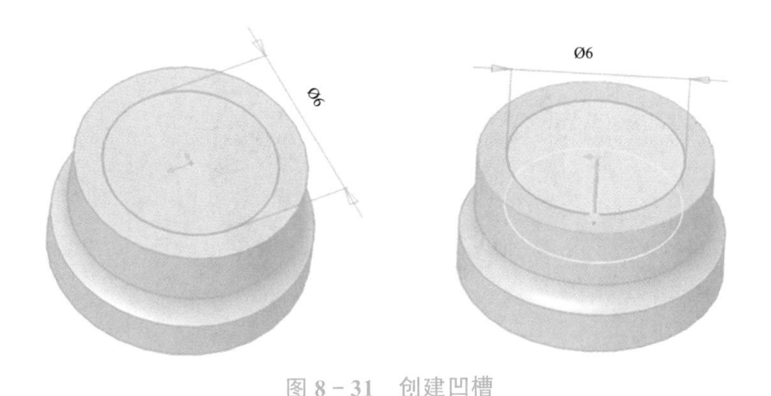

图 8－31　创建凹槽

（5）选择如图 8－32 所示的表面为草图基准面，创建直径为 3 mm 的圆，然后拉伸除料，方式为贯穿。

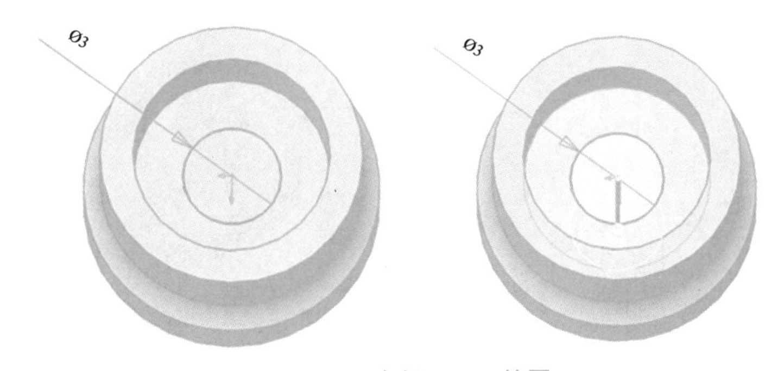

图 8－32　直径 3 mm 的圆

（6）选择侧视图为草图基准面创建矩形，尺寸如图 8－33 所示，然后拉伸除料，方式为两侧对称。

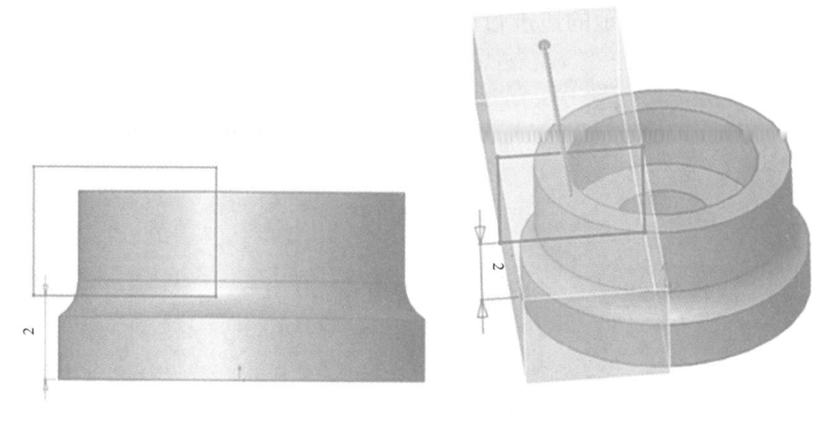

图 8－33　创建缺口

（7）点击菜单里面的参考，选择基准轴，然后再选择圆柱 / 圆锥面，如图 8－34 所示。

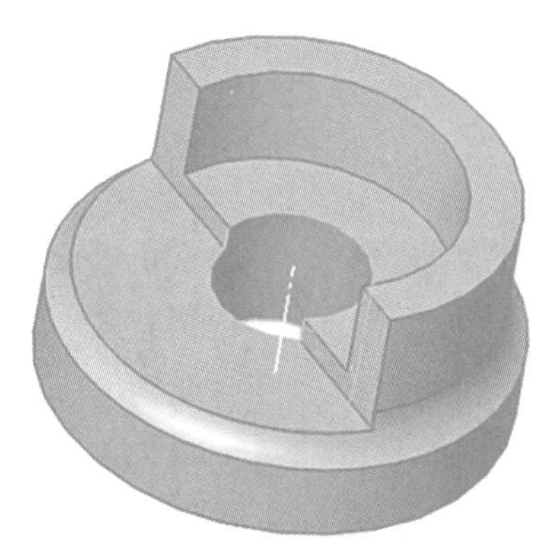

图 8－34　创建基准轴

（8）使用旋转切除，选择侧视图为草图基准面，创建如图 8－35 所示的图形，选择旋转基准轴，360° 旋转即可。图中的 25° 可以根据实际情况进行修改，只要保证该斜面使材料滑入直径为 3 mm 的圆孔中即可。

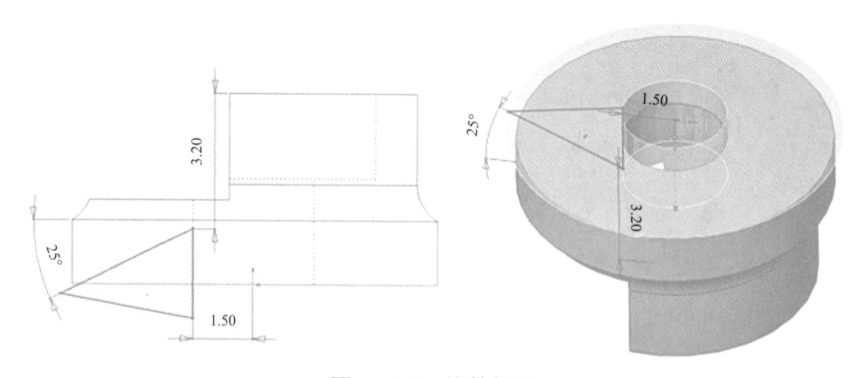

图 8－35　旋转切除

（9）使用转换实体命令，选择如图 8－36 所示的蓝色平面创建草图。对草图进行拉伸除料，方式为成型到面，使下面为一个平面，比较好安装。

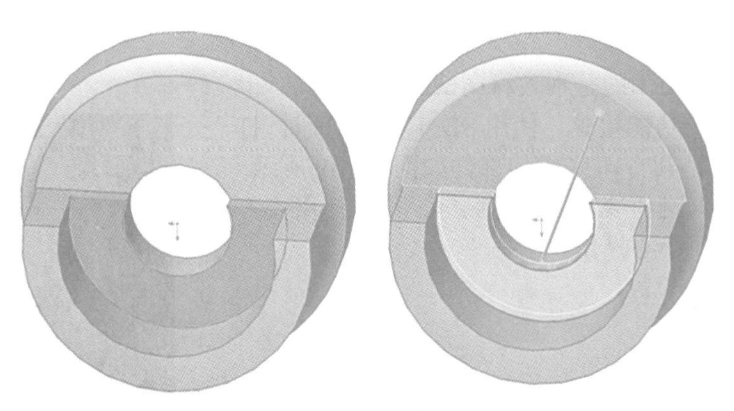

图 8－36　切除平面

（10）最终的模型如图 8－37 所示，下面一侧有一半的缺口，是为了方便安装；上面层锥面凹槽，是为了使材料顺利进入喉管。

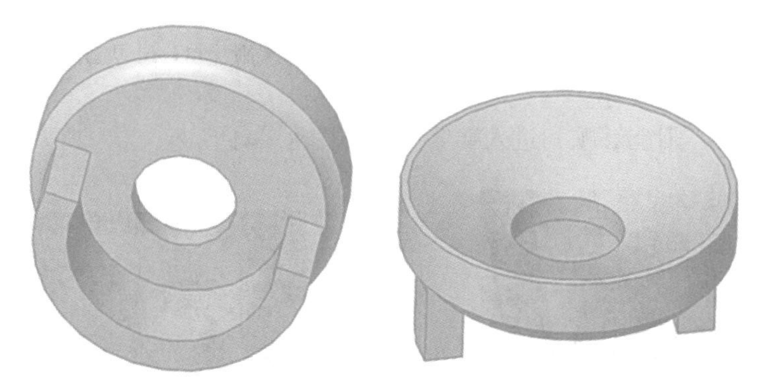

图 8－37　最终模型

8.3.2　进料装置的打印

1. 切片软件

进料装置的切片使用的是 Cura 软件。打开软件设置好本机器的参数，如长、宽、高等。使用 PLA 材料，其打印的主要参数，层高为 0.1 mm，打印温度为 210℃，填充密度为 80%。打印模型及预览如图 8－38 所示。

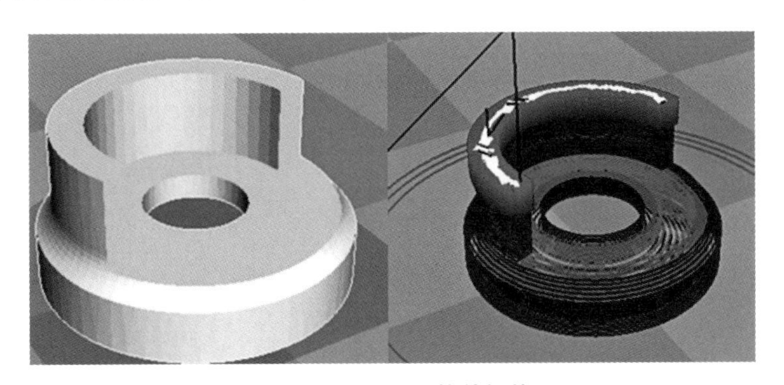

图 8－38　Cura 软件切片

2. 打印设备

打印进料装置使用的是本教材调试的设备，同时也是对该设备的一个功能检验。使用 SD 卡进行打印，打印时间为 3 分钟，其打印完成的部件如图 8－39 所示。打印完成后需要对进料装置去除毛刺等，可以使用锉刀或者砂纸等工具，小心操作。

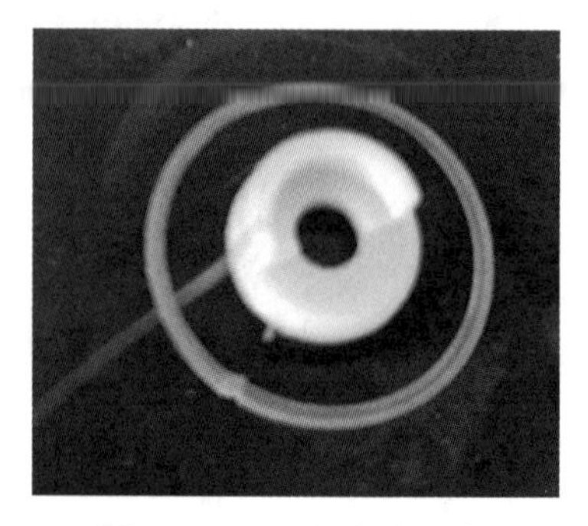

图 8－39　开源打印设备

8.3.3　进料装置的装配

1. 尺寸检验

使用游标卡尺对进料装置的长、宽、高等主要尺寸进行测量，分别为直径 9 mm、高度 4.5 mm，与建模设计的尺寸是一致的，可以进行试装配。

2. 装配

在装配进料装置之前，需要将有缺口的方向与喉管对齐，然后推入即可，如图 8－40 所示。如果推入费劲，则说明尺寸有点小；如果推入顺利且有晃动，则说明尺寸大了，此时需要调整与喉管的尺寸。

再次操作进料，则能够顺利进入喉管中，如图 8－41 所示。

图 8－40　装配进料装置

图 8－41　进料

参考文献

[1] 魏青松. 增材制造技术原理及应用[M]. 北京：科学出版社，2021.
[2] 王继武. 3D打印技术概论[M]. 北京：中国劳动社会保障出版社，2019.
[3] 涂承刚，王婷婷. 3D打印技术实训教程[M]. 北京：机械工业出版社，2019.
[4] 高帆，杨海亮. 3D打印技术基础[M]. 武汉：华中科技大学出版社，2019.
[5] 杨永强，王迪. 激光选区熔化3D打印技术[M]. 武汉：华中科技大学出版社，2019.
[6] 陈中中，朱惠玉. 3D打印技术及CAD建模[M]. 北京：化学工业出版社，2018.
[7] 杨占尧，赵敬云. 增材制造与3D打印技术及应用[M]. 北京：清华大学出版社，2017.
[8] 刘利钊. 3D打印组装维护与设计应用[M]. 北京：新华出版社，2016.
[9] 余振新. 3D打印技术培训教程[M]. 广州：中山大学出版社，2016.
[10] 王运赣. 黏结剂喷射与熔丝制造3D打印技术[M]. 西安：西安电子科技大学出版社，2016.

附　　录

附录 1　配套学习资料

PPT 课题、授课视频、习题等（微信扫码观看）。也可关注“3D 打印机组装与调试”公众号获取配套资料，有问题后台留言或联系作者。

附录 2　固件下载

Marlin-Marlin_v1--Prusa i3 结构（微信扫码下载）。也可关注“3D 打印机组装与调试”公众号获取配套资料，有问题后台留言或联系作者。

附录 3　Prusa i3 整机模型源文件

Prusa i3 结构的 Solidworks 2016 版整机模型的源文件下载，可以用 SW 软件进行编辑，在此基础上增加自己的创意，比如可以根据自己的想法修改机器的尺寸与部分结构等。在后台回复“Prusa i3SW 整机模型”即可获得下载码。也可关注“3D 打印机组装与调试”公众号获取配套资料，有问题后台留言或联系作者。

附录 4　机器硬件配置型号及说明

表中所列机器硬件，打开淘宝扫码即可浏览。仅作参考。

序号	名称	规格	网址
1	3D 打印机主板	GT2560 主控板，arduino mega2560 开发板，品牌为 Geeetech 3D 打印机主板	
2	液晶屏	Reprap Ramps 1.4，2004LCD 智能控制器液晶屏，品牌为 Geeetech 3D 打印机配件	
3	PCB 热床	Heatbed MK2a 加热板，100K 热敏电阻，品牌为捷泰 3D 打印机配件	
4	热床铝板	采用 MK2a 热床铝板，尺寸 210mm × 210mm × 3mm，正反面已经完成钻孔厚度 3mm，导热更均衡	
5	玻璃板	用高硼硅玻璃钢化板，适于 RepraрMK2 加热床使用，尺寸为 214mm × 214mm × 3mm	
6	3D 打印机电源	采用 S-180、12V、15A 的 3D 打印机电源，此款电源是不带线的，大家购买时需要告诉厂家，同时购买电源与主板的连接线	

续表

序号	名称	规格	网址
7	步进电机	RepRap 42 两相四线步进电机，1.8° 防滑并且可拔可插马达，品牌为捷泰 3D 打印机配件	
8	步进电机驱动	A4988 步进电机驱动板，品牌为捷泰原厂芯片送散热片，是 ALLEGRO MICROSYSTEMS 原厂的芯片	
9	挤出机	MK8 全金属挤出机，含 3D 打印机喷头和 3D 打印头，品牌为 Geeetech 3D 打印机配件	
10	同步轮	XY 电机皮带轮是 GT2 同步轮，品牌为 Geeetech 3D 打印机配件	
11	同步带	传送带是 GT2 同步带	
12	数据线	数据线采用 Arduino USB-TTL 模块，2.0 USB 电缆，AB 插头。品牌为 Geeetech 3D 打印机配件